창의 공학 설계

Innovation Creativity

김진욱 박근호
송태권 신병득
어 윤 이수현
임형철 한종대 공저

도서출판 GS인터비전

머리말

2000년도에 한국 공학교육인증원(ABEEK)은 혁신적인 인증기준을 세워 학생들이 공학 교과과정을 이수할 경우 실제 공학 현장에 성공적으로 투입될 준비가 되었다는 것을 인정하기로 하였다. 그동안 지적 영역의 교육 목적에 주력해 온 이공계 학문이 지식 기반 사회가 요구하는 인재를 양성하기 위해 인간의 정의적 영역에까지 확대된 교육 목표를 추구하게 되었다는 것은 대단히 혁신적인 일로 여겨진다.

이제 공과대학 교육의 중심도 종래에 강조되던 전문적인 지식, 해석적 사고방식 등에서 공학을 이해할 수 있도록 기초 학문에 대한 폭 넓은 지식과 여러 분야의 지식을 통합하여 사고하는 능력, 종합적인 설계 능력 등으로 급격히 변화하는 추세에 있다. 공학인증 기준의 변화에서도 설계 교육의 강화, 커뮤니케이션능력 확보, 팀 활동 장려, 공학윤리, 종합화 능력 등을 종래의 교육에 비해 더욱 더 강화되고 있다.

이와 같은 관점에서 볼 때 설계교육의 중요성은 모든 학문분야에 절실하게 요구되고 있고 강조되어야 하기 때문에 ABEEK의 교과과정에서도 창의공학설계를 인증 필수 교과목으로 지정하고 있는 것이다. 또한 설계 교과목에서 기초(입문)설계, 요소설계와 종합설계 교육내용이 선후수의 문제 때문에 그야말로 기초 설계에 해당하는 창의공학설계에 대한 이해와 입문이 절실히 필요하다.

이에 창원대학교 공학교육혁신센터에서는 기초설계에 해당하는 창의공학설계 교육을 위하여 본 교재를 발간하여 창의공학설계 학습이 요구되는 이론적 배경과 체계적인 문제해결 방법을 다루어 창의성과 문제해결에 대한 흥미를 유발시키고, 성취감을 느끼게 하는 과정에서 창의공학을 이해하고, 창의성을 향상시켜서 아이디어를 현실화할 수 있는 기회와 능력을 제공하고자 하였다.

본 교재는 대학 1, 2학년 교육과정에서 한 학기 강의 시간 내에 창의공학 이론과 문제해결방법 및 최적설계까지를 다룰 수 있도록 팀워크기술을 통한 공학설계의 분야별 활용 사례를 들어 구성하였다.

제1장에서는 정확한 공학과 공학설계의 개념 및 공학자의 요건을 제시하였으며, 제2장에서는 문제의 정의 및 공학설계단계를 통하여 공학적문제의 개념과 공학문제 해결

의 요인과 도구 및 공학설계의 절차에 대하여 살펴본다.

창의적 설계에서 가장 중요한 팀워크와 팀의 구성과 운영, 팀워크 기술에 대한 향상을 위한 여러 방법을 터득할 수 있도록 제3장에서 배려하였으며, 아울러 팀워크이 가져다주는 시너지효과의 강도와 적응성을 익혀 팀 협동의 유용성이 튼튼하게 뿌리내릴 수 있는 깃털이 되도록 팀워크의 사례와 오해에 대해서도 예시하였다.

또한 본 창의공학설계 교재의 제4장에서는 공학적인 문제 해결 방법을 제시하고 있다. 제5~7장에서는 아이디어 발상 및 가시화방법을 필두로 아이디어 평가, TRIZ 및 최적설계와 보고서 작성과 공학윤리에 이르며, 소비자의 요구에 따르는 최적설계 수식화, 최적설계해법, 최적설계 사례 및 공학설계의 분야별 활용사례를 접하게 됨으로서 설계에 의한 문제해결 능력 향상에 필요한 실질적인 경험과 도움이 되도록 구성하였다.

이 책이 완성되기까지 많은 도움을 주신 분들께 진심으로 감사를 드리며, 창원대학교 공학교육혁신센터의 권은영 연구원께 감사를 드린다. 또한 책의 출판을 맡아주신 GS인터비젼의 송기수 대표와 관계자에게도 깊은 감사의 말씀드린다.

2009. 3월

저자 일동

차례

01

공학과 공학설계의 개념

1.1 공학과 공학자

과학기술발달과 함께 성장한 정보통신분야의 다양한 활용으로 컴퓨터, 인터넷, 휴대전화, 전자도서관 등의 매체를 통하여 많은 수와 양의정보를 손쉽게 얻을 수 있는 시대를 살고 있다. 이들 첨단 장비들과 정보들의 다양한 활용이 새로운 신기술을 더욱 빠른 속도로 끊임없이 탄생시키고 있으며, 우리의 생활양식과 가치관을 바꾸어 가고 있다. 이러한 변화의 중심에 공학자가 서 있으며, 과학과 공학기술은 인류의 풍요로운 삶의 실현과 식량 문제, 에너지 문제, 환경 문제 등의 다양한 과제들의 해결을 위한 핵심적인 역량으로 주목 받고 있다.

미국에서는 1932년 ECPD(The Engineers' Council for Professional Development)로 설립되어 1980년 ABET(The Accreditation Board for Engineering and Technology)로 바뀐 미국공학기술인증원를 통하여 공학교육의 방향을 제시하고 강화된 공학교육으로 우수한 공학자를 양성하고 있다. 한국에서도 1999년 미국의 ABET를 모델로 한국공학교육인증원(ABEEK, Accreditation Board for Engineering Education of Korea)을 설립하여 공학교육의 기준과 지침을 제시하고 공학교육의 세계화(globalization)와 함께 우수한 공학기술 인력을 양성하고 공학계열 졸업생의 질을 보증하기 위한 제도적 장치를 도입하였다.

본 장에서는 과학(science), 공학(engineering), 공학설계(engineering design)의 정의와 함께 공학자에게 요구되는 요건을 살펴보고 공학설계의 필요성과 효과적인 공학설계를 위한 방향을 제시하고자 한다.

공학이라는 용어는 과학이나 기술과 혼돈되어 사용되기도 하고 구별하여 정의하고 이해하기에 어려움도 있지만 간략히 정의하고 비교하면 다음과 같다.

1.1.1 과학 science

과학은 보편적인 진리나 법칙의 발견을 목적으로 한 체계적인 지식으로 정의하고 있다 [민중국어 사전].

과학(science)은 라틴어의 scientia(knowledge의 의미)에서 유래하였고, 물리적 현상의 발견과 인간의 이해 증대를 위한 노력[the effort to discover, and increase human understanding of how the physical world works]으로 정의하고 있다[Wikipidia]. 과학은 합리적인 방법(controlled methods)으로 자료를 수집하기 위하여 자연현상의 관찰 가능한 물리적 증거를 사용하고, 어떤 일들이 어떻게 일어나는지 설명하기 위하여 이들 정보를 분석한다. 즉 과학에서의 지식(knowledge)은 연구(research)를 통하여 얻어진다.

과학자(scientist)는 자연과학을 연구의 대상으로 해서 그 체계화를 위해 연구에 종사하는 사람을 칭한다.

1.1.2 기술 technology

기술은 과학이론을 적용하여 자연을 인간 생활에 유용하도록 변화시키는 방법, 또는 만들거나 짓거나 하는 재주 또는 솜씨로 정의한다[민중국어 사전].

기술(technology)은 도구(tools)나 기능(crafts)의 사용이나 지식을 다루는 넓은 개념을 말한다[Wikipidia].

1.1.3 공학 engineering

공학은 공업에 이바지할 것을 목적으로 자연 과학적 방법을 써서 신제품, 신제법, 신기술을 연구하는 학문으로 정의한다[민중국어 사전].

공학(engineering)의 어원인 engine은 라틴어의 ingeniatorem(무엇을 만드는 데 재주가 있음, 고안)에서 유래하였다. ABET에서[Engineering is the profession in which a knowledge of the mathematical and natural sciences gained by study, experience, and practice is applied with judgement to develop ways to utilize, economically, the materials and forces of nature for the benefit of mankind]는 공학을 연구나 경험으로 얻은 수학 및 자연과학의 지식을 분별력 있게 적용하여 인류의 이익을 위하여 자연적인 힘이나 물질을 경제적으로 이용할 방법을 찾아 내기 위한 전문적인 분야로 정의한다.

1.1.4 공학자 engineer

공학을 다루는 모든 사람들을 공학자라 칭한다. 어원상으로 보면 무엇을 만드는 데 재주가 있는 사람을 지칭한다.

미국 노동통계국(The Bureau of Labor Statistic)에서는 공학자[engineers apply the principles of science and mathematics to develop economical solutions to technical problems]는 기술적인 문제의 경제적인 해결책을 찾기 위해 과학과 수학적 원리를 적용하는 사람으로 규정하고 있다. 또한 공학자의 활동은 사회의 요구와 소비자의 요구(societal and consumer needs)를 충족하도록 과학적인 발견들(scientific discoveries)을 연결하는 작업이라고 하였다.

이들 내용을 정리하면 공학자는 인류의 복지(welfare)를 증대시키기 위하여 지식과 기술을 이용하는 사람이고, 과학자는 인류의 복지를 증대시키려는 공학자의 열망에 유용한 지식을 제공하는 사람으로 구분하여 칭할 수 있으며 공학자는 항상 경제적인 측면을 고려하여야 한다. 때문에 공학에서는 경제적인 개념이 중요하다.

1.2 공학설계

ABEEK의 신인증기준(KEC2005)에서 공학설계(engineering design)는 요구조건에 맞추어 시스템, 요소, 공정을 설계할 수 있는 능력이라고 한다. ABEEK에서는 공학도들의 현장 적응력을 높이기 위하여 설계관련 교과목을 체계적으로 편성하게 하고 있다. 특히 저학년에서의 창의력을 기르기 위한 기초설계 교과목과 고학년에서의 설계경험을 쌓기 위한 종합설계 교과목을 이수하도록 하고 있다.

ABET에서 공학설계는[engineering design is the process of devising a system, component, or process to meet desired needs. It is a decision making process (after iterative), in which the basic sciences, mathematics, and engineering sciences are applied to convert resources optimally to meet a stated objective] 원하는 요구조건을 충족시키기 위한 계, 구성요소, 또는 공정을 고안하는 과정 이라고 정의한다. 즉 이것은 자원을 최선의 방법으로 언급된 목적에 맞게 바꾸기 위하여 기초과학, 수학, 응용과학의 적용을 위한 공정을 결정하는 것이라고 한다.

Dym(1994)은 설계를 그 형태와 기능이 목표에 부합하고 구체적인 조건들을 충족시키는 제품에 대한 체계적이고 지적인 창조 행위이자, 평가행위 라고 정의한다.

고전적인 생산설계(product design)에서는 판매(marketing)에서 R&D(research and development)를 거쳐 공학(engineering)으로 진행하고, 최종적으로 제조(manufacturing)의 단계를 거친다. 제조단계의 전문가들은 제조가능성에 기초하여 설계(designs)를 평가하고 이들 결과를 공학(engineering)에 전달하여 개선하게 한다. 공학은 개선된 내용을 다시 제조단계로 보내어 평가를 하게하며 이들 단계들은 그림 1-1에 나타낸 것처럼 단절된 단계를 거쳐 순환한다[Chen & Chen, 2004]. 아직도 많은 산업분야에서 이와 같은 고전적인 공학 설계공정(design process)을 사용하지만 이들 단계적인 생산설계(product design)의 과정(path)은 문제를 해결하는데 시간이 오래 걸리고 비효율적이다.

고전적인 생산설계와는 달리 최근의 동시적인(concurrent) 공학설계(engineering design)에서는 팀을 활용하여 관련 부서를 모두 모으고, 생산에 필요한 입력 요소, 공정, 출력 요소를 포함시켜 접근한다[Bertoline & Wiebe, 2003]. 이와 같은 팀-지향 설계(team-oriented design)에서는 각 분야의 전문가들이 모여, 미래의 생산에서 발생할 문제점들(problems)을 토론하고 해결하며 또한 문제의 발생을 방지한다[그림 1-2 참고]. 팀워크와 팀워크 기술은 3장에서 상세히 다루고 있다.

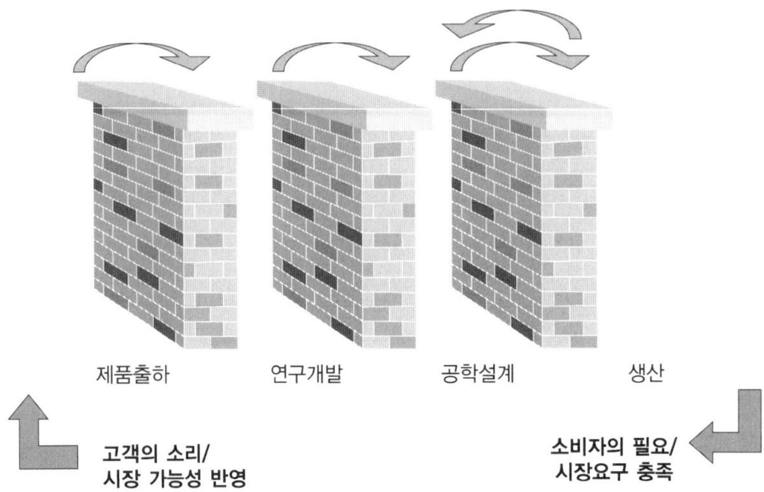

그림 1-1 ▪ 고전적인 벽 너머로 던지는 형식의 연속적 생산설계[Chen & Chen, 2004]

그림 1-2 ▪ 모든 관련자를 포함하는 동시적 공학설계[Chen & Chen, 2004]

1.3 설계 프로세스

설계 프로세스(design process)는 설계를 정의하는데 도움을 주고, 체계적인 방법으로 설계를 설명하는 과정이다.

공학자들은 자신만의 설계방식을 가질 수 있지만, Eide 등(1986)에 따르면 설계 프로세스는 크게 다음의 9단계로 나누고 있다. 설계는 공학의 중요 부분이므로 공학도는 대표적인 설계 프로세스의 각 단계를 수행할 수 있는 능력을 습득하여야 한다.

❶ 필요성의 확인(identification)
❷ 문제의 정의(definition)
❸ 정보의 수집과 분석(research)
❹ 기준과 제한요건 설정(establishment of criteria and constraints)
❺ 대안검토(consideration of alternatives)
❻ 분석(analysis)
❼ 결정(decision)
❽ 상세히 기술(specification)
❾ 보고서 작성(communication)

1.4 공학자의 요건

ABEEK(KEC2005)에서는 공학 전공 졸업자들에게 다음과 같은 능력과 자질을 갖추도록 요구하고 있으며, 교육목표 달성을 위하여 필요하다면 자체적인 학습성과 내용을 추가할 수 있도록 하고 있다.

❶ 수학, 기초과학, 공학의 지식과 정보기술을 응용할 수 있는 능력
❷ 자료를 이해하고 분석할 수 있는 능력 및 실험을 계획하고 수행할 수 있는 능력
❸ 현실적 제한조건을 반영하여 시스템, 요소, 공정을 설계할 수 있는 능력

❹ 공학 문제들을 인식하며, 이를 공식화하고 해결할 수 있는 능력
❺ 공학 실무에 필요한 기술, 방법, 도구들을 사용할 수 있는 능력
❻ 복합 학제적 팀의 한 구성원의 역할을 해낼 수 있는 능력
❼ 효과적으로 의사를 전달할 수 있는 능력
❽ 평생교육의 필요성에 대한 인식과 이에 능동적으로 참여할 수 있는 능력
❾ 공학적 해결방안이 세계적, 경제적, 환경적, 사회적 상황에 끼치는 영향을 이해할 수 있는 폭넓은 지식
❿ 시사적 논점들에 대한 기본 지식
⓫ 직업적 책임과 윤리적 책임에 대한 인식
⓬ 세계문화에 대한 이해와 국제적으로 협동할 수 있는 능력

ABET(EC2002)에서는 모든 프로그램의 교육은 다음의 11개 목적을 기본적으로 충족하도록 요구하고 있으며, 전공별로 추가적인 목적을 더하기도 한다.

(a) an ability to apply knowledge of mathematics, science, and engineering
(b) an ability to design and conduct experiments, as well as to analyze and interpret data
(c) an ability to design a system, component, or process to meet desired needs
(d) an ability to function on multi-disciplinary teams
(e) an ability to identify, formulate, and solve engineering problems
(f) an understanding of professional and ethical responsibility
(g) an ability to communicate effectively
(h) the broad education necessary to understand the impact of engineering solutions in a global and societal context
(i) a recognition of the need for, and an ability to engage in life-long learing
(j) a knowledge for contemporary issues
(k) an ability to use the techniques, skills, and modern engineering tools necessary for engineering practice

APEC(Asia-Pacific Economic Cooperation)에서도 1997년 공학자를 위한 모든 교육 프로그램이 다음의 주요 분야(principal fields)와 추가적인 분야(supplementary fields)의 내용을 다루도록 제안[The APEC Engineer Manual]하고 있다.

[Principal fields]

(a) Mathematics and physical sciences

(b) Engineering sciences

[Supplementary fields]

(c) Engineering analysis and design

(d) Communication

(e) Management

(f) Ethics

ABEEK의 요구 사항은 ABET와 일치하는 내용이 많으며 APEC에서 요구하는 내용도 ABEEK의 내용에 포함되어 있으므로 공학도들은 ABEEK에서 기본적으로 요구하는 능력과 자질을 갖추도록 하여야 하겠다.

공학자는 다양한 역할을 하며 활동 영역은 대표적으로 다음과 같다. 연구(research), 개발(development), 설계(design), 생산(production), 건설(construction), 운용(operation), 시험(testing), 판매와 마케팅(sales and marketing), 관리(management), 컨설팅(consulting), 교육(academe) 등이다.

연습문제

1. 과학자와 공학자의 주된 역할을 비교하여 간단히 설명하시오.
2. 현대적인 공학설계를 간단히 정의하시오.
3. 공학설계 프로세스에 대하여 간단히 설명하시오.
4. 공학자가 갖추어야 할 중요한 요건에 대하여 설명하시오.

참고문헌

1. 민중 엣센스 국어사전, 민중서림 편집부, 민중서림, 2006.
2. Wikipedia, Free Encyclopedia, http://www.wikipedia.org
3. Occupational Outlook Handbook, 2008-09 ed., Bureau of Labor Statistics, U.S. Department of Labor, http://www.bls.org
4. C. L. Dym, Engineering Design, A Synthesis of Views, Cambridge, Cambridge University Press, 1994.
5. Joseph C. Chen and Jacob Chen, Testing a New Approach for Learning Teamwork Knowledge and Skills in Technical Education, J. Industrial Technology, 20(2), 2, 2004.
6. G. R. Bertoline and E. N. Wiebe, Technical Graphics Communication, 3rd ed., New York, McGraw-Hill, 2003.
7. A. Eide, R. Jenison, L. Mashaw, and L. Northup, Engineering Fundamentals and Problem Solving, 2nd Ed., New York, McGraw-Hill, 1986.
8. 공학인증기준 2005, KEC2005, 한국공학교육인증원, 서울, http://abeek.or.kr/
9. ABET, ABET Engineering Criteria 2005, Engineering Accreditation Commission of the Accreditation Board for Engineering and Technology, Boltimore, MD, http://www.abet.org
10. The APEC Engineering Manual, Alexandra, Singapore, Asia-Pacific Economic Cooperation Secretariat, 2000.

02

문제의 정의 및 공학설계 단계

앞장에서 공학자의 요건과 공학설계의 정의에 대하여 알아본 바와 같이, 전통적으로 공학인에게는 지식과 문제를 인식하고 각종 참고자료를 이해하며, 정보기술의 응용과 실무에 필요한 기술, 방법, 도구들을 사용하여 설계를 수행한다.

이러한 설계는 항상 문제의 제시 혹은 발견이라는 부분을 통하여 출발하였으며, 현대사회의 공학기술의 발전은 문제의 발견과 인식에서 출발하여 지속적인 문제의 해결과 또다른 문제의 제시와 해결의 반복을 통하여 이루어졌다고 해도 과언이 아니다. 알려진 바와 같이 문제의 발견은 대부분 우리의 일상생활에서 출발하였으며, 문제의 제시 역시 누구나 할 수 있는 활동이다. 그러나, 변화하고 발전하는 시대적 흐름과 환경속에서 지속적으로 새로운 문제를 발견하고 해결하지 않으면, 그 사회는 안정성을 유지할 수 없는 것은 물론 활성화도 기대할 수 없어 결국 도태되고 말 것이다.

이렇듯 지속적으로 제시되는 문제의 해결과 제품의 도출은, 많은 부분이 공학적인 사고와 접근으로 해결되어 왔으며, 이러한 이유로 공학설계의 절차와 방법의 인식의 중요성이 대두되었다. 이 장에서는 일상생활 전반에서 발생하는 문제의 인식을 위한 개념과 문제를 조기에 해결하고 잠재된 문제를 찾아내서 바람직한 방향으로 해결하고, 미래를 예측하여 장래의 문제에 대비할 수 있는 체계적인 절차를 학습하고자 한다.

2.1 문제의 정의

2.1.1 공학적 문제의 개념

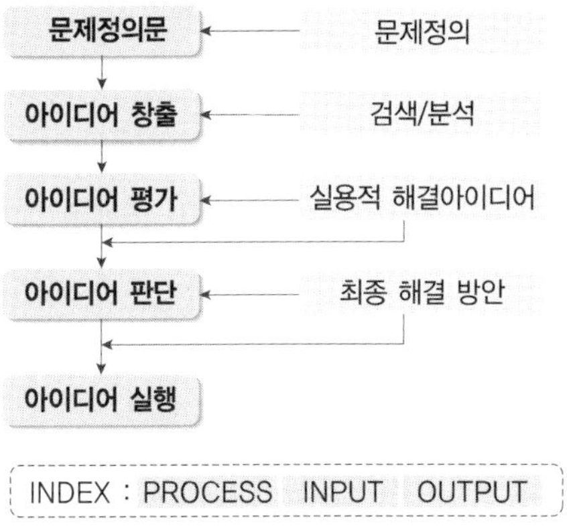

그림 2-1 ■ 일반적인 문제해결 절차

문제의 사전적 의미는 '질문으로 제출되어 대답이 요구되는 사항, 또는 연구나 논쟁의 원인이 되는 것' 으로, 특징은 해답을 요구하며, 논쟁, 논의, 연구 따위의 대상이 되는 일을 의미한다. 때로는, 해결하기 어렵거나 난처한 대상. 귀찮은 일이나 말썽을 의미하기도 한다.

공학에 있어서 문제는 주로 전자를 의미하며, 주로 현재 혹은 미래의 목표를 제시하는 경우가 많으며, 현재 잠재되어 있는 문세로서 문제의식을 가진 사람을 위주로 인식되는 특성이 있다.

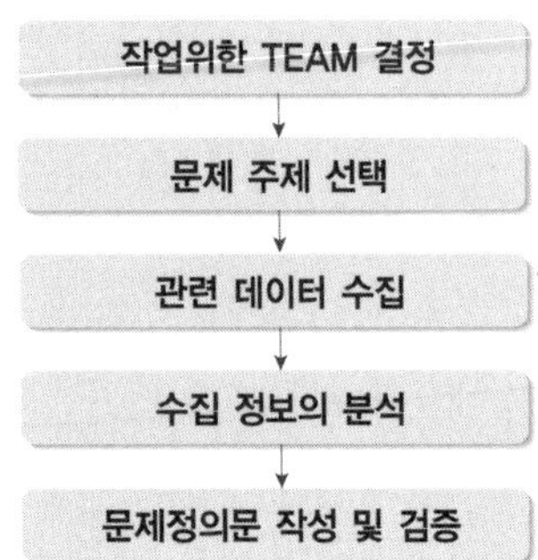

그림 2-2 ■ 공학적 문제해결 절차

후자의 경우는 과거에 발생되어 현재까지 존재하는 것으로 잘못된 일이 발생하여 그 원인을 규명하고 장애를 배제시키는 것으로 해결할 수 있다.

일단 문제제기가 되면, 문제찾기(문제 정의), 아이디어 등을 통하여 문제해결을 위한 노력이 진행되게 된다. 여기서 문제정의는 전체 문제해결 싸이클에서 가장 중요한 의미를 가지는 절차중 하나이며, 그림 2-1과 같은 일반적인 문제해결과정에서도 문제의 정의가 잘못되거나 구체적이지 않을 경우 전혀 엉뚱한 해결방안이 도출되기도 한다.

따라서, 문제의 정의를 통한 올바른 문제정의문의 작성이 중요하고 이를 검증하는 절차를 수행하여 정확한 문제를 진단하고 해결방안이 효과적으로 도출될 수 있도록 구체적으로 작성할 필요가 있다.

문제정의문은 문제의 현재상태와 개선된 상태를 정의하되, 문법에 맞도록, 간결한 문장으로, 부정문 보다는 긍정문으로, 수동형 보다는 능동형으로 작성함이 바람직 하다. 뿐만 아니라, 이러한 문제정의의 검증을 위하여 최초작성된 문제정의를 다시 작성하여 해결방안의 도출가능성과 정확성을 높여야 한다.

다시 작성할 경우, 기존 문제를 바꾸어 말하거나, 반대로 생각해보기, 방향전환 등의 행위를 통하여 실시할 수 있다.

이렇듯 일반적인 문제해결의 절차와 문제의 정의를 응용하여 공학에서도 유사한 절차를 수행한다. 공학과 일상생활 문제해결과정의 차이는 공학의 경우 주로 팀작업을 통하여 수행하고, 정보의 수집과 분석과 같은 분명한 데이터를 통하여 문제정의를 수행한다는 점이다.

그림 2-3 은 상품의 만족도를 증대하기 위한 사례로서 문제를 정의하고 해결책을 제시한 국내외 산업계 사례이다. 예시에서 볼 수 있듯이 품질의 개선이나 가격을 싸게 하는 상식적인 문제의 해결이외에 다양한 접근 방법이 있음을 알 수 있으며, 이는 문제 정의단계에서 이미 그 분류체계가 정해짐을 알 수 있다.

즉, 가격의 문제에 대한 고민은 월마트나 컴팩과 같이 생산원가를 줄이는 방법이 있고, 사우스웨스트항공과 같이 서비스의 레벨을 조정함으로써 해결이 가능하다.

또다른 방법으로, 고객의 사용비용에 대한 고민으로 총비용 절감도 하나의 방법이다. 즉, 최근에는 일반화된 온라인 예약시스템의 개발을 통한 여행사 등의 예약비용 절감계획, 리바이스의 적시생산에 의한 재고관리 등이 그 내용이다.

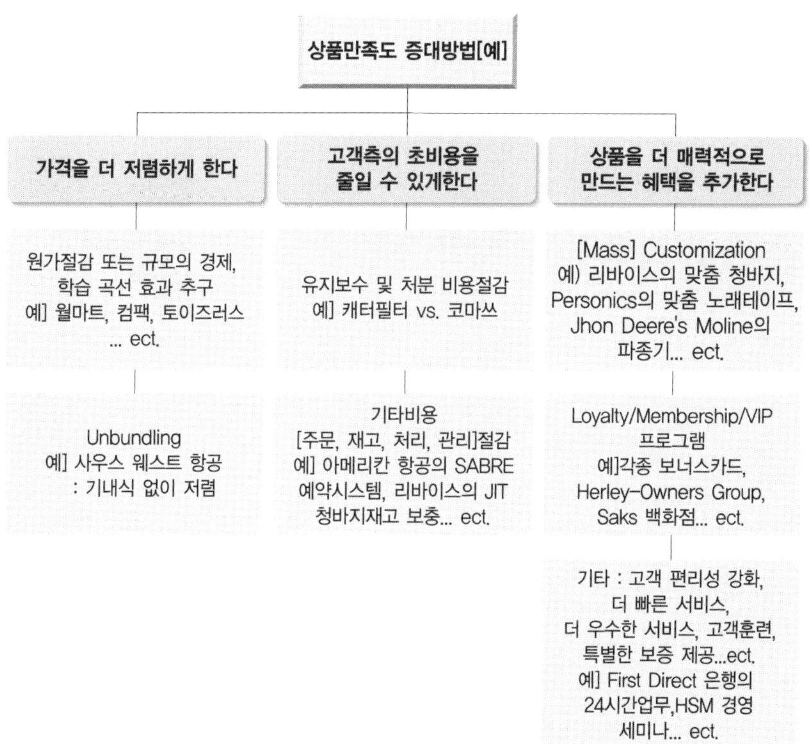

그림 2-3 ▪ 상품에 대한 사용자 만족도에 대한 고민(사례)

만족도 증대를 위한 또다른 방안으로서, 비용의 조절이나 단순한 품질의 개선이 아니라 상품의 구매의욕을 증대시킬수 있는 방법도 있다. 예를 들면, 고객맞춤형 디자인이나 멤버쉽, 서비스의 개선 등이 그것이다. 이렇듯 하나의 문제를 놓고 해결책을 찾아가는 과정은 다양하게 정해질 수 있으며, 그 가장 중요한 변이는 문제의 정의단계임을 알 수 있다.

2.1.2 공학문제해결의 요인과 도구

이와 같은 문제정의를 포함한 문제해결의 능력은 분석적사고, 종합적 사고, 창의력은 물론 구성원간의 팀웍, 의사소통능력, 심적장애극복능력, 기억능력, 시각화능력 등 여러 요인들이 필요하며, 이러한 요인의 충족을 위한 도구로서 일반적으로 문제분해(Problem Decomposition), MECE(Mutually Exclusive Collectively Exhaustive), 특성요인도(Fishbone Diagram), 벤치마킹(Benchmarking Analysis), 파레토도(Pareto Principles), 브레인스토밍(Brainstorming) 등이 사용되며, 문제정의 단계부터 활용하여야 정확한 문제해결이 가능하다.

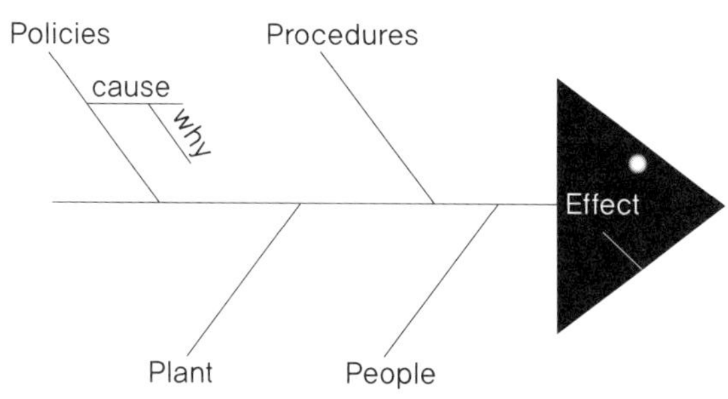

그림 2-4 ■ 문제해결을 위한 도구 사례 (특성요인도)

그림 2-4는 문제해결을 위한 도구의 대표적 사례로서 특성요인도이다. 이는 문제해결자가 결정을 하기 전에 문제의 모든 원인들을 찾게 해주며, 문제 원인들 사이의 연관성과 상대적인 중요도를 보여준다. 문제해결자가 문제에 집중할 수 있게 해서 창의적 문제 해결 과정을 시작하는데 도움을 주고, 문제해결을 위한 논리적 과정을 시작하게 하는데 도움을 준다. 뿐만아니라 문제의 전체를 볼 수 있게 도와주고 복잡한 문제를 범위가 작고 덜 복잡한 세부 문제들의 집합으로 표현해 줌으로써 해결을 쉽게 해준다.

이러한 도구를 활용하여 문제의 정확한 파악이 가능하며, 가능한 오류를 찾아낼 수 있다. 앞에서 도구의 활용이전에 문제의 해결을 위한 몇가지의 요인을 제시하였다. 먼저 팀은 문제의 발견과 정의 단계부터 정보수집, 정보분석, 도구활용, 문제의 해결까지 문제에서 정의된 목표를 위해 협동작업을 수행하는 것을 의미함. 팀원들은 각자 가지고 있는 능력에 맞는 임무와 역할을 유기적으로 수행하여 문제해결의 효율을 극대화 할수 있도록 한다.

팀작업의 효과적 달성을 위하여 필수요소로서 리더쉽을 들 수 있는데, Kotter는 지도(지휘)와 관리 양자의 필요성을 강조하면서 이 양자를 구별하고 있다. 즉 하나가 없으면 불행한 결과를 초래할 것이다. 관리는 팀원에 의해 기대된 주요 결과를 일관되게 만드는 것을 다루는 반면, 지도(지휘)는 미래의 비젼과 그런 비젼을 달성하기 위해 필요한 변화에 대한 전략인 방향 설정과 의사전달, 그리고 변화에 대한 정치적, 관료적, 자원 장애를 극복하도록 사람들 스스로를 격려하도록 돕는 동기부여를 의미한다.

이러한 리더십은 리더에게만 제한되는 것은 아니며 팀원 개개인에 의해 발휘되어야 하는데, 이러한 리더십의 근간이 되는 요소가 팀웍이며, 팀웍 기술은 3장에서 상세히 기술한다. 문제해결을 위한 능력으로 팀이 중요하다면 이를 효과적이고 원활하게 수행할 수 있도록 하는 기술이 의사소통 기술이다. 의사소통은 문제의 해결을 위하여 개개인의 활동뿐 아니라 상대의 요구를 파악하고 자신의 아이디어나 해결책을 여러 가지 방법으로 효과적으로 전달하는 기술을 의미한다.

의사소통에서 가장 중요한 항목은 정보의 교환이다. 전달자는 수신자가 정확히 받을 수 있도록 정보를 명확히, 모호하지 않게, 완전하게 할 책임이 있다. 수신자는 정보가 완전하게 전달되었고 정확히 이해했다는 것을 확실히 할 책임이 있다. 의사소통의 방법은 많은 차원을 가지고 있으며 주로 아래와 같은 내용을 포함한다.

- 문서와 구두, 듣기와 말하기
- 내부적인 것과 외부적인 것(고객, 미디어, 대중에 대한 것 등)
- 공식적인 것(보고서, 브리핑 등)과 비공식적인 것(메모, 임시적인 대화 등)

즉, 상대의 말을 듣는 법, 원하는 내용을 상대에게 전달하는 법, 토론과 협상의 기술등은 엔지니어가 갖추어야 할 중요한 능력이다.

다음은 아이디어의 도출과정에서 발생할 수 있는 심리적 장애의 극복에 관한 것이다. 이는 잘못된 가정들이나 습관, 문화적 제한, 감정적 제한, 환경적 제한을 극복하는 것을 의미하며, 창의성의 확보를 위하여 적극적으로 극복하여야 하는 과제이며, 이러한 이유로 특성요인도(Fishbone Diagram), 벤치마킹(Benchmarking Analysis), 파레토도(Pareto Principles), 브레인스토밍(Brainstorming) 등의 여러 가지 도구를 활용한다.

문제의 해결을 위한 요인중 문제정의 단계에서 중요한 사항으로 범위의 설정이 있다. 범위관리는 문제해결을 성공적으로 완성하는데 꼭 필요한 모든 작업을 문제 정의단계에서 확실히 포함하도록 해주는 데 필요한 과정이 포함된다. 주로, 무엇을 포함시키고, 포함시키지 말아야 할 것인지를 정의, 관리하는 것과 관련된다.

주로, 범위계획(향후 결정의 바탕이 되는 범위진술을 서면으로 작성), 범위정의(주요 예상 산출물들을 작고 관리하기 쉬운 구성요소로 나눔), 범위확성, 범위 변경관리의 순서로 전개된다.

문제는 단일의 생산물로 구성되지만, 자체적으로 분리되면서 상호의존적인 생산물의 범위를 가진 하부요소들을 포함할 수도 있다. 예를 들면, 새로운 전화시스템은 일반적으로 4개의 하위요소(H/W, S/W, 훈련, 이행)를 포함한다.

문제의 발견단계에서 이를 문제정의로서 공식적으로 인정하는 과정을 거쳤다면, 아래와 같은 문제화 되는 요인이 발생된다.

- 시장의 요구(정유회사가 만성적인 가솔린 부족에 대응하기 위해 새로운 정유공장을 짓는 프로젝트를 허가했다.
- 사업요구(Training Company가 수입을 증가시키기 위해 새로운 과정을 신설하는 프로젝트를 허가했다).
- 고객의 요구(전기회사가 새로운 공단에 제공할 지점을 짓는 프로젝트를 허가했다).
- 기술적 진보(게임기회사가 메인 게임머쉰과 연동하는 포터블 머쉰을 개발하는 새로운 프로젝트를 허가했다).
- 법적인 요구사항(Paint 제조업체가 유독물질을 취급하는 지침을 설정하는 프로젝트를 허가했다).

이러한 자극요소들은 문제, 기회, 사업의 요구조건 등으로 불려질 수 있다. 이런 모든 용어들의 중심적인 주제는 '통상 관리진이 대응방법에 대한 결정을 내려야 한다' 는 것이다.

다음으로 범위계획은 문제의 정의가 성공적으로 완성되었는지의 여부를 결정하는데 사용되는 규준을 포함한 미래의 프로젝트 결정을 위한 기반으로써 서면(書面)의 범위진술을 도출하는 과정이다. 서면의 범위진술은 문제해결 이나 하위 프로젝트 모두를 위해 필요하다.

범위정의는 범위진술에서 확인된 주요한 프로젝트 성과물들을 작고, 관리하기 쉬운 구성요소로 세분하는 것을 포함한다. 그 목적은 다음과 같다.

- 비용, 시간, 자원 견적의 정확성을 향상시키기 위해
- 분명한 책임할당을 촉진시키기 위해

범위정의는 문제해결에 상당히 중요하다. "범위정의가 잘 되어있지 않을때에는 최종 성과물의 도출이 용이하지 않을 것으로 예상되는데, 그 이유는 프로젝트 리듬을 방해하고, 재작업을 야기시키고, 프로젝트 시간을 증가시키며, 작업원의 생산성과 사기를 떨어뜨리는 변경을 피할 수 없기 때문이다.

2.2 공학설계의 절차

앞장에서 공학설계의 정의의 공학자의 요건에 대하여 학습하였다. 이 장에서는 공학설계의 절차와 단계별 프로세스에 대하여 학습하고자 한다.

설명된 바와 같이 공학설계는 필요한것을 만들기 위해 시스템 요소 프로세스를 만드는 과정을 의미하며, 형태와 기능이 목표에 부합하고 구체적인 조건들을 충족시키는 제품에 대한 체계적이고 지적인 창조행위로 볼 수 있다.

또한 주어진 한계를 벗어나지 않으면서 우리가 추구하는 바에 맞는 바람직한 기능을 수행하거나 특별한 형태를 갖는 새로운 사물의 특성을 체계적이고 사려깊게 개발하고 시험하는 것이다.

따라서, 가장 중요한 점은 필요한 것이 되어야 한다는 점이며, 이는 고객의 요구사항으로 귀결된다.

다시말해서, 문제의 발견단계에서 산출물을 사용 혹은 선호할 대상이 정해져 있는 형태가 가장 바람직하다.

이러한 설계절차의 모형은 크게 기술적(Descriptive)모형과 규범적(Prescriptive)모형으로 구성되며, 전자는 단지 설계프로세스의 요소만 기술하고 있으며, 후자는 설계 동안 수행되어야 할 내용을 기술하고 있다.

2.2.1 규범적 설계 프로세스

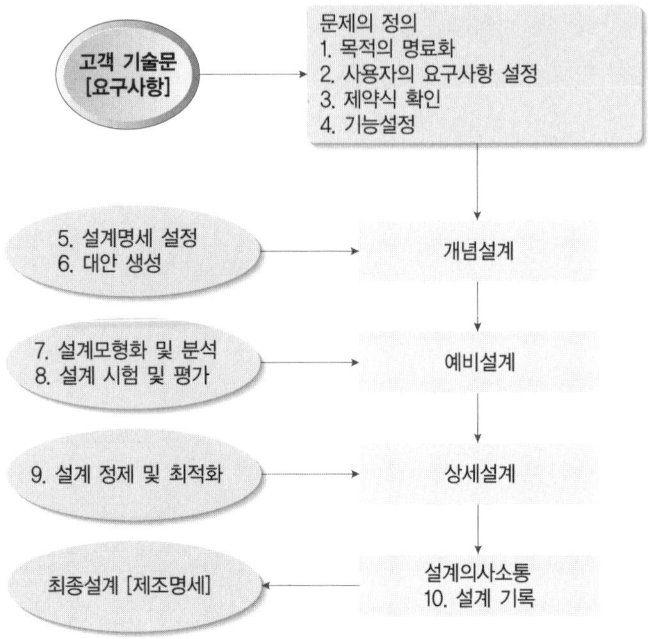

그림 2-5 ▪ 공학설계의 절차(공학교육협의회, Dym, C.L. "Engineering Design", 1994)

고객기술문(요구사항)

공학설계를 수행함에 있어서 가장 중요한 단계인 고객의 요구사항에 대한 정의이다. 이 단계에서는 문제를 발견하고 최종 사용자로서 문제를 해결할 수 있는 공학적 완성도를 지정하게 되며, 이는 요구사항으로 정리되어 고객기술문으로 작성된다.

설계자는 고객요구사항을 분석하고 자료조사함에 있어서 정확한 요구가 무엇인지 정리하여야 하며, 기존에 충족할 수 있는 기술은 없는지, 유사한 기술이 존재한다면 주요 변경사항은 무엇인지를 확인할 의무가 있다.

요구사항의 분석내용을 토대로 고객기술문을 명확하고 간단한 내용으로 정리하여 문제정의단계에 적용될 수 있도록 하여야 하며, 다음과 같은 내용을 포함한다.

- 기능(Function)
- 형태(Form)
- 의도(Intent)
- 법적요구사항(Legal Requirement)

문제정의

문제의 정의에서 제시하였듯이, 문제는 현재와 미래를 위한 목적형 문제가 있고, 과거의 오류를 발견한 발생형 문제가 있다. 공학설계에서 다루어야 하는 문제의 대부분은 목적형 문제이며, 발생형 문제의 경우 대부분 공학설계의 피드백 싸이클로 대체하여 설명할 수 있다. 현재와 미래를 대비한 목적형 문제의 경우, 고객기술문의 요구사항을 토대로 목적을 명료하게 정리하여야 하며, 배경과 기술적 제약을 포함한 범위의 설정을 수행한다.

이러한 제약을 포함한 범위를 통하여 문제를 명확히 정의하게 되며, 이는 설계자가 요구를 충족시키기 위하여 무엇을 해야하는지 명확히 하는 과정이다.

설계과정에서 부딪히는 많은 어려움은 성급하고 허술하게 정의된 목표 때문이다. 이는 혼란을 초래하고 과도한 유연성과 넓은 범위를 야기하게 된다.

고객요구사항의 대부분은 모호한 말과 많은 내용을 담고 있어서 원하는 것이 무엇인지 명확히 하는 것이 주요 해결과제이다.

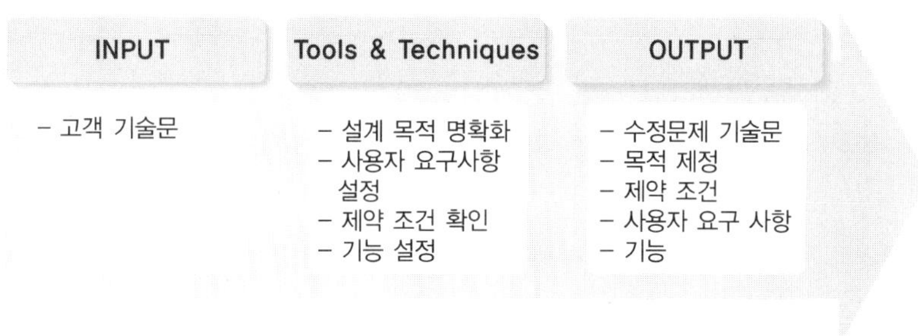

그림 2-6 ▪ 문제정의의 절차

사회적 배경과 기술적 배경을 포함한 범위설정 단계에서 설계자는 시장의 요구가 무엇인지, 무엇을 제공해야 할지 정리해야 한다. 정보의 수집과 관련된 데이터를 습득하고 분석하는 작업을 통하여 명확한 범위와 제약을 표현하여야 한다. 특허를 포함한 기존의 기술현황, 연구보고서, 기술잡지를 통한 사회적 현황, 산업계의 현황 등을 면밀히 조사하여 문제정의단계에 참조하여야 한다. 이러한 과정을 통하여 목표가 신제품 생산이 될 수도 있고, 기존제품에 기술을 부가한 설계가 될 수도 있다.

설계명세 설정

문제정의를 통하여 분석된 고객요구사항과 기술적 배경을 통하여 제품의 상세 기능의 설정과 설계자가 하여야 하는 업무의 설명이 필요하다.

만약, 고객이 빵이 골고루 구워지는 토스터를 원하였다면, 기존의 토스터를 분석하고, 빵이 골고루 굽히지 않는 이유를 분석하여, 개선이 필요한 기능들을 창의력을 통하여 하나하나 정의하는 것이 필요하다.

뿐만 아니라, 설계단계의 업무를 수행하기 위한 데이터와 변수를 목록화하여 가능한 솔루션의 한계를 설정하는 것이다.

설계명세가 명확해야 기간, 비용, 팀의 규모, 조직유형, 의사소통방법 등을 결정할 수 있으며, 제품개발의 실패확율을 줄일 수 있다. 이는 전형적으로 표현하고자 하는 요구사항의 성격에 따라 다르지만 다음과 같은 세가지 방법중 하나로 표현된다.

- 규범명세(Prescriptive Specification)
- 절차명세(Procedural Specification)
- 성능명세(Performance Specification)

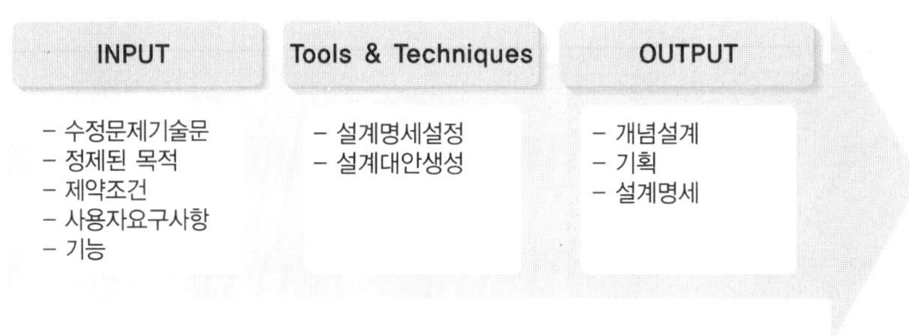

그림 2-7 ■ 개념설계의 절차

개념설계

설계단계의 실질적 시작단계로서 분석된 고객요구사항과 문제의 해결을 위한 기초적인 개념(Concept)을 설계하여야 하며, 그림 2-8의 경우, 자동차 설계에 있어서 정상적인 길(On-Road)과 울퉁불퉁한 길(Off-Road)을 효과적으로 달릴수 있는 기초적인 개념으로 Up&Down의 개념을 설정한 사례이다.

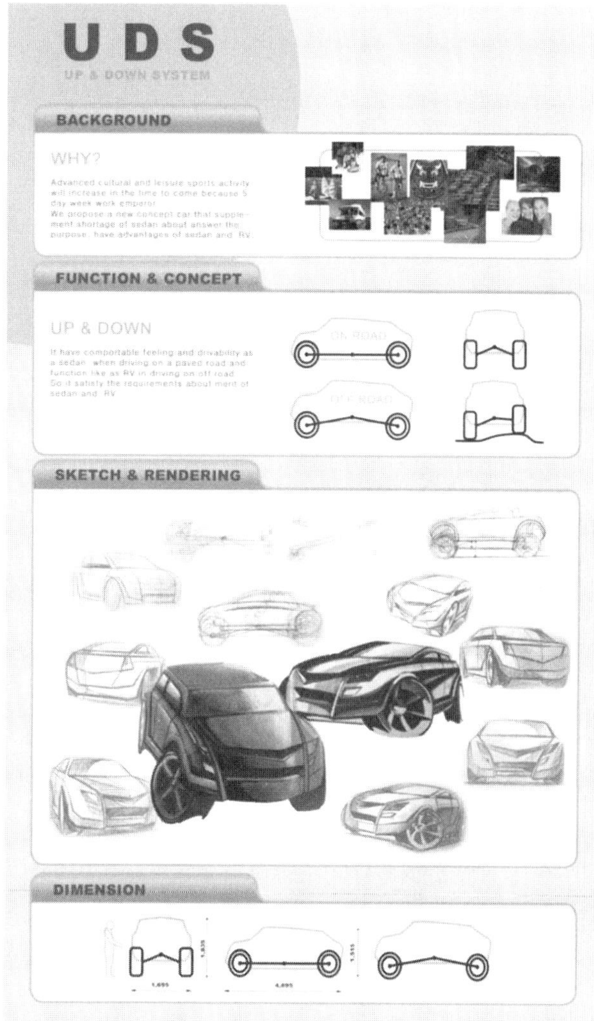

그림 2-8 ▪ 문제의 정의와 공학적 해결의 사례

이 단계에서는 설계자의 무한한 창의력이 필요하며, 앞에서 설정한 고객요구사항, 범위, 설계명세 등을 상세히 분석하여 수행하여야 한다. 수작업 스케치나 렌더링 및 간단한 스케일이나 치수 등에 대한 검토도 필요하다.

대안생성

개념설계단계는 유일한 개념을 검증하는 것이 아니며, 설계명세를 달성하기 위하여 수없이 많은 창의력을 발휘하는 단계이며, 많은 개념이 도출될 수 있다.

고객요구사항을 가장 잘 달성할 수 있는 개념들을 추출하여 여러 대안을 도출하여 예비 및 상세설계단계로 진행할 수 있는 대안이 생성되어야 한다.

최적의 결정을 위한 각종 도구와 분석방법의 적용이 필요하며, 팀작업에서 의사소통이 크게 요구되는 시점이다.

예비설계

이 단계는 개념들을 구체화 하는 단계로서 개념설계의 추상적인 골격에 있던 가장 중요한 속성을 설계개념으로 구체화 하는 단계이다.

설계명세와 요구사항을 고려한 분해된 하부작업들의 기술적 해결을 의미한다.

예를들면, 건물의 기둥의 크기, 방의 면적, 창의 크기, 외부와의 열전달율 등 구체적이고 원칙에 의한 결과물을 도출하는 과정으로 볼 수 있다. 크기, 효율성 등에 대해 설계자의 경험을 반영하는 경험적인 방법이 많이 사용된다.

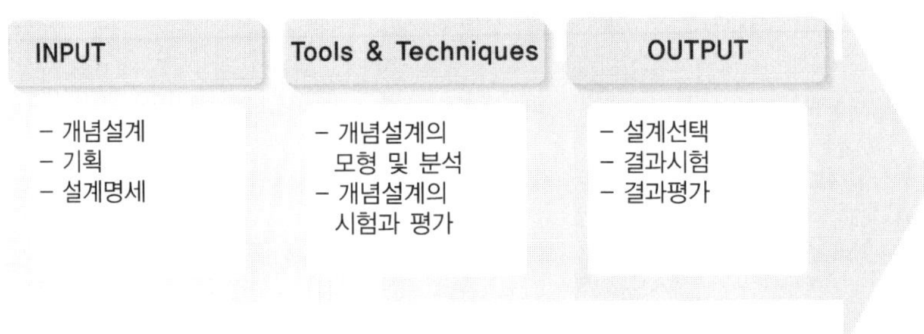

그림 2-9 ▪ 예비설계의 절차

설계모형화 및 분석단계

평가된 대안들이 각종 도구를 통하여 구체화되면 제품화 될 때를 가정하여, 제조가능성, 사용성, 고객요구만족도 등을 평가하여야 한다. 제품이 과학법칙을 만족시키더라도 제조가 어렵거나 불가능하면 필요없는 설계를 수행한 것이 되며, 지속적인 피드백을 통해 개념들이 모형화가 가능한지를 검토하게 된다.

설계시험 및 평가

설계모형화 및 분석단계에서 각종 솔루션과 해석도구를 통하여 제조가능성 등을 검토한 후 실효성이 있는 모델에 대하여 시제품을 만들어 설계시험을 실시하게 된다.

이 단계에서는 설계요구충족도, 내구성, 작업능력 등의 특성을 테스트 하며, 실물대 시험(Mock-up Test), 축소모형, 시제품 등을 통하여 수행한다.

이 단계에서 모형화단계에서 해석 등을 통하여 예측하였던 사항을 직접 점검하고 예상이 어려웠던 내용을 확인하는 단계이다.

설계정제 및 상세설계

예비설계까지의 전단계를 수행하는 동안 각 단계에서 피드백 되는 많은 정보를 위하여 지속적인 싸이클을 반복하게 되고, 최종 도출된 설계안을 제품으로 양산이 가능하도록 하고 현실적인 여건들을 반영하여, 정제하고 최적화 하는 과정이다.

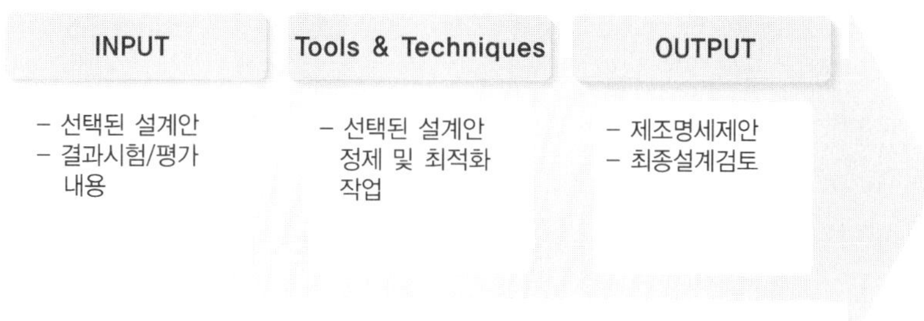

그림 2-10 ▪ 설계정제 및 상세설계의 절차

상세설계난계는 설계명세에 표시된 모든 기능을 포함하여 상품으로서 의미를 가지게 하는 단계이다.

이 단계 역시 예상하지 못했던 설계요소가 있으면 다시 개념설계이전 단계로 복귀하여 대안을 수립하는 경우도 있다.

설계의사소통 및 기록

설계의 전단계를 통하여 발생하였던 많은 시행착오와 설계명세별 최종결과물의 변경사유 및 역사의 기록을 통하여, 향후 설계변경이 발생하거나 '발생형문제'의 경우에 대비하여야 한다.

고객요구에 충실한 제품의 양산이나 설계명세에 따른 결과의 도출만큼 의사소통과 기록이 중요하며, 이 단계가 부실할 경우 많은 문제를 야기할 수 있다.

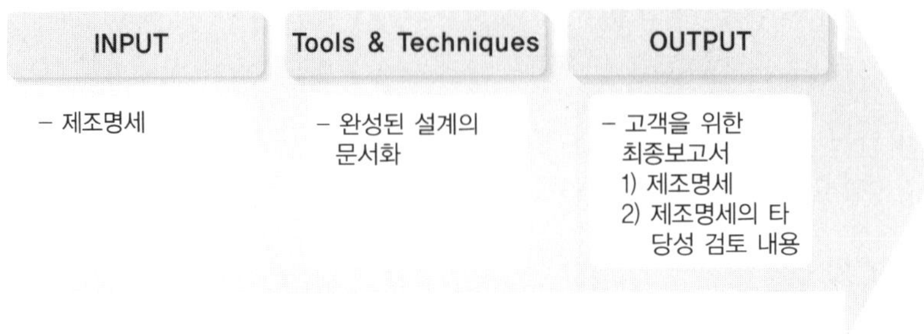

그림 2-11 ■ 설계의사소통 및 기록의 절차

2.2.2 기술적 설계 프로세스

설계프로세스의 가장 단순한 절차만을 기술한 것으로 크게 생성(Generation), 평가(Evaluation), 의사소통(Communication)의 세단계로 구분할 수 있으며, 단순하다는 장점은 있지만 너무 추상적이어서 설계하는 방법에 대한 구체적인 내용을 표현하지 못하고 있다.

따라서, 이를 좀더 상세화하여 다섯단계의 모형을 일반적으로 사용한다.

- 고객 기술문
- 문제 정의(problem definition)
- 개념설계(conceptual design)
- 예비설계(preliminary design)
- 상세설계(detailed design)
- 설계 의사소통(communication)
- 최종설계 혹은 제조명세

규범적 설계프로세스에서 기술한 바와 같이 고객기술문은 설계에 대한 요구사항을 전반적으로 정리한 내용이고, 이를 바탕으로 고객의 목적을 성취하기 위해 사용될 수 있는 다양한 개념을 도출하는 개념설계를 수행할 수 있다

이러한 개념은 실질적으로 추상적이고 유연한 부분이므로, 다양한 개념의 대안이 도출되고 이러한 골격에 구체화하고 중요한 속성을 부여하는 예비설계단계를 거치게 된다.

다음으로 구체적인 형태와 치수 등을 상세하게 결정하는 상세설계를 거쳐 제조명세를 도출하는 과정으로 일반적인 설계의 흐름만을 명시하고 있다.

연습문제

1. Mental Block(심리적장애)의 극복을 위한 우리 생활의 잘못된 가정들을 찾아보자.

예) IQ가 높은 사람이 창의적이다.
정답은 유일하다.
4개의 지문중에는 반드시 정답이 있다. 등

2. 다음은 일본에서 보도된 20세기에 예측한 21세기 유망산업이다. 이 내용을 참고하여 앞으로 20년 뒤 유망산업의 카테고리를 분류하여보고 예시하시오.

	지구 환경	정신	신체
Health 건강	– 환경 보존핵(22조엔→39조엔) • 단열재 또는 오수처리용 자재 • 대기 오염 방지 장치 • 가전, 자동차 등의 재활용 • 생분해성 플라스티, – 저공해 자동차(1.1조엔→2.8조엔) • 하이브리드, 천연가스, 전기등 ■ 석유대체 물질, 수소자동차	– 스트레스 해소 식품 – 정신 안정 음료, 정신질환 치료 신품 – (죽음에 대한) 불안 해소 사업 – 기타 지구 환경의 Beauty가 그대로 마음의 Health가 된다.	– 높은 수준의 의료(3.8조엔→10.7조엔) • 개인의 체질에 맞는 치료법 • 유전자 치료, 재럑 진단 – 충실한 노약자 간호(6.3조엔→13조엔) • 노약자 간호용 침대와 목욕보조기구 • 전동 훨체어와 가정내 엘리베이터
Beauty 미용	■ 자연의 깨끗함을 즐기면서 환경을 재생시키는 관광사업 ■ 주택 및 빌딩 옥상에 숲을 만드는 사업 ■ 마음을 풍요롭게 하는 농원/식림 사업, 바다/하천 정화 사업	– 고속도로교통시스템 – 다양한 유아교육서비스 – 일상생활지원 로봇, 가사 대행 – IT를 활용한 인간 연결 시스템 – 네트워크를 이용한 가전 및방송 시스템 – 여가 확대에 따른 여행 및 자기 겨발	■ 계면 활성제를 사용하지 않은 스킨 케어 상품/화장품/세척제 ■ 몸매 개선 음료,손싱된 피부 개선 식품 ■ 주름 또는 기미 해소용 화장품/식품 ■ 휴대용 미용기기

3. 최근 도로 요금징수 시스템의 혁신적인 개선이 이루어 지고 있다. 이 시스템의 문제발견과 사회적/기술적 배경을 기술하고, 문제정의와 문제해결과정에 대하여 예측하여 보고 그 내용을 기술하시오.

4. 일본은 지역적으로 지진이 많이 발생하는 지역이다. 2차세계대전후 일본이 국가재건을 위한 도시개발과정에서 지진은 가장 중요한 고려사항중 하나였다. 지진에도 문제없는 도시의 건설을 위한 공학적 문제해결의 과정을 하나만 예시하시오.

5. 고속전철의 건설로 국내 물류와 교통에 획기적인 개선을 실현하였다. 국가적사업인 고속철도의 국내도입을 위하여 당시 많은 학계와 산업계의 고민이 시도되었다. 100년 가까이된 철도망을 가진 우리나라에서 고속철도의 도입에 대하여 문제가 있었다면 어떤것이었으며, 어떤 해결책이 있었을지 예상하여 보시오.

6. 다음은 글로벌 기업 3M의 문제해결을 상품에 응용한 성공사례이다. 귀하가 이회사의 경영자로서 어떠한 문제의식을 도출할수 있으며, 상품의 품질과 매출의 개선을 위한 카테고리와 노력을 기술하시오.

판매와 마케팅 기법	– 하나의 프로그램이 개발되면, 글로벌 사업장에서는 이를 수정해 활용하고 있음. • 3M 필리핀–손님맞이 이벤트 • 한국 3M–제품들이 사용되는 현장을 보여주기 위해 대기업 고객의 일본 초청
제품 포장	– 제품 포장 효과 극대화를 위해 각 지역별 특색에 맞는 크기와 색상 또는 강한 지역 이미지를 나타내는 상표를 표시해 마케팅 활동을 촉진함. • 3M 중국–제품의 안전 운송을 위한 제품 포장이 더 중요
제품 개조	– 기존 3M 제품을 개조함으로써 현지 소비자들의 기호에 맞도록 제품을 수정할 수 있음. • 3M 필리핀–세척 수세미 색깔 변경 • 3M 이태리–광학 조명 필름을 이용한 신제품 개발
신기술의 상용화	– 얄본 스미토모 3M은 '다공성 필름 프로젝트'로 얻어진 신기술을 활용해 농민들을 위한 '보호 유니폼'을 개발해 상용화함. – 최근엔 미국에서 스미토모 3M의 아이디어를 도입하는 경향이 많음.
기술 정보의 습득	– 혁신 활동은 회사 외부의 새로운 기술 도입에 의해 더욱 활기를 띌 수 있음. • 3M 접착제 기술 센터는 구 소련 과학자들과의 사업 관계 구축을 통해 새로운 접착제 dd–4000을 개발
합동 디자인	– 3M은 제품 개발 초기 단계부터 세계적인 추세와 여러 문화권의 협동 작업을 중시하는 제품 디자인 전략에 큰 비중을 둠. • 스미토모 3M의 합동 디자인 사례
최초의 빌명	– 자회사의 발명품은 대부분 기존 제품들을 응용한 것이나, 이를 뛰어 넘는 혁신적 발명이 이루어지기도 함. • 3M 캐나다–환경 친화적 살충제 대체물 • 스미토모 3M–디녹 필름

7. 지구의 석유 매장량의 한계로 유가의 변동성이 높아지고 있어서, 대체에너지의 개발이 시급하다. 현대인의 석유를 이용한 에너지 사용의 분야를 생각해보고 대체에너지의 적용을 위한 문제점과 해결방안을 생각하여 보시오.

8. 최근, 1980년대에 만화에서나 볼수 있었던 화상전화가 상용화되어 널리 보급되었다. 길거리에서 이동전화를 이용하여 TV를 시청하고 화상전화를 편리하게 사용할 때 까지 기술적 문제의 발견과 해결이 반복되었음을 예상할수 있는데, 이러한 기술의 발전과정에서 발견할수 있었던 문제와 그 해결과정을 한가지만 생각하여 보시오.

2.3 공학설계도구

공학설계의 과정은 하나의 시스템을 구축하는 작업의 축소판이라고 볼 수 있다. 현대의 프로젝트의 규모는 과거와 비교할 때 양적으로 크게 늘어났다. 몇 년에 걸친 작업의 결과로서 산출되는 일정, 관리, 비용, 분석 등의 무수히 많은 정보는 사람이 관리할 수 없을 정도로 방대해졌으며, 이에 따라 컴퓨터를 이용하여 저장 공간을 줄이고 검색의 편리함을 목적으로 많은 도구들이 개발되었다. 프로젝트 관리도구는 프로젝트에 관련한 정보를 효율적으로 관리해주는 소프트웨어이다.

MS Project는 마이크로소프트사의 프로젝트 관리 소프트웨어로서 최단 시간에 프로젝트에서 필요한 자료를 찾을 수 있도록 해주며 여러 자료를 종합하여 적절한 조치를 취할 수 있도록 도와주어 시간을 절약하고 효율적인 업무를 하여 보다 성공적인 프로젝트의 완성을 도와준다. MS Project는 엑셀이나 파워포인트 등의 MS-Office 제품군의 여러 포맷으로 변형하여 입/출력이 가능하여 정보를 자신이 원하는 모습으로 활용 가능한 장점이 있다.

프로젝트의 진행에서 첫 작업은 계획의 수립이다. 계획 없이 시작하는 프로젝트는 실패하기 마련이다. 계획 후 기본적인 정보를 설정하고 작업기간과 작업간의 연관관계를 설정한다. 작업 설정이 완료되면 가동 가능한 자원들을 정의하고 자원을 각 작업의 중요성, 기간 등을 고려하여 각 작업에 배치한다.

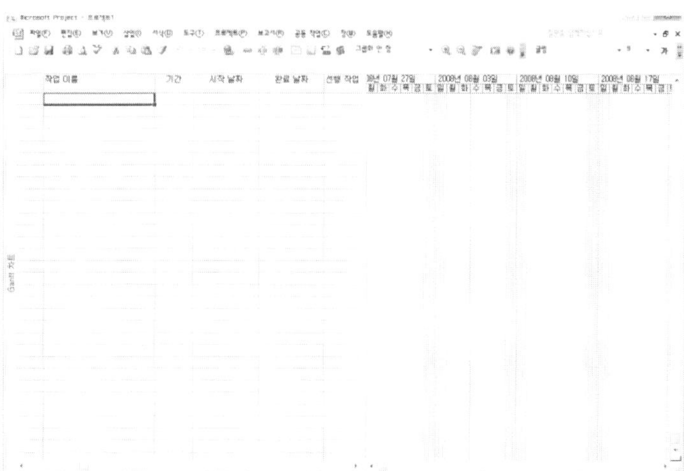

그림 2-12 ▪ MS Project 소프트웨어

계획이 완성되면 시간의 흐름에 따라 각 작업에 대한 진도 관리가 이루어진다. 지난 시간동안 얼마나 일을 하였는지를 입력하게 되면 MS Project는 자동으로 프로젝트의 입력된 여러 정보를 종합하여 사용자가 현 상황에 빠르게 대처할 수 있도록 도와준다. 진행상황이 계획보다 빠르게 되어 비용과 자원이 남게 된다면 다른 뒤의 계획을 앞당김으로 전체적인 일정을 줄여준다거나 진행상황이 예상보다 길어졌을 시 영향을 주게 되는 다른 프로젝트와 자원 소비 등을 보여줌으로서 관리자가 빨리 조치를 취할 수 있게 한다.

2.3.1 계획 수립

프로젝트 초기 계획은 크게 전방향 계획(forward scheduling)과 후방향 계획(backward scheduling)이 있다. 전방향 계획은 ASAP(as soon as possible)의 성격을 가지는 방식으로 프로젝트 시작 날짜를 기준으로 프로젝트를 최대한 빨리 끝낼 수 있는 날을 계산하여 알아내는 방식으로 시작에 제한이 없는 작업들은 모두 가능한 가장 빨리 시작되는 특징이 있다.

후방향 계획은 프로젝트 종료날짜를 기준으로 하여 제한 조건이 없는 작업은 전방향 계획의 방식과는 다르게 가능한 가장 늦게 시작의 특징을 가진다. 만약 작업이 10일이 걸리고 최대한 9월 11일에는 일이 끝나있어야 한다면, 그 작업은 9월 1일에 시작한다고 보고 다른 모든 작업의 연관관계를 따져 최소 언제 프로젝트를 착수해야 모든 작업을 끝낼 수 있는가를 알아낸다.

기본 정보 설정 및 WBS 정의

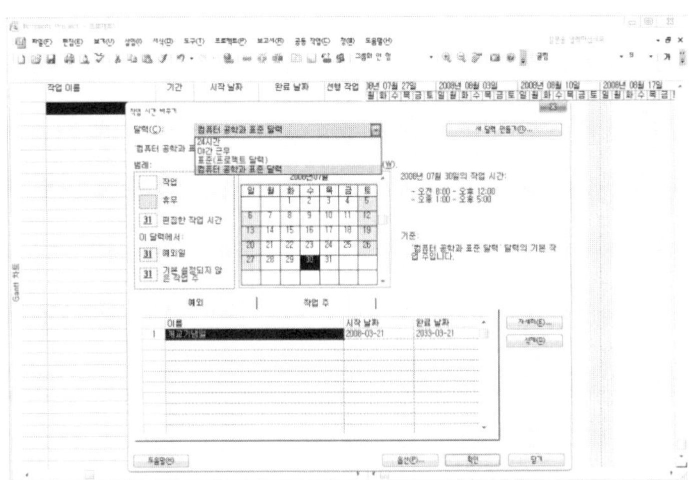

그림 2-13 ■ 업무 부서의 기본 달력 생성

Work1이라는 작업에 A부서 사람 5명이 2주의 시간에 배정되어 있다고 하자, 문서상으로는 2주이지만 실제 업무시간을 따지자면 일요일과 공휴일을 빼야하므로 실제 지나는 시간은 2주보다 더 걸릴 것이다. 여기서 더 문제인 것은 2주간에 부서내 행사가 하루 동안 있을 수 있다. 이것은 A부서의 5명이라는 자원을 활용할 수 없는 것을 의미하므로 실제로는 하루의 시간이 더 필요하다. 만약 기본달력으로 2주를 설정하면 공휴일을 제외하고 총 14일의 근무일수를 MS Project에서 잡아주겠지만 부서 내 행사에 대해선 알 방법이 없다. MS Project에서는 예외 일을 지정할 수 있는 사용자 정의 달력을 만들 수 있다. 하루하루에 대한 지정에서부터 하루 작업시간, 점심시간, 퇴근시간, 주간 작업 시간 등을 설정하여 효과적인 일정을 만들 수 있도록 도와준다.

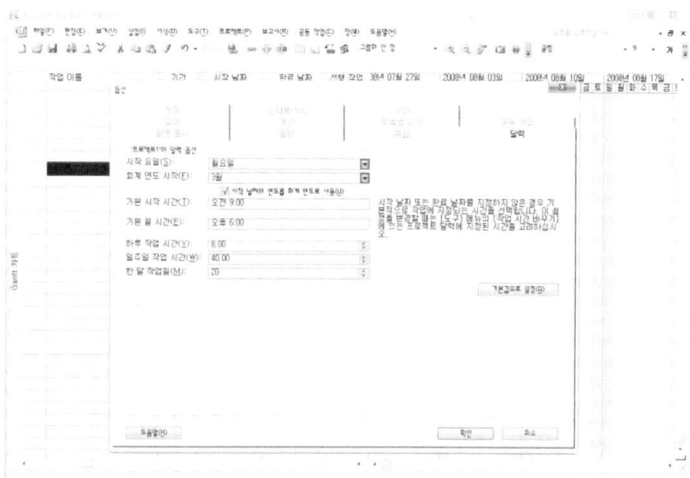

그림 2-14 ▪ 기본 업무 시간 작성

WBS(Work Breakdown Structure)는 프로젝트 전체 업무를 산출물 중심으로 요소요소를 그룹화 하며 나누어 관리하기 쉬운 크기로 줄이는 것인데, 그룹화 하는 것은 서로간의 연관 관계가 있어 선행작업과 선행작업에 의해 제한된 작업 등을 정해주고, 작게 나눔으로서 좀 더 쉽게 배정하과 관리할 수 있게 해주는 방법이다. 프로젝트 관리의 기초가 되는 만큼 다음과 같은 요구사항을 만족해야 한다.

- 보는 사람에 따라 다르게 해석되지 않도록 명확해야 한다.
- 누락, 중첩 등이 없어야 한다.
- 모든 프로젝트와 관련된 사람들의 의견을 수렴하고 합의 되어야 한다.
- 자원, 비용, 시간 등을 명확히 지정하여 관리가 쉽고 평가가 가능하여야 한다.

작업 기간 및 연관관계 정의

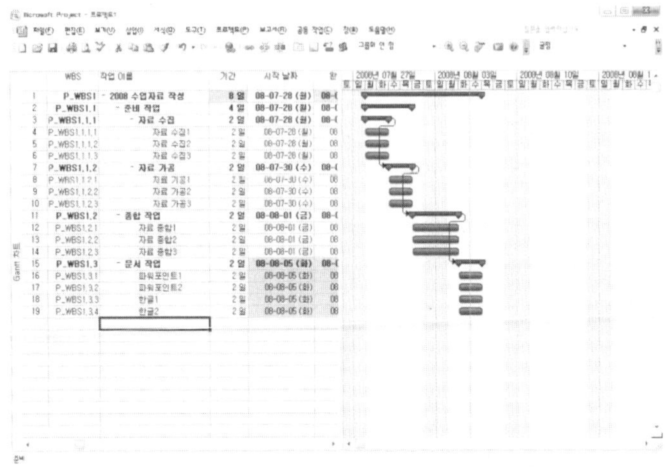

그림 2-15 ▪ 작업 기간 및 작업간의 연관관계 설정

위 그림은 모든 작업이 가능한 빨리(ASAP)의 개념으로 7월 78일에 일을 시작한 모습이다. WBS작업으로 각 작업을 나누었으며 그에 따른 WBS번호도 부여하였다. 간단히 선행작업을 두어 자료 수집이 끝나면 자료가공을, 자료가공이 끝나면 자료 종합을, 자료 종합이 끝나면 문서작업을 할 수 있도록 하였다. 만약 준비작업(자료 수집 및 자료 가공)이 예상보다 일찍(4일을 지정해 놓았지만 3일만에 끝나는 등)끝났다면 ASAP에 의해 모든 후속작업은 준비작업이 일찍 끝난 만큼 빨리 시작할 것이다.

각 작업은 제한 설정이 가능한데, 마감일 제한(이 시점이후로는 절대 연장되지 않는다), 시작일 제한(제한된 시작일 이전에는 절대 시작되지 않는다) 등이 있다.

자원 정의 및 배정

작업이 정해졌으면 그 작업을 하는 자원을 정의하고 배정하여야 한다. 작업이 저절로 수행되는 것이 아니라 자원에 의해 작업이 진행되기 때문에 자원이 배정되지 않은 작업은 진척될 수가 없다. 자원은 같은 작업 기간에 작업 양이 많을수록 같은 작업 양에 작업 기간이 길수록 많이 배정되어야 한다. 많은 자원의 배정은 시간은 단축할 수 있지만 비용이 증가하기 때문에 자원의 관리는 중요하다.

자원을 배정할 때 업무가능 시간을 확실히 고려하여 작업에 배정하여야 한다. 만약 하루 근무시간이 8시간인 사람에게 하루에 8시간의 작업을 두 개 배정하였다고 하자. 만약 잔업을 한다고 하여도 일정이 지연될 위험이 있다. 그렇다고 아예 배정을 하지 않았다면 프로젝트에 투입은 되었지만 놀고 있는 것이 되므로 비효율적이다. MS-Project는 모든 자원이 하루에 100%에 가까운 작업 배정을 받아 효율적인 자원 운용이 될 수 있도록 도와준다.

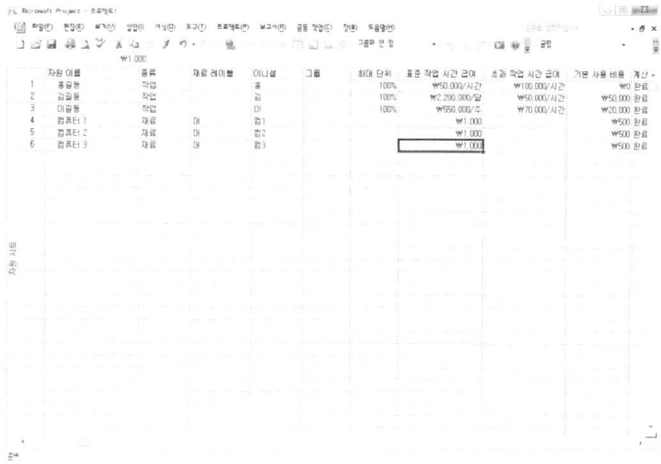

그림 2-16 ▪ 재료와 비용 정의

아래의 그림은 각 작업에 자원을 배정한 모습이다. 자원이 기본적으로 1사람씩 배정되었기 때문에 작업의 기간은 줄지 않고 그대로인 모습이다.

18번 19번의 작업을 보면 기간이 중첩되는 일을 홍길동이란 사람이 한번에 맡고 있다. 각 작업을 8시간 ×2일로 잡아놓았기 때문에 하루에 16시간을 일한다고 생각하면 할 수도 있다고 생각되지만, 실제로 이런 일이 발생하면 계획보다 일정이 미뤄질 수 있다. 시간을 분배할 수 있는 다른 자원을 투입하거나 일정을 변경하는 것이 좋다. 여기선 작업 시작 시간을 뒤로 미룬 뒤 남는 자원을 투자하여 그 작업의 작업시간을 줄여 연장되는 기간을 최소한으로 하였다.

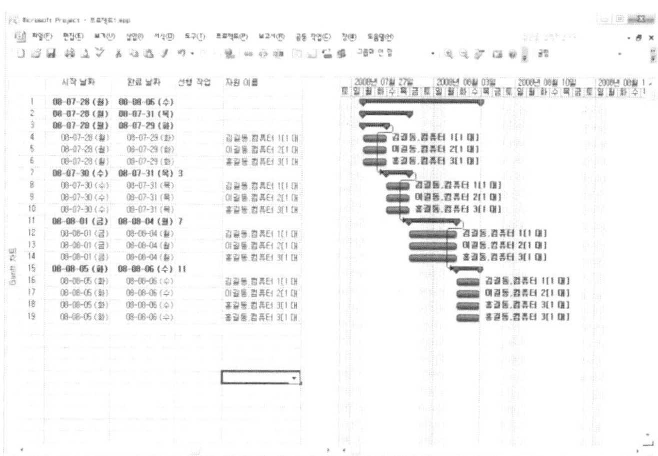

그림 2-17 ▪ 각 작업에 자원을 배정

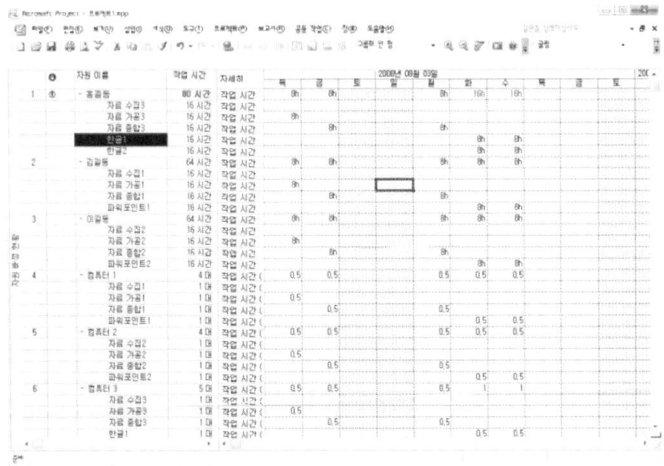

그림 2-18 ■ 개인별 작업 시간

위의 그림에서 홍길동 사원의 8월 첫째주 화~수요일 작업시간이 8시간을 넘어서 붉게 표시되어 있는 것을 볼 수 있다.

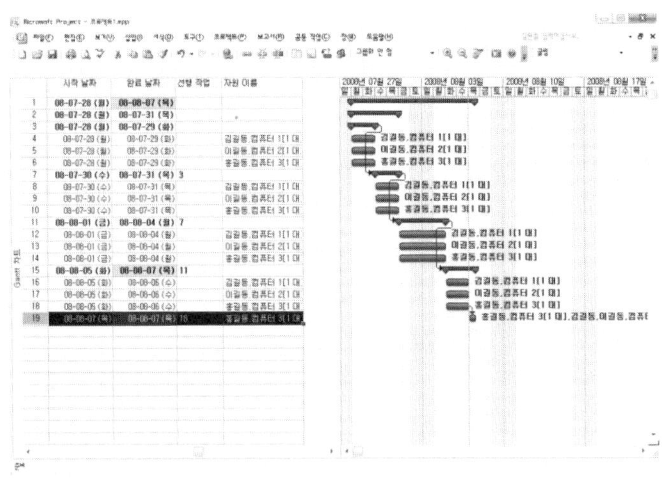

그림 2-19 ■ 작업시간 줄이기

2.3.2 진도 관리

진척 입력 및 관리

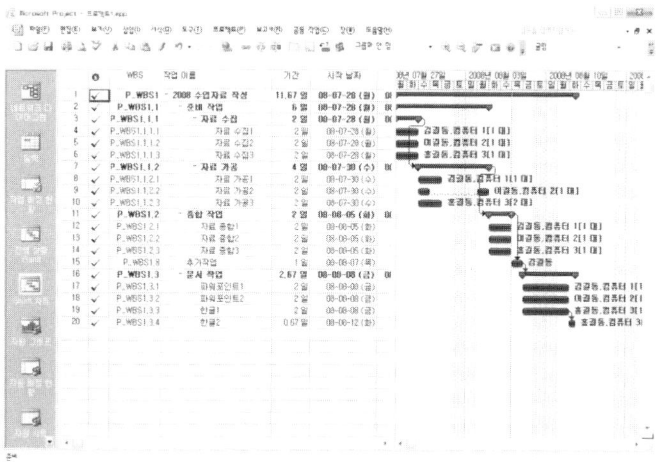

그림 2-20 ▪ 모든 작업의 완료

프로젝트를 하루하루 진행해가면 작업을 어느 정도 마쳤는지에 대한 입력이 가능하다. 위 그림은 모든 작업이 완료된 모습이다. 초기에 그렸던 간트 차트와 다른 모습인 것을 볼 수 있다. 작업이 길어진 것이 있고 새로 생긴 작업이 보인다. 이런 일이 왜 생겼는지 알아보자.

아래 그림에서 회색은 초기 계획이다. 그 위의 색깔 있는 막대는 현재 계획이다. 현재 계획에서 작업이 하나 추가된 것을 볼 수 있다. 작업 이름은 '추가작업' 이고 종합작업이 끝나고 시작되어 문서작업의 선행작업이 되어 문서작업은 추가작업이 끝나기를 기다릴 수 밖에 없어 추가작업의 작업일수만큼 작업 시작일이 뒤로 미뤄진 모습이다. MS-Project에서는 초기계획과 현재계획의 차이를 보여주면서 추가된 작업, 삭제된 작업, 비용, 자원의 차이를 보여준다. 두 번째 그림에서는 현재 계획에서 작업이 어느 정도 진척된 모습을 보여주는 것인데 자료 가공2라는 작업이 완료되어야 할 시점에 완료되지 못해 붉은 모습을 보이고 있다. 여기선 색깔별로 계획에 차질이 생긴 작업을 확인 할 수 있고, 집합적인 작업들의 완료율을 %로 쉽게 알아볼 수 있게 되어있다.

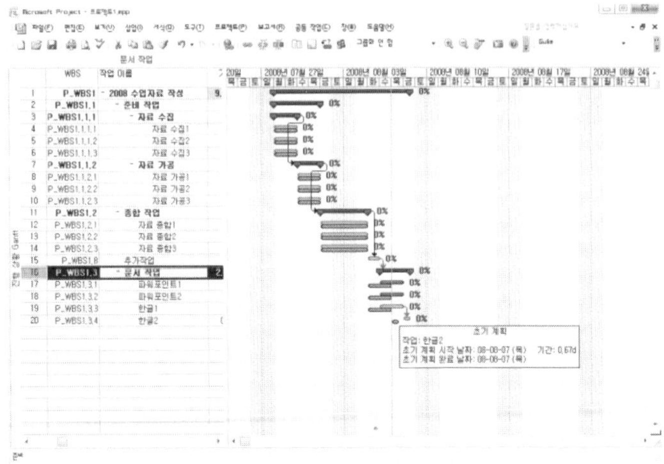

그림 2-21 ▪ 작업의 추가

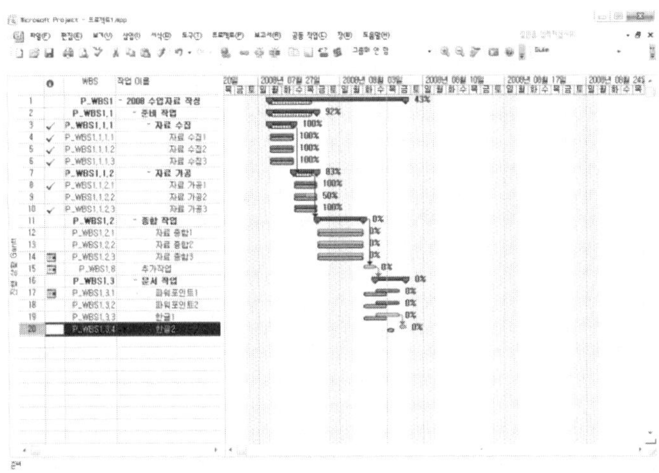

그림 2-22 ▪ 자료 가공 작업이 미루어짐

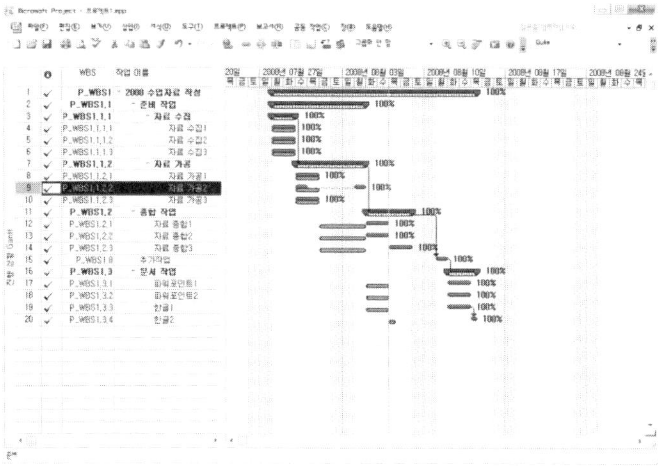

그림 2-23 ■ 선행작업의 연기

위의 그림에서 자료 가공2가 계획과는 다르게 조금 미뤄져 완성되어 자료 가공을 선행작업으로 두는 작업들이 전부 뒤로 미루어져 완성되었다.

일정 관리

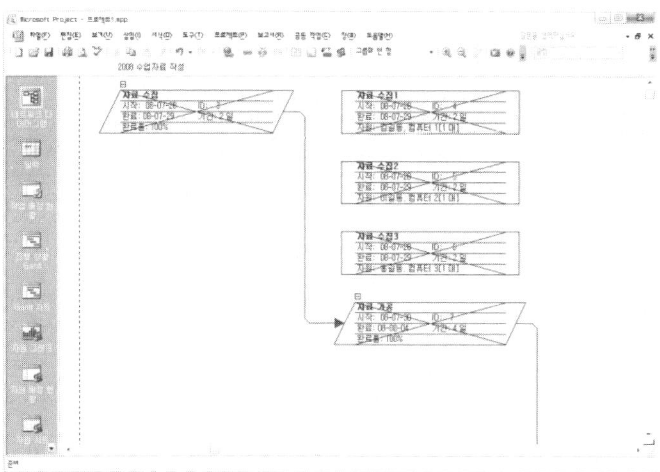

그림 2-24 ■ 일정 차트

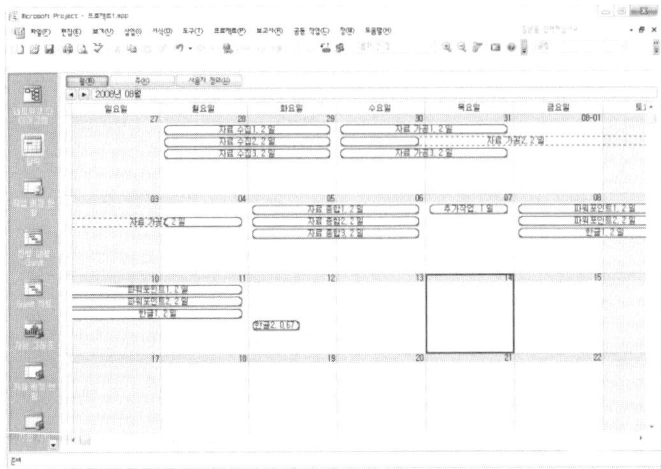

그림 2-25 ■ 달력 형식의 일정

MS-Project에선 다양한 보기화면을 제공하여 현재 일정을 여러 모습으로 보여주어 현재 일정에서 문제점과 문제로 인해 바뀐 일정 등을 자세히 보여준다.

2.3.3 보고서 작성

현재 작업중인 일정의 여러 상황을 엑셀, 파워포인트 등으로 시각적으로 출력할 수 있다.

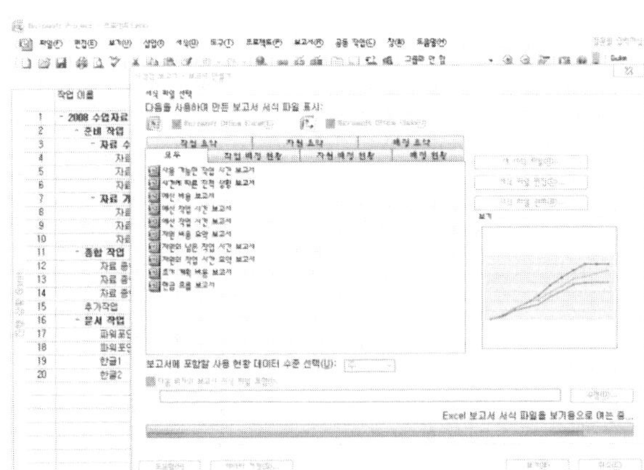

그림 2-26 ■ 보고서 출력

MS-Project가 다른 프로젝트 관리 툴보다 두드러진 장점이 있다면 그것은 같은 Office계열의 다른 포맷으로 현재 상황 등을 출력 가능하다는 것이다. 특히 엑셀과 파워포인트로 출력하여 시각적으로 더욱 효과적이게 정리하여 출력해주는 것은 보고서를 따로 만드는 작업 시간을 줄여주고 여러 정보를 직접 분석하지 않아도 MS-Project가 종합, 분석하여 출력해주어 간편하다. 위 그림은 엑셀로 보고서를 만드는 모습이고 아래 그림은 MS-Project에서 그려준 엑셀 파일의 꺽은선 그래프이다. 이처럼 MS-Office는 프로젝트 관리에 있어 여러 불편하고 관리하기 힘든 부분을 시각적으로 보여주고 쉬운 프로젝트 관리를 도와줌으로서 보다 나은 양질의 프로젝트를 완성하는 것을 도와주는 프로그램이다.

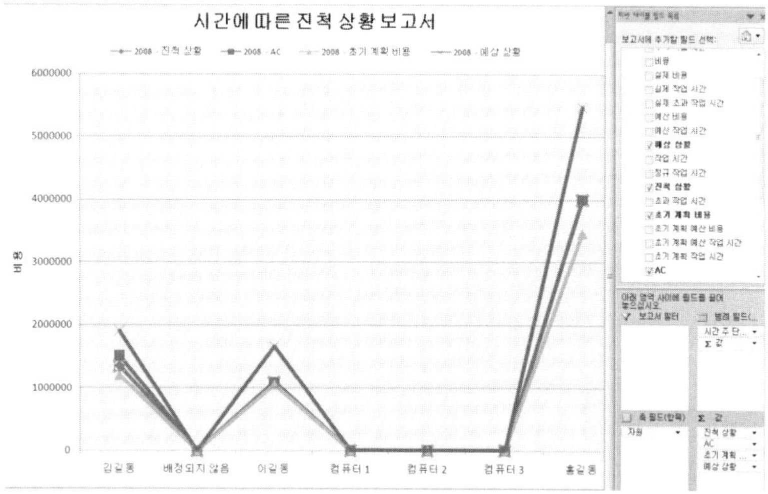

그림 2-27 ■ 엑셀 출력

03

팀워크와 팀워크 기술

최근 모든 조직에서는 고도의 팀워크가 요구되고 있으며, ABEEK 및 ABET와 같은 인증기관에서도 학생들이 팀워크 기술(skill)을 습득하도록 강조하고 있다. 이 장에서는 팀워크의 정의와 함께, 효과적인 팀워크를 위한 대표적인 팀워크 기술에 대하여 정리하였다.

3.1 팀과 팀워크

3.1.1 팀과 팀워크

팀(team)은 상호보완적인 기능을 가진 소수의 사람들이 공동의 목표를 위해 상호 책임을 공유하고 문제해결을 위해 공동의 접근 방법을 사용하는 조직 단위이다[Karzenbach & Smith, 1994]. 팀워크(teamwork)는 한 집단(group)의 각 구성원들이 자신의 관심(interest)과 의견(opinion)보다는 집단의 화합(unity)와 효율(efficiency)을 중시하는 공동의 활동(joint action)으로 정의하고 있다[Webster's New World Dictionary]. 즉 팀워크는 팀의 구성원들이 공동의 목표를 달성하기 위하여 각 역할에 따라 책임을 다하고 협력적으로 행동하는 것으로 정의된다.

팀은 집단과 구분된다. Karzenbach와 Smith(1994)에 의하면 집난은 강력한 권한을 가진 리더가 있으나 팀은 대조적으로 대부분의 구성원이 리더십을 공유하고 있다. 팀과 집단의 주요한 차이는 표 3-1과 같다.

표 3-1 • 팀과 집단의 차이점

팀(team)	집단(working group)
리더십의 공유	강력하고 분명하게 정해진 1인 리더
책임이 개인적인 것임과 동시에 집단책임	개인책임
팀 자체에 부여된 구체적인 목적	광범위하고 유기적인 임무에 따라 정해지는 목적
집단적인 업무성과	개인적인 업무성과
제한 없는 토론에 의한 문제해결	효율적인 회의운영
집단적인 업무성과의 평가에 의한 직접적인 업무성과 평가	집단 구성원이 다른 구성원에게 미치는 영향에 의한 간접적인 집단의 효율성 평가
업무를 함께 토론하고 결정하며 수행한다	업무의 토론과 결정을 1인 리드가 대표한다

팀은 서로 보완할 수 있는 기술을 가진 소수의 구성원이 서로 신뢰할 수 있는 접근방식과 공통된 목표의식을 가지고 실행목표를 수행하는 조직이다. 수행력이 높은 팀은 모든 조건을 만족하며 추가로 팀 구성원 서로의 성공과 성장에 크게 영향을 준다. 팀을 조직하고 활동함으로써 구성원들이 개인적인 작업성과를 합친 것 이상의 팀워크에 의한 상승효과를 나타내는 성과를 얻고자 하는 것이다.

팀워크를 효과적으로 발휘하기 위해서는 팀원들의 능력 배양뿐만 아니라 팀워크 기술을 배워서 익혀야 한다. 최근에는 복합학제간(multi-disciplinary)의 팀에서 능동적으로 대응할 수 있는 팀워크 기술이 요구된다. 팀워크는 장점뿐만 아니라 단점도 있기 때문에 장점을 키우고 단점을 경계해서 효율적인 팀으로 개발하기 위한 노력을 해야 한다. 팀워크의 큰 장점은 팀워크에 의한 상승효과로 구성원들이 개인적인 작업성과를 합친 것 이상의 성과를 얻는 것이다. 대표적인 단점은 집단사고(group think)에 빠질 수 있다는 것이다. 집단사고는 의사 결정과정에서 나타나는 집단 착각현상을 말하며, 필요 이상으로 열정적이 되어 자발적으로 최선의 문제해결 방안을 찾는 대신에 예스맨이 될 수 있는 것이다. 팀의 구성원들 간 결속력이 높고 공동체 의식이 강할수록, 또 구성원 스스로 전문가 이며 합리적이라고 자만할수록 집단사고에 빠질 위험이 커진다.

팀의 대표적인 특성을 요약하면 다음과 같다.

(a) 서로 목표를 공유한다.
(b) 목표를 달성하기 위해 필요한 권한, 자율과 자원이 주어진다.
(c) 목표를 달성하기 위해 서로 밀접하게 그리고 의존해 가며 일해야 한다.
(d) 뚜렷하고 고유한 역할을 가진다.
(e) 3-12명 정도로 구성되며, 5-7명이 효과적 이다.

팀은 특성에 따라 다음과 같이 구분되기도 한다.

❶ 영속적 작업 팀(perpetual work teams)은 여러 공정에서 자연적으로 생긴 팀으로 계속적으로 문제를 해결하고 공정을 개선한다.

❷ 공정개선 팀(process improvement teams)은 전체 공정을 개선하기 위하여 공정 경계를 초월하여 활동 가능한 팀원으로 구성된 팀이다.

❸ 프로젝트 팀(project teams)은 새로운 것의 개발 또는 크고 복잡한 업무의 달성을 위하여 특별한 한시적인 임무(mission)를 수행하는 팀이다.

❹ 실질적인 팀(virtual teams)은 새로운 기회(opportunity)로 주어진 논쟁(issue)이나 문제의 해결을 위하여 구성되는 팀이다.

대표적인 팀의 활동 단계는 그림 3-1과 같이 나타낼 수 있다.

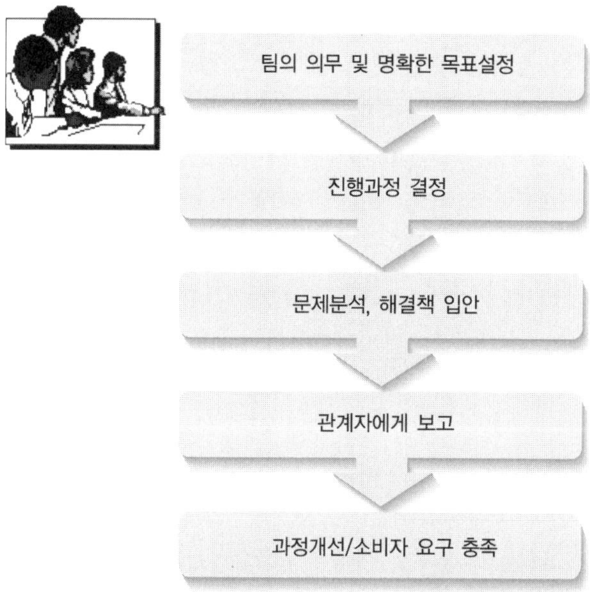

그림 3-1 ▪ 팀의 활동 단계

3.1.2 효과적인 팀의 특성

Larson과 Lafasto(1989)는 효과적인 팀의 특성을 다음의 8가지로 정리하고 있다. 효과적인 팀워크를 위하여 이들 8가지 특성을 갖는 팀이 구성되도록 하여야 하겠다.

❶ 팀은 명확한 목표(goal)를 가져야 한다. 팀의 목표는 특정한 수행 목적(objective)으로 모든 팀원이 알 수 있도록 명확하고 함축적으로 표현되어야 한다.

❷ 팀은 성과 위주의 구조(results-driven structure)를 가져야 한다. 즉 성과를 얻을 수 있도록 운영되는 것이 허용되어야 한다. 종종 팀이 구조를 발전시킬 수 있도록 허용하는 것이 최선이다.

❸ 팀은 유능한(competent) 팀 구성원을 가져야 한다. 이것은 교육과정에서는 팀에 주어진 문제가 그들의 지식수준으로 해결 가능한 것이어야 한다.

❹ 팀은 통일된 방침(commitment)을 가져야 한다. 이것은 팀 구성원이 모든 것에 일치해야 하는 것을 의미하는 것은 아니다. 모든 구성원이 주어진 목적을 달성하기 위한 방향으로 그들의 노력을 통일하여야 한다.

❺ 팀은 협력적인 분위기(climate)를 가져야 한다. 이것은, 정직하고, 편견이 없고, 일관되고, 책임 있는 행동에서 생기는 신뢰할 수 있는 분위기를 말한다.

❻ 팀은 고도의 규범(standards)를 가져야 한다. 팀의 구성원은 그들이 개인적으로 그리고 단체로 하도록 요청되는 사항을 알아야 한다. 긍정적인 태도, 가시적인 노력과 같은 애매한 표현은 피해야 한다.

❼ 팀은 외부적인 지원(support)과 장려(encouragement)를 받아야 한다. 장려와 칭찬은 개인과 팀에게 좋은 자극으로 작용한다.

❽ 팀은 원칙에 따른 리더십을 가져야 한다. 보통 팀은 노력을 이끌어 갈 사람이 필요하다. 팀의 구성원은 팀 리더가 좋은 리더십 기술을 가지고 있고 팀의 이익을 위해 일할 수 있기 때문에 리더가 되었음을 알아야 한다.

3.2 팀의 구성과 운영

3.2.1 팀의 개발

팀은 예측 가능하고 필요한 단계들을 통하여 신속히 개발될 수 있도록 하여야 한다. 팀의 개발(growth)은 가끔 다음과 같은 4단계로 구분된다[Tuckman, 1965]. 오늘날 작업장에서 많이 요구되고 있는 팀 구성원으로의 활동은 실습으로 향상된 학습을 할 수 있으므로 교육과정에서 팀 훈련 내용의 편성과 함께 훈련이 필요하다.

구성기

팀이 구성되면 구성원들은 팀 내에서 허용되는 행동의 한계를 알게 되고, 팀내에서의 그들의 위치를 찾게 되며, 리더의 지도를 시험하게 된다. 적은 팀의 경우에는 이 단계에서 안정기가 된다.

시련기

시련기(storming)는 팀의 가장 어려운 단계이다. 팀의 구성원은 가끔 더딘 진행에 조바심을 내지만 아직은 팀의 구성원으로 일하는데 익숙하지 못하다. 새로운 환경에서의 익숙지 못한 아이디어를 접하게 되어 활동에 대하여 논쟁을 벌이기도 한다. 구성원들의 에너지가 목표의 달성보다는 서로에게 집중되어 구성원들 간의 갈등이 생기기도 한다.

안정기

시련기 단계에서 구성원들은 팀을 받아들이게 되고 차이점들을 조화시켜 나간다. 구성원들 간에 더욱 협동적이 되어 감정적인 대립이 줄어든다. 팀은 그들의 일에 집중할 수 있고 건설적으로 팀 활동을 하게 된다

활동기

이 단계에서 구성원들은 서로의 차이와 약점을 발견하고 받아들이고 그들의 역할이 무엇인지 배운다. 구성원들은 신뢰를 가지고 터놓고 대하게 되어 생각이나 제안을 두려움 없이 내므로 좋은 아이디어가 생겨나게 된다. 구성원들은 아이디어를 평가하기 위한 의사결정 도구를 편하게 사용하고, 일의 우선순위를 결정하고, 문제를 해결하게 되어 많은 성과를 이룬다.

3.2.2 팀의 구성

팀은 팀 리더, 진행자, 기록자, 과정 관찰자 등을 기본적으로 포함하여 구성된다. 팀의 규모에 따라 적절한 역할 분담이 달라질 수 있다. 보통은 각 구성원들이 하나 이상의 임무를 맡거나, 특별한 한 가지 임무가 시간대 별로 여러 명의 구성원들에게 할당되어 수행되기도 한다. 구성원들의 책임 소재를 명확히 할 수 있도록 책임과 임무를 잘 정의해야 한다. 기록자와 과정 관찰자의 임무는 매우 중요하며 팀 구성원들을 지명하여 특별히 할당되어야 한다. 대표적인 각 역할 담당자의 임무와 책임은 다음과 같다.

팀 리더

팀 리더는 팀의 대변인으로 회의를 소집하거나 경영진에게 보고하고 회의를 주제하는 역할을 한다.

진행자(또는 회의 리더)

진행자는 토론의 흐름을 조정하고 대화빈도를 조절하며 같은 종류의 토론을 최소화하고 주장이 강한 구성원이 토론을 주도하지 않게 하며, 조용한 구성원들도 참여하도록 유도한다. 가끔 회의 리더는 그의 전문성과 사고방식 때문에 특별한 회의를 주재하기도 한다.

기록자

기록자(recorder)는 제안, 아이디어, 결정사항을 기록하고 토의내용을 열거한다. 할당된 임무를 열거하며 요약된 문서를 다음 회의의 의제와 함께 모든 팀 구성원들에게 보내는 역할을 한다.

▌과정 관찰자

과정 관찰자(process observer)는 팀 회의의 진행 상황에 피드백을 제공한다. 회의 과정과 임무할당 과정이 얼마나 잘 진행되는지 관찰하고 개선점을 제안함으로써 내부 감사와 같은 역할을 한다.

이 외에도 팀을 행동적이고 결단력 있게 자극하고 개선시키는 촉진자(facilitator)를 포함한 추가적인 구성과 임무가 정해지기도 한다.

3.2.3 팀의 운영

팀의 업무는 팀의 창의력과 시너지 효과라는 장점을 이용하기 위하여 개인 업무 이상의 다른 업무를 포함한다. 팀의 효율을 높일 수 있는 팀의 운영 방법들에는 다음과 같은 것들이 있다.

▌팀의 임무에 관한 규정문 작성

팀의 임무와 일을 정확히 정의한 임무 규정문은 올바른 목표를 향해 팀이 집중할 수 있도록 해준다. 이러한 임무 규정은 모든 팀 구성원이 이해할 수 있도록 간결하고 명료해야 한다.

팀의 임무에 포함되어야 할 내용은 다음과 같다.

(a) 팀의 목적과 해결해야 할 과제.
(b) 팀이 결과를 제공할 관련자(또는 부서)의 참고정보.
(c) 팀 활동에 대한 제약이나 범위.
(d) 팀의 작업수행 기한.
(e) 팀의 활용가능 자원(예산).

▌작업 일정표 작성

일단 팀이 정비되고 임무에 대해 동의하면 활동 계획의 순서를 정한다. 일반적으로 일정표의 작성에는 Gantt 도표가 많이 사용된다. Gantt 도표의 작성 예시는 그림 3-2와 같다.

▌팀 구성원의 임무 정의

팀 구성원의 임무를 돌아가면서 맡든지 아니면 한 가지씩 맡든지 결정하고, 책임소재를 명확히 할 수 있도록 팀의 리더, 진행자, 기록자, 과정 관찰자 등의 기본적인 구성과 임무를 정의해 두어야 한다. 팀 구성원의 임무 분담표의 작성 예시는 표 3-2과 같다.

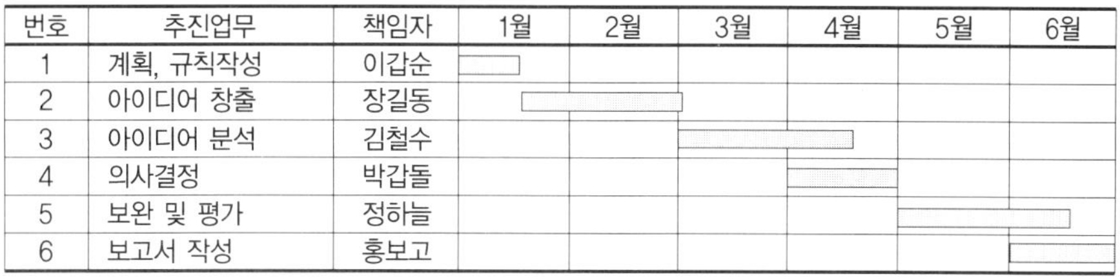

그림 3-2 ▪ Gantt 표

표 3-2 • 팀원의 임무 분담표

구 분	팀 원	소 속	기술/지식	임 무	소 견
핵심 팀원					
	이갑순	건축공학	디자인 전공	팀 리더	유능한 리더
	장길동	기계공학	열역학 전공		
	김철수	정보통신공학	정보처리기사 1급	진행자	자료수집능력 우수
	박갑돌	컴퓨터공학	컴퓨터활용 1급	기록자	컴퓨터 응용능력 탁월
	홍보고	화공시스템공학	화공기사 1급	촉진자	화학지식 풍부
자문 위원					
	정하늘	산업시스템공학	인간공학 전공	과정 관찰자	프로젝트 수행경험 많음

팀의 기본 규칙 작성

팀의 활동방침을 규정하는 규칙을 정해야 한다. 이 규칙들은 팀 구성원들 간에 효율적이고 만족스러운 상호관계를 유지할 수 있도록 모든 구성원들이 동의해야 한다. 팀의 기본 규칙의 작성 예시는 표 3-3와 같다.

표 3-3 • 팀의 활동규칙

우리 팀원들은 다음 규칙들을 준수하는데 동의한다.
1. 서로 존중하고 친절로 대한다.
2. 의사결정은 합의에 의하여 도출한다.
3. 모든 팀 회의에는 제시간에 참석하고, 늦거나 참석할 수 없는 경우에는 회의 진행자에게 알린다.
4. 각자에게 부여된 임무는 시간 내에 완료하고, 완료가 불가능한 경우에는 미리 팀 리더에게 알린다.
5. 팀 리더, 회의 진행자, 기록자, 과정 관찰자, 촉진자 등의 임무를 공유하여 일정기간 돌아가며 맡고, 매번 회의 마지막에 다음 회의에서의 임무를 결정한다.
6. 필요한 경우 이들 규칙들을 회의에서 합의에 의해 개정한다.

회의 진행 및 회의록 작성

팀 활동을 위한 회의는 짧고 생산적으로 진행하여야 하고, 기록자는 팀 활동을 기록하여야 한다. 회의록에는 다음과 같은 내용들이 포함될 수 있다. (a) 회의 날짜 및 시간, 참석자, (b) 지난 회의에서 할당된 팀 구성원들의 임무 보고요약, (c) 팀 결정 사항, (d) 팀 구성원들의 새로운 임무 완성날짜, (e) 진행 관찰자의 논평과 제안, (f) 다음 회의와 관련된 결정 사항(날짜, 시간, 안건, 회의 진행자, 기록자) 등 이다. 회의 보고서의 작성 예시는 표 3-4과 같다.

해결방안 결정 및 보고

팀원의 힙의에 의한 효과적인 방법에 따라 문제의 최종 해결방안을 결정하고 보고서를 작성하여 관련자(또는 부서)에 보고한다. 보고서 작성 방법은 나중에 다룬다.

팀 구성원 평가 및 팀의 성공도 평가

팀 구성원의 평가는 자체평가와 상대평가를 활용할 수 있다. 자체평가는 팀원들이 팀 구성원으로서 자기를 스스로 평가하게 하고 이들 결과를 비교하여 팀원별 공헌도를 평가할 수 있다. 팀 공헌도 자체평가표의 예시는 표 3-5와 같다. 상대평가는 팀원들이 자신을 포함하여 다른 구성원을 상대적으로 평가하고 이들 결과를 종합하여 팀원별 공헌도를 평가할 수 있다. 팀원 간의 상대 평가를 위한 상대 평가표의 예시는 표 3-6와 같다. 예시에서는 평가항목으로 참여도, 적응력, 신뢰성, 독창성, 기여도를 사용하였다. 평가항목별로 가중치를 정하고 평가점수는 팀원 수를 고려한 백분율로 부여한다. 평가항목과 가중치는 팀의 특성에 따라 달라질 수 있다. 팀원별로 계산된 최종점수(백분율)를 비교하여 팀원의 공헌도를 평가한다.

팀이 효율적으로 운영되는지를 평가하기 위하여 감독자가 팀 활동을 관찰하여 평가하는 방법과 팀원들이 스스로 소속팀을 평가하는 방법이 사용될 수 있다. 팀원들이 소속팀의 성공도를 평가하기 위하여 사용되는 평가표의 예시는 표 3-7과 같다. 각 팀원들이 이 평가표에 답한 후 이들 결과의 평균치로 팀 운영의 성공도를 평가한다.

3.3 팀워크 기술

효과적인 팀워크를 위하여 팀원에게 요구되는 자질(qualities)은 팀 역량(competencies)이다. Cannon-Bowers 등(1995)은 효과적인 팀워크에 필요한 역량을 다음의 세 가지 형태로 나타내었다. (1) 팀 지식(knowledge) 역량, (2) 팀 기술(skill) 역량, (3) 팀 태도(attitude) 역량이다.

표 3-4 • 회의 보고서

회의 보고서(제 차)

과 제 명:					
팀 명:					
회의일시:			장소:		
팀원	성명	학번	임무	참석여부	서명
1	이갑순		팀 리더		
2	장길동				
3	김철수		진행자		
4	박갑돌		기록자		
5	홍보고		촉진자		
6	정하늘		과정 관찰자		
7					
회의 주제:					

순서	안건 요지	제안자	회의 내용	참여자	D/P*	소 견
1						
2						
3						
4						
5						
결과 및 실시계획:						
평가 및 차기회의 내용:						

* D: 결정(decided), P: 미정(pending)

표 3-5 • 팀 공헌도의 자체평가표

평가자		학번		서명	
팀 활동에서 자신의 참여도를 평가한다: 3(높음), 2(보통), 1(낮음)				평가점수	
나는 토론과 임무수행에서 팀 활동에 적극적으로 참여한다					
나는 의사소통에 능숙하고 다른 팀원의 의견을 경청한다					
나는 팀에 기여하기 위해 나의 지식과 능력을 최대로 활용한다					
나는 팀원과 협력하여 활동하고 갈등해소를 위해 노력한다					
나는 다른 팀원의 의견을 존중하고 내 고집을 세우지 않는다					
나는 지식습득에 노력하며 다른 팀원을 적극적으로 돕는다					
평가점수 합계					

표 3-6 • 팀원 공헌도의 상대평가표

평가자		학번			서명			
자신을 포함한 팀 구성원에 대하여 다음 항목을 평가(백분율로 부여)한다								
항 목	팀 구성원							합계
(가중치)	이갑수	장길동	김철수	박갑돌	홍보고	정하늘		(%)
참여도(0.2)	20	15	30	10	10	15		100
적응력(0.25)	20							100
신뢰성(0.2)	20							100
독창성(0.15)	20							100
기여도(0.2)	10							100
최종점수*	18							100

* 팀원별 최종점수 = (항목별 점수 × 해당 항목의 가중치)의 합

팀 지식 역량

팀 지식 역량은 팀의 효과적인 업무수행의 기초가 되는 원리나 개념으로 정의하고 있다 [Cannon-Bowers et al., 1995]. 팀 지식 역량은 팀 내에서 팀원이 효과적인 역할을 하기 위해 알아야 하는 지식으로 팀원에게 요구되는 팀 기술, 팀 내에서의 적절한 행동요령, 팀 편성(setting)을 위한 이들 기술의 활용방법이 있다. 또한 추가적으로 팀의 임무와 목표, 각 팀원의 역할과 책임 등에 관한 인식이 필요하다. 팀 지식 역량에서 가장 핵심은 팀원들이 다음에 설명한 팀 기술 역량을 언제, 어떻게 사용해야 하는지 아는 것이다. 이는 팀워크 지식(teamwork knowledge)으로 표현되기도 한다.

표 3-7 ● 팀의 성공도 평가표

평가자		학번		서명	
팀워크에서 다음 항목을 평가한다: 5(아주 잘됨), 4(잘됨), 3(보통), 2(안됨), 1(전혀 안됨)				평가점수	
팀은 필요한 요소를 갖추고 있었다					
팀의 활동 규칙은 명확하고 잘 지켜진다					
팀원 간에 의사소통이 잘된다					
팀원들은 유대감을 가지고 협력적으로 업무를 수행한다					
팀원들은 팀에 기여하기 위해 적극적으로 꾸준히 노력한다					
팀의 해결방안은 합의로 도출되고 효과적으로 실행된다					
팀원의 개성이 존중되고 팀의 자율적인 의사결정이 가능하다					
팀 활동이 창의력 향상과 능력개발에 도움이 된다					
평가점수 합계					

팀 기술 역량(팀워크 기술)

팀 기술 역량은 많은 연구대상으로 주목받고 있으며, 최소한의 숙달된 수준에서 다른 팀원과 협력하여 활동할 수 있도록 익혀야 하는 능력(capacity)으로 정의하고 있다 [Cannon-Bowers et al., 1995]. 그러나 팀 기술 역량의 정의에 대한 혼동과 반박을 여러 문헌에서 볼 수 있다. 팀워크와 관련된 연구전역에서 같은 팀워크 기술(teamwork skills)을 언급하기 위하여 다른 용어들(labels)이 사용되고 있거나, 다른 기술을 언급하기 위하여 같은 용어가 사용되기도 한다.

Cannon-Bowers 등(1995)은 130종의 기술 용어들을 8가지의 주요 팀워크 기술로 분류하여 나타내었다. 이들은 적응력(adaptability), 상황의 인식(situation awareness), 성과의 감시와 피드백(performance monitoring/feedback), 리더십(leadership), 유대관계(interpersonal relations), 조정(coordination), 의사소통(communication), 그리고 의사결정(decision making)이다. 많은 연구에서 이들은 팀의 수행능력에 직접적인 관계가 있는 것으로 알려진 중요한 팀워크 기술이다.

이들 팀워크 기술 중에서 의사소통, 유대관계, 의사결정, 그리고 적응력의 4가지는 특히 중요한 핵심적인 기술로 알려져 있다. 이들 핵심항목들은 나중에 다시 다룬다.

이 외에도 일부 연구에서는 팀워크 기술에 팀 헌장(charts) 작성과 회의 안건(agendas) 기록 등을 포함하는 활동입안(action planning) 기술, 그리고 Gantt 도표(charts) 작성과 흐름도(flow chart) 작성을 포함하는 프로젝트관리 기술 등을 포함하기로 한다.

팀 태도 역량

팀 행동 역량은 하나의 특별한 방식(way)으로 팀원의 선택이나 결정에 영향을 미칠 수 있는 내부적인 상태(state)로 정의되고 있다[Cannon-Bowers et al.(1995)]. 팀워크에 대한 태도는 팀워크 기술이 실행되는데 중대한 영향을 미칠 수 있다. 팀워크에 대한 긍정적인 태도(positive attitudes)와 팀원들 간의 상호신뢰(mutual trust)는 팀 프로세스와 관련된 중요한 태도의 예가 된다.

즉 팀 태도 역량의 가장 핵심은 확신(belief)와 협력적 태도(collective orientation)의 두 가지이다. 확신이란 팀 업무의 성공적인 수행을 위해서는 팀워크가 결정적(critical)이라는 확신으로 정의된다. 협력적 태도는 팀에 대한 매력(attraction) 또는 팀의 일원이 되려는 욕망(desire)으로 정의된다. Driskell과 Salas(1992)는 팀워크에 대한 긍정적 태도를 가진 사람들이 팀워크가 주는 이익의 장점을 취하게 된다고 지적하였다.

3.3.1 핵심 팀워크 기술

팀의 수행능력에 직접적인 관계가 있는 것으로 알려진 팀워크 기술에서 4가지 중요한 핵심적인 기술의 특성과 이들 기술의 습득을 위한 방법은 다음과 같다.

의사소통 기술

의사소통 가술은 언어적, 비언어적 의사소통 기술을 포함한다. 의사소통 기술은 자신과 다른 사람간의 의사소통의 확립을 말하며, 정확한 정보의 교환, 생각의 정확한 표현, 정보를 위한 요구의 수용을 포함한다.

강력한 의사소통 기술을 위하여 팀원에게 다음과 같이 실행하도록 요구하고 있다.

(a) 정확하고 명확한 정보를 전달하라.
(b) 효과적으로 청취하라.
(c) 질문을 하라.
(d) 정보를 위한 요구를 수용하라.
(e) 아이디어를 공유하라.
(f) 비언어적 행동에도 응대하라.

효과적인 의사소통을 수행하기 위하여 말하는 입장에서 숙지해야 할 내용으로 Carnegie(1937)의 의사소통 기술을 소개하면 다음과 같다.

(a) 사람들의 이름을 기억하라.
(b) 당신이 잘못했을 때 인정하라.

(c) 상대방의 흥미를 끄는 단어로 말을 하라.
(d) 다른 사람의 체면을 지켜주어라.
(e) 다른 사람들의 의견을 존중하라.
(6) 진심으로 우러나온 칭찬과 진솔한 감사를 전하라.
(g) 질문을 하라, 직접적인 지시를 하지 마라.
(h) 예의 바르고, 격려를 하며 웃음을 잃지 마라.
(i) 상대방으로 하여금 자신이 중요하다고 느끼게 하라.

McNeill과 Bellamy(1997)가 제안한 효과적인 의사소통을 위하여 듣는 입장에서 숙지해야 될 내용을 소개하면 다음과 같다.

(a) 말하는 것을 멈추어라.
(b) 동시에 말하는 것을 삼가라.
(c) 말하고 있는 사람과 마음으로부터 공감하라.
(d) 질문을 하라.
(e) 가로막거나 중단시키지 마라.
(f) 흥미를 보여라.
(g) 무엇을 말하는지 집중하라.
(h) 과정 없이 결론으로 뛰어넘지 마라.
(i) 당신의 감정을 관리하라.
(j) 말하는 사람이 아닌 아이디어에 반응하라.
(k) 무엇을 말하지 않았는지를 듣고 질문을 하라.
(l) 대화를 통해 책임감을 나누어라.

유대관계 기술

상호간의 유대관계 기술은 협동(cooperation)과 팀 내의 대립(conflict) 관리를 포함한다. 효과적인 유대관계는 다른 사람들과의 협력적인 활동, 업무에서 독립적이고 경쟁적인 관계에 있는 사람들과 함께하는 활동, 팀원 간의 논쟁의 해결을 포함한다.

강력한 유대관계 기술을 위하여 팀원에게 다음과 같이 실행하도록 요구하고 있다.

(a) 일을 공유하라.
(b) 서로 동의할 수 있는 해결책을 찾아라.
(c) 수행중인 일의 다른 방식(ways)을 생각하라.
(d) 논쟁을 처리하고 설득시켜라.

의사결정 기술

의사결정(decision-making) 및 입안(making/planning) 기술은 팀의 정보를 수집하고 통합하는 능력, 논리적이고 확실한 판단력의 사용, 가능한 대안의 확인, 최선의 해결책 선택, 그리고 결과의 평가로 정의된다.

강력한 팀 의사결정 기술을 위하여 팀원에게 다음과 같이 실행하도록 요구하고 있다.

(a) 문제를 정의하라.
(b) 정보를 수집하라.
(c) 정보를 평가하라.
(d) 정보를 공유하라.
(e) 결정을 이해하라.
(f) 목적(goals)을 정하라.

의사결정을 위한 방법으로 브레인스토밍(brainstorming), Delphi 기술(technique), 짝지은 선택(paired-choice) 행렬, 기준 등급화(criteria rating) 기술 등이 알려져 있다. 이들에 대한 내용은 문제 해결방법을 다루는 장에서 자세히 다룬다.

적응력 기술

적응력/유연성(adaptability/flexibility)은 보충적인 행동이나 내부 팀의 재배치를 통하여 전략을 수정하기 위해 작업환경에서 수집된 자료를 활용할 수 있는 능력을 말한다.

강력한 적응력 기술을 위하여 팀원에게 다음과 같이 실행하도록 요구하고 있다.

(a) 보조자를 준비하라.
(b) 작업을 재배치하라.
(c) 피드백을 제공하고 받아드려라.
(d) 성과를 감시하고 조절하라.

여기서는 팀워크를 중심으로 다루고 있어 리더십은 소개하지 않았다. 그러나 리더들의 특징으로 Kouzes와 Poster(1993)의 조사보고에 의하면 첫 번째는 정직함이고 다음은 협동성, 신뢰성, 경쟁력의 순으로 알려져 있어 팀 리더가 되기 위한 리더십에서 정직함은 필수적이라 하겠다.

3.4 팀워크의 사례와 오해

다음 내용은 팀워크의 이해를 돕고자 팀워크의 사례와 오해에 대하여 잘 요약된 강진구(2007)의 LG 주간경제 내용을 일부 형식만 바꾸어 인용한 것이다.

팀워크는 팀을 성공으로 이끄는 핵심 요소이지만 잘못된 시각으로 바라볼 경우 오히려 조직의 성과를 가로 막는 함정이 될 수도 있다. 팀워크에 대한 오해의 유형을 살펴본다.

미국의 세계적인 경영 컨설팅회사인 맥킨지는 2006년 [Mapping the value of employee collaboration]이라는 보고서를 통해 구성원간 협력을 향후 경영 키워드의 하나로 제시하였다. 그 배경으로 IT산업의 발전으로 낮아지는 커뮤니케이션 비용, 글로벌화의 가속에 따른 업무 범위의 확대, 그리고 전문성이 요구되는 지식 기반 사회로의 급속한 진전 등을 들고 있다.

구글과 아마존의 초기 투자자이며 벤처캐피탈 투자의 제왕으로 불리는 존 듀어는 "팀워크의 핵심은 실력과 감성의 조화이다"라며 위대하게 될 벤처 기업과 적당히 끝나거나 쉽게 사라지는 벤처기업의 차이는 팀워크에 있다고 말한다. 실력은 성과의 토대가 되는 구성원 개개인의 전문성, 창의성 또는 지식을 포함하는 것이며 감성은 이런 역량을 잘 통합할 수 있는 이해와 존중, 리더십을 의미하는 것이라 할 수 있다. 안철수연구소의 안철수 대표이사는 "이제는 레오나르도 다 빈치처럼 한 사람의 천재가 모든 일을 다 해내는 시대는 지났다. 여러 분야의 전문가들이 힘을 합해서 하나의 큰 일을 이루어나가는 시대가 된 것이다"라며 팀워크의 중요성을 언급하기도 했다.

많은 기업들이 팀워크를 조직의 경쟁력을 높일 수 있는 핵심 요소로 여긴다. 그러나 팀워크의 의미를 제대로 이해하지 못하고 잘못된 방향으로 강조할 경우 오히려 큰 역효과를 내는 경우가 있다. 이하에서는 팀워크에 대한 오해를 살펴보고 진정한 팀워크에 대해 생각해보기로 한다.

팀워크가 좋은 팀에는 갈등이 없다(오해 1)

조직의 의사 결정시 구성원 모두가 쉽게 동의한다고 해서 팀워크가 좋다고 할 수 있을까? 천재적인 설득력을 가진 인물로 평가 받는 휴렛팩커드의 전 CEO 칼리 피오리나는 최근 발간된 자서전 「힘든 선택들」에서 "효과적인 팀워크는 점잖은 예의와 배려 이상의 것이어야 한다"라고 말한다. 갈등을 회피하려는 지나친 배려가 팀워크를 해칠 수 있음을 경계하고 있는 것이다. 미국의 경영컨설턴트인 제리 하비 박사는 자신의 저서 [애벌린 패러독스(Abilene Paradox)]에서 과도한 배려가 낳는 조직의 불합리, 즉 합의 관리의 모순 사례를 다음과 같이 들고 있다.

어느 무더운 여름 주말 저녁, 미국 텍사스의 한 가정에서 사위의 방문에 장인은 외식을 제안한다. 모두들 시원한 집에서 쉬고 싶었지만 다른 식구들이 외식을 원할 것이라는 생각에 마지 못해 찬성한다. 결국 가족들은 무더위에 에어컨도 없는 낡은 차를 타고 흙먼지를 뒤집어쓰며 집에서 세 시간 떨어진 애벌린이라는 곳에 가서 저녁 식사를 하고 돌아온다. 그날 저녁, 아무도 입을 열지 않는 침묵을 깨기 위해 "오늘 저녁 괜찮았죠?"라고 사위가 운을 떼자, 장모가 먼저 "난 사실 가고 싶지 않았지만 가족을 위해 찬성했을 뿐이야"라고 말한다. 그러자 모두 마음 속에 있었던 외식 결정에 대한 불평 불만을 쏟아놓기 시작한다.

모두가 찬성하였으므로 최상의 선택으로 여겨졌던 결정이 사실은 어느 누구도 원하지 않았던 최악의 선택이었던 것이다. 이와 유사한 경우는 조직에서 언제든지 발생할 수 있다. 반대자가 없는 만장 일치의 결정이 이루어진다고 해서 반드시 팀워크가 좋다고 말하기 어렵다. 쉽게 내려지는 결정은 권위에 의한 굴복이거나 합의 관리의 모순을 드러내는 잘못된 결정일 가능성이 높다. 구성원들이 팀 분위기에 지나치게 얽매이게 되면 서로의 생각을 솔직하게 얘기하지 못하고 의견의 충돌을 회피하는 데 더 큰 관심을 가지게 된다. 이러한 분위기가 형성되면 '나만 참으면 되지' 라는 소극적인 태도가 만연해진다. 구성원간 표면적인 관계는 좋아지고 의사 결정은 신속하게 이루어질 수는 있지만 좋은 팀워크는 점점 멀어지게 되는 것이다.

다양한 사람이 모인 조직에서 크고 작은 문제가 생기는 것은 자연스러운 현상이다. 좋은 팀워크를 지닌 팀에서는 의견의 충돌과 갈등의 해소가 끊이지 않는다. 다양한 의견이 교환되고 다듬어질 때 더 나은 선택이 나오는 법이다. 힘들고 어려운 과정을 거쳐 올바른 의사 결정이 내려지는 조직에서 팀워크가 더 잘 형성될 수 있다는 사실을 기억할 필요가 있다.

팀워크 향상을 위해서는 개인의 희생이 불가피하다(오해 2)

유교적 전통이 살아있는 우리나라에서는 개인의 희생이 있어야 좋은 팀워크를 이룰 수 있다고 오해하는 경향이 있다. 팀의 이익을 먼저 생각해야 한다는 논리가 개인의 특성을 무시하는 결과로 이어져 개인의 창의성이 팀의 창의성으로 연결되지 않는다. 과연 구성원 개인의 자율과 창의성은 팀워크 형성에 도움이 되지 않을까? 보잉사의 사례는 구성원의 창의성을 적극 활용함으로써 훌륭한 팀워크를 만들 수 있음을 보여준다.

1994년 여름 보잉사는 신형 보잉 777기 제작 프로젝트를 보잉 747프로젝트에 투입된 인력의 절반만으로 성공적으로 완수했다. 기존의 프로젝트에 비해 월등한 성과를 낼 수 있었던 중요한 이유는 현장의 자율적인 업무처리였다. 보잉777기 제작 프로젝트에서는 현장에 권한을 부여하는 '즉석에서 결정하기 규칙(No-messenger Rule)'을 운용하였다. 구성원들이 현장 업무 처리에서 상급자의 결정을 기다리는 프로세스를 최소화한 것이다. 제도적으로 보장된 구성원들의 자율과 창의성은 프로젝트의 획기적 성공을 가져온 팀워크 형성에 밑바탕이 되었다.

개인의 특성을 이해하고 개인간의 차이를 중시해야 팀워크를 높일 수 있다. [Tools for Team Excellence (1996)]의 저자인 그레고리 후츠소 박사는 "팀의 성공을 위해서는 조직 구성원들이 지닌 성향과 능력의 차이를 인정하는 것 만으로는 부족하다. 그러한 차이를 강조하고 상호 교류로 시너지를 내도록 함으로써 팀 성과를 높일 수 있는 힘을 얻을 수 있다"라고 말한다.

흔히 강한 추진력을 위해서는 개인의 희생이 불가피하다는 생각을 갖기 쉽다. 그 결과 팀 리더는 구성원들의 복종과 조직 순응을 강요하기도 한다. 그러나 개인의 도전 정신과 아이디어가 존중 받지 못할 때 구성원들은 보람과 재미를 느끼지 못한다. 팀워크는 구성원들이 성취감과 자부심을 느끼고 자발적으로 헌신할 때 만들어진다. 팀과 팀원 모두 Win-win할 수 있어야 진정한 팀워크라 할 수 있다.

성과주의 심화가 팀워크를 해친다(오해 3)

성과주의를 잘못 이해할 경우, 성과주의 심화로 인해 팀워크 형성이 어렵다거나 팀워크가 떨어진다고 생각하는 경우가 많다. 성과에 따른 보상에서 개인의 기여도를 평가하는 기준이 명확하지 않고 개인간 보상 수준의 차이가 적절하지 않을 때 이런 오해가 발생하기 쉽다. 그러나 평가 방식의 문제점을 성과주의 자체의 문제로 잘못 생각하면 안 된다. 오히려 성과주의는 팀워크를 강화하는 중요한 수단이 될 수 있음을 주목할 필요가 있다.

최근 우리나라 선수들이 진출하여 국민적 관심을 끌고 있는 영국의 프리미어리그의 축구팀은 탁월한 팀워크로 세계 최고 수준의 경기를 보여준다. 좋은 팀워크를 지닌 명문 팀일수록 선수 개인의 팀 기여도 평가가 더욱 철저하다. 뛰어난 플레이로 팀 승리에 기여한 선수는 더 많은 출전 기회와 보상이 주어지지만 부진한 플레이를 보인 선수는 출전 기회를 잡기도 어렵게 된다. 팀 기여도 평가에 따른 철저한 성과주의는 선수들이 어떻게 노력해야 하는지를 잘 알 수 있게 해줌으로써 팀워크 형성의 기본 토대가 되는 것이다.

성과주의가 팀워크에 장애물이라는 오해는 잘못된 평가 관행으로 이어질 수 있다. 좋은 평가나 보상을 골고루 나눠주는 방식이 팀워크를 높일 수 있다고 착각하기도 한다. 심지어 승진 차례가 오는 사람에게 좋은 평가를 배려하는 관행이 생기기도 한다. 나눠먹기식 평가나 지나친 태도 중시의 평가는 우수한 인재가 조직을 떠나게 만든다. 구성원들이 '잘' 하는 것보다 '열심히' 하는 자세에만 더 큰 가치를 둔다면 알맹이 없는 팀워크가 만들어지기 쉽다.

팀워크가 좋으면 팀의 성과도 좋다(오해 4)

팀워크가 잘 이루어진 팀이라고 해서 반드시 탁월한 성과를 올린다고 말하기는 어렵다. 팀의 구성원들 간 결속력이 높고 공동체 의식이 강할수록, 또 구성원 스스로 전문가이며 합리적이라고 자만할수록 팀은 집단 사고(Group Think)에 빠질 위험이 커진다. 집단 사고는 의사 결정 과정에서 나타나는 집단 착각 현상을 이르는 말이다(주간경제 868호 경영교실 참조). 집단 사고에 빠진 팀에서는 내부의 결정 사안을 외부에서 검증 받으려 하지 않는다. 팀 내부에서 스스로 논리를 정당화시키고 강화해 나가려는 성향이 있다. 특히 중요한 의사 결정 시점에서 집단사고의 발생 가능성이 더 높다는 점은 팀워크 중시의 측면에서 고려해 볼 필요가 있다.

집단 사고의 폐해로 대표적인 사례가 미국의 '피그만 침공 사건' 이다. 1961년 4월 17일 미국은 쿠바의 카스트로를 축출하고 친미 정권을 수립하기 위해 1,400여 명의 특수 부대를 쿠바 남부의 피그만 해안으로 침투시켰다. 이 작전은 1,200여 명이 죽거나 체포되는 최악의 실패로 끝나고 만다. 실패의 대가로 미국은 국가적 위신의 추락은 물론 포로 귀환을 위한 엄청난 금전적 손해를 감수해야 했다. 작전을 주도한 미국 내 핵심 브레인들은 최고의 팀워크를 자랑했지만 최종 결정 과정에 이르기까지 문제점을 지적한 사람은 아무도 없었다.

집단주의적 성격이 강한 우리나라의 기업에서는 조직의 단합을 강조하곤 한다. 구성원간 친밀한 관계는 팀워크 향상의 토대임에 틀림이 없다. 그러나 관계 지나친 중시는 건전한 비판과 자유로운 토론을 어렵게 만들 수 있다. 인간적으로 친하다고 해서 반드시 좋은 팀워크를 이루는 것은 아니다. 형제간 또는 친한 친구끼리 동업하는 경우 성공하기 어렵다는 속설은 이를 뒷받침해준다 할 수 있다.

팀워크가 전체 조직의 성과로 직결된다(오해 5)

개별 팀의 팀워크가 좋다고 해서 반드시 조직 전체의 성과로 이어지는 것은 아니다. 팀워크가 조직 전체보다는 팀 단위의 업무 성과를 높이는 데 초점이 맞춰져 있기 때문이다. 팀워크를 지나치게 강조하다 보면 필연적으로 부서간 경쟁이 심화되고 정보의 독점과 외부에 배타적인 자세가 심해지는 폐해가 발생하기 쉽다. 외부와의 협력 관계가 약화된 팀은 환경의 변화에 둔감해지게 되는 위기 불감증에 빠지기도 한다. 조직의 목표가 고객의 니즈를 제대로 반영하지 못할 때, 또는 팀의 목표가 조직의 가치관을 충실히 반영하지 못할 때 팀워크가 조직 전체의 성과로 이어지기 어렵다.

IBM은 1987년부터 1992년까지 품질과 효율 향상은 물론 생산 기간을 50%나 단축시키는 성과를 내었다. 모든 부서에서 품질 향상의 경쟁이 치열했고 그 어느 때보다 좋은 팀워크가 만들어졌다고 평가되었다. 가장 성과가 우수하였던 부서는 미국의 권위 있는 볼드리지(Baldrige) 품질 대상을 수상하기도 하였다. 그런데 이러한 개별 팀의 성과가 회사 전체의 성과나 주주의 가치로 잘 연결되지 못했던 것으로 분석되었다. 한 임원은 "아무리 빨리, 잘 제품을 만들어도 고객의 가치를 반영하지 못하거나 시장에서 고객의 접촉이 제대로 이루어지지 않으면 의미가 없다는 점을 배웠다"라고 말했다.

여기서 얻은 교훈으로 IBM에서는 개별 조직의 책임자를 평가할 때 상위 조직의 성과를 반영한다고 한다. 팀의 리더는 팀 자체만 생각해서는 안되며 조직 전체, 더 나아가 조직의 여러 이해 관계자까지 바라볼 수 있어야 한다는 것이다. 팀워크의 성공 여부는 팀 자체로만 판단해서는 곤란하다. 팀을 둘러싼 다양한 이해 관계와 조화를 이루어 궁극적으로 전체 조직의 성과로 이어질 때 비로소 진정한 팀워크라 할 수 있다.

이와 관련하여 미국의 메이요 병원(Mayo Clinic)의 사례는 시사하는 바가 크다. 가장 정교하고 효과적인 팀워크가 요구되는 의료 분야에서 메이요 병원은 최고의 의료 수준과 서비스로 명성을 얻고 있다. 이 병원의 조직 운영 기본 원칙에는 '우리 지역과 국가, 세계의 환자의 니즈에 집중하는 최고의 의사, 연구원 및 의료 전문가의 협력을 기반으로 병원을 운영한다' 라고 명시되어 있다고 한다. 팀간의 협력은 물론 지역과 전 세계의 고객을 지향하는 웅대한 가치를 공유하고 있는 것이다. 메이요 병원이 최고의 명성과 함께 노벨상을 수상하는 실력을 갖출 수 있었던 데에는 이러한 팀워크가 중요한 역할을 하였다고 볼 수 있다.

팀워크의 함정을 극복해야 한다

휴렛팩커드의 전 CEO인 칼리 피오리나는 7가지 성공비결을 제시하면서 4번째로 "팀워크가 가지는 '위대한 힘' 을 잃지 마라. 누구도 혼자서는 성공할 수 없다"라며 팀워크를 강조한다. 팀워크는 잘만 활용하면 개인과 팀은 물론 조직의 성공에 결정적인 기여를 할 수 있다. 반면 팀워크를 잘못 이해하는 경우, 잘 짜진 팀워크가 오히려 팀과 조직의 성공을 저해하는 결과를 초래할 수 있다.

팀의 문제점을 알고도 팀 분위기를 해치지 않기 위해 침묵하거나 개인의 희생을 통해 팀워크를 높이려는 것은 잘못된 사고 방식이다. 팀워크를 위한다는 명분의 나눠먹기 식 평가나 '우리끼리 뭉치자' 식의 잘못된 연대 의식은 팀워크의 진정한 의미와는 거리가 멀다. 또 팀워크가 팀과 조직 전체의 성과를 보장해 줄 것이라는 생각도 팀워크를 성공의 만능 열쇠쯤으로 간주하는 오해의 한 유형이다.

그리스로마 신화에 등장하는 이카루스는 자신을 미로에서 탈출시켜준 날개를 지나치게 과신하여 태양을 의식하지 않고 높이 날다가 결국 날개를 붙인 밀납이 녹아내려 추락하고 만다. '이카루스 패러독스'는 탈출이라는 당초 목적을 잊은 채 높이 날아오르는데만 열중하다 정작 목표 달성에 실패한 경우 적용할 수 있다. 팀워크는 팀을 성공으로 이끄는 핵심 요소이지만 팀워크 자체에 매몰되거나 잘못 인식할 경우 오히려 조직의 성과를 가로 막는 함정이 될 수도 있음을 기억해야 할 것이다.

연습문제

1. 팀의 기본 구성원인 팀 리더, 진행자, 기록자 및 과정 관찰자의 주된 역할을 간단히 설명하시오.
2. 핵심적인 팀워크 기술 4가지에 대하여 간단히 설명하시오.
3. 팀워크의 대표적인 단점과 이를 극복하기 위한 효과적인 팀의 운영방법을 제시하시오.
4. 최근의 우수한 팀워크 사례를 조사하고, 이 팀의 간단한 활동 내용과 이 팀에서 효과적으로 적용된 팀워크 기술에 대하여 정리해 보시오.

참고문헌

1. 명지대학교 창의공학 연구회 역, 창의적 문제해결과 공학설계, 파워북, 2001.
2. 이경우, 김병재, 이태희, 황농문, 한송엽 공저, 공학문제 해결입문, 시그마프레스, 2007.
3. 김길희, 김이형, 최재환 공저, 공학입문설계, 구미서관, 2007.
4. Gerard Voland, Engineering by Design, 2nd ed., NJ, Peason Prentice-Hall, 2004.
5. Jon R. Katzenbach and Douglas K. Smith, The Wisdom of Teams: Creating the High-Performance Organization Boston, MA, Harvard Business School Press, 1994.
6. J. E. Driskell and E. Salas, Collective Behavior and Term Performance, Human Factors, 34, 277, 1992.
7. Michael E. Agnes(Ed.), Webster' s New World College Dictionary, 4th ed., New York, Simon & Schuster, 1999.
8. Carl E. Larson and Frank M J Lafasto, Teamwork: What Must Go Right/What Can Go Wrong, Thousand Oaks, CA, Sage Publications, 1989.
9. Bruce Tuckman, Developmental Sequence in Small Groups, Psychological Bulletin, 63, 384-399, 1965.
10. J. A. Cannon-Bowers, S. L. Tannenbaum, E. Salas, and C. E. Volpe, Defining competencies and establishing team training requirements, In R. Guzzon and E. Salas (Eds.), Team effectiveness and decision making in organizations, San Francisco, CA, Jossey Bass, 1995.
11. Dale Carnegie, How to Win Friends and Influence People, New York, Simon & Schuster, 1937.
12. James M. Kouzes and Barry Z. Poster, The Leadership Challenger: How to Get Extraordinary Things Done in Organization, San Francisco, CA, Jossey-Basss, 1987.
13. 강진구, 팀워크에 대한 5가지 오해, LG 주간경제, 920, LG 경제연구원, 2007.

04

문제 해결 방법

우리는 매일 혹은 매 순간 새로운 문제에 부딪히고 그 해결을 요구받고 있다. 문제들이 공학적인 문제일 수도 있고 일상의 사소한 문제일 수도 있다. 그리고 아주 쉽게 해결할 수도 있으며 어려운 과학이나 공학적인 지식이 요구되는 문제일 수도 있다. 이런 문제들을 단지 이전에 해오던 방법으로 접근하는 것이 아니라 새롭고 창의적인 방법으로 해결하는 방법을 찾는 방법을 제안하는 것이 본 장에서 다루고자 하는 내용이다. 이 방법들은 공학에서 다루던 전통적인 방법과는 다르기 때문에 공학을 전공하는 학생들에게는 많이 생소하게 다가올 수 있을 것이다. 그러나 이러한 방법들은 심리학이나 교육학 등의 다양한 부분에서 널리 알려진 방법 들이다. 그런데 이러한 방법들이 문제해결을 위한 유일한 방법으로 제시되는 것이 아니며 단지 문제를 좀 더 넓은 시야에서 바라보고 다양하고 혁신적인 해결 방법을 찾을 수 있는 구체적인 방법을 제안하는 것이 본 장의 목적이다.

4.1 공학적인 문제해결 방법

공학을 전공하는 학생들은 일반적으로 수학적인 능력을 바탕으로 문제를 해결하고자 한다는 인식이 널리 퍼져있다. 이러한 인식은 공학 교육 과정에도 반영되어 공학 전공 학과목의 평가 방법이 대체로 수학적인 방법을 바탕으로 하여 많이 이루어지고 있다. 다음의 보기는 수학적인 방법으로 문제를 해결하는 보기를 보여주고 있다.

많은 문제들은 어떤 변수에 따라 함수 값이 변하는 함수의 형태로 표현할 수 있다. 예를 들면 어떤 공장의 하루 생산 물품의 개수에 따른 개당 생산 비용을 계산할 수 있다. 그림 1에 적용하면 함수의 변수는 물품 생산 개수가 되고 함수 값은 개당 비용이 된다. 이 경우 이 공장에서 가장 효율적으로 물품을 생산하고자하는 문제에 대한 해결 방법은 개당 생산 비용이 가장 낮은 조건을 찾으면 될 것이다.

실제로 함수를 구하는 것은 아주 어려운 문제이며 구체적인 조건에 따라 복잡한 과정을 거쳐 구하게 되며 이 책의 다른 부분에서 다루고 있다. 그러나 간단한 수학 문제에서는 이 함수를 제시하고 그 해를 구할 것을 요구한다. 예를 들어 그림 4-1의 함수는 변수 x에 대하여 함수 $f(x)$는 다음과 같이 주어진다.

$$f(x) = x^2 - 28x + 250$$

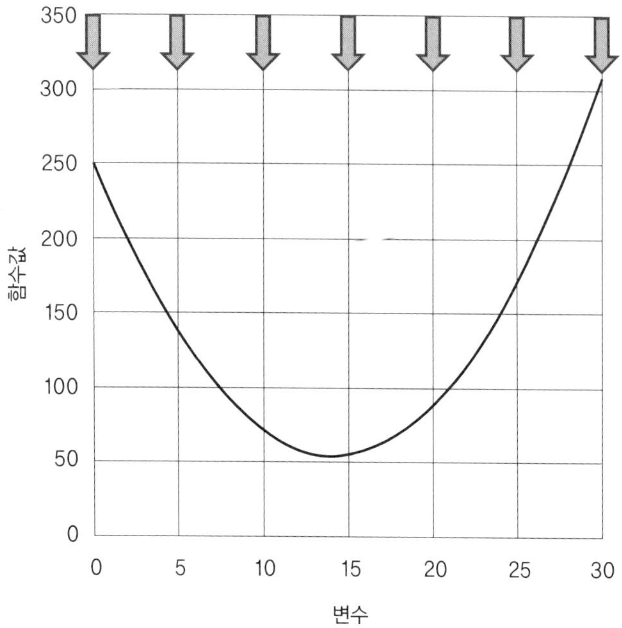

그림 4-1 ■ 수학적 해결 방법의 보기

이렇게 함수가 주어지면 여기에서 극소값을 구하는 문제는 고등학교 수학에서 배운 '미분법' 을 사용하면 쉽게 구할 수 있다. 즉 함수를 미분하여 그 값이 영이 되는 점이 함수의 극값(극대값 혹은 극소값)이 되는 점이 된다. 일상 생활의 경험에서도 이 미분법이 사용되는데 위로 던져진 돌맹이가 가장 높이 올라가는 높이는 돌맹이가 올라가다가 멈춰서는 순간이 되는 것이다. 이제 위의 함수를 미분하면 다음과 같다.

$$f'(x) = 2x - 28 = 0$$

극값을 찾는 조건은 이 미분 값이 영이 되는 조건이므로 그 때의 x 값은 간단한 계산을 통하여 14로 구할 수 있다. 이러한 결과로부터 이 공장에서 하루에 가장 효율적으로 생산하여야 하는 물품의 개수는 14개로 정할 수 있다.

이와 같은 방법이 지금까지 공학에서 일반적으로 교육되어 온 방법이다. 그런데 이러한 수학적인 접근 방법은 실제 제기되는 문제를 해결하는 데는 큰 도움이 되지 않는 경우가 많다. 그 이유는 우선 위에서와 같이 어떤 문제를 수학적인 함수식으로 나타내는 것이 쉽지 않다는 이유이며 또 함수로 나타내는 과정도 간단하지 않기 때문이다.

좀 더 현실적인 문제의 형태는 위의 문제와 같이 어떤 변수 범위에서 모든 함수를 잘 알 수 있는 것이 아니라 어떤 특정한 변수가 지정되었을 때 그 결과 즉 함수 값을 알 수 있는 경우이다. 즉 그림 4-2와 같이 주어진 변수 값에 대해서 '실행' 하였을 때 그 결과 값을 얻을 수 있고 그 결과를 평가할 수 있는 경우가 일반적이다. 그러므로 앞에서와 같이 전체의 함수 식보다 표로 결과를 얻을 수 있는 것이 보통이다. 즉 하루에 10개씩 만들었을 때의 비용과 15, 20개씩 만들었을 때의 비용을 계산하여서 앞의 그래프에서와 비슷한 결과를 얻을 수 있다. 그런데 앞의 함수 미분 계산으로는 14개가 가장 적은 비용이 드는 것으로 계산이 되나 이렇게 실행 결과를 비교하는 방법은 모든 경우에 대해서 다 시행하는 데 어려움이 따른다. 그러나 표의 결과에서 전체적인 그래프를 그려보면 15보다는 작은 부분에서 최소값이 있음을 알 수 있고 이 경우 앞의 경우에는 5, 10, 15, 20과 같이 5 간격으로 시행을 해봤던데 비하여 더 작은 간격을 15 주위에서 11, 12, 13, 14, 15, 16, 17의 경우에 시행해 봄으로써 어렵지 않게 가장 적은 비용이 드는 14의 경우를 얻을 수 있다.

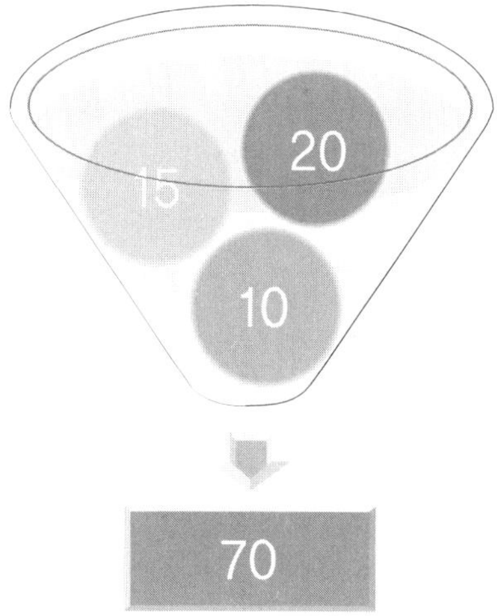

그림 4-2 ▪ 시행 결과에 대한 문제 풀이 방법

표 4-1 • 시행 결과에 대한 결과 표

변수	함수값
0	250
5	135
10	70
15	55
20	90
25	175
30	310

위와 같은 문제 풀이 방법은 기존의 수학적인 방법에서 널리 사용되며 우리 일상의

사소한 문제들에 대하여 쉽게 접근 할 수 있는 방법이다. 그런데 많은 문제들은 이렇게 간단한 경향을 보이지 않는 것이 일반적이다.

이제 좀 더 복잡한 문제의 경우 어떤 어려움이 있으며 해결을 위한 어떤 방법이 있는지 살펴보자. 그림 4-3과 같은 경우는 일반적인 간단한 함수 꼴로 나타낼 수 없는 문제의 경우를 보여주고 있다. 전체적으로 15 주위에서 가장 낮은 함수 값을 보이는 것을 알 수 있으나 부분적으로 최소값을 보이는 부분이 있는 것을 볼 수 있다. 이 문제의 경우 점선으로 표시한 전체적인 경향의 최소값을 보이는 부분이 실제 최소값인 15 주위이므로 앞의 수학적인 시행 방법을 사용하여 최소값을 찾는 데 큰 문제가 없을 수도 있다.

그런데 실제 문제에서는 그림 4-3의 회색 부분으로 표시한 부분과 같이 전체 변수의 경우를 보는 것이 아니라 선입견이나 시행 상의 어려움 등으로 인하여 변수를 5에서 10의 범위까지만 시행한 후, 변수 값이 6.5이고 그 함수 값이 8인 경우를 최소값으로 생각하고 최선의 결과를 얻은 것으로 판단하는 경우가 자주 있다. 콜럼부스의 달걀의 예에서 볼 수 있듯이 다른 사람이 새롭게 제시하는 제안은 제안된 후에 보면 내가 왜 저런 생각을 못했을까하는 생각을 할 정도로 쉽게 이해되지만 그림 4-3의 회색 부분에서 벗어나서 진짜 최소값인 15부근을 찾는다는 생각은 일상생활이나 공학의 문제를 해결하는 데는 결코 쉬운 일이 아니다. 이제 이렇게 다양한 가능성을 포함하는 창의적인 생각을 어떻게 할 것인가에 대하여 이미 제안된 방법들을 설명하고 구체적인 방법을 함께 연습해보도록 하자.

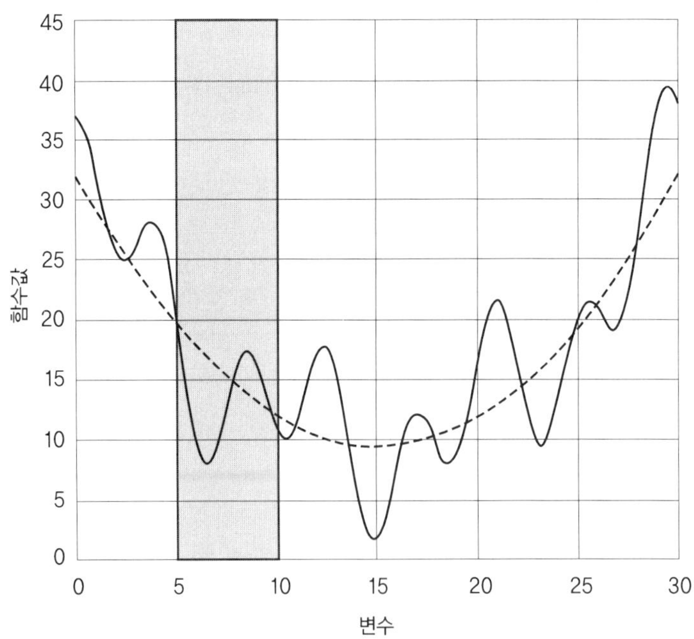

그림 4-3 ■ 함수의 변화가 복잡한 문제의 경우

4.2 아이디어 발상 및 가시화 방법

창의적 문제해결을 위한 창의적 사고 개발 기법은 크게 발산적 사고(확산적 사고, 생성적 사고)와 수렴적 사고(초점적 사고, 비판적 사고 등)로 구별할 수 있다. 발산적 사고는 아이디어(대안, 가능성)를 생성해 내고, 새로운 아이디어로 예전에는 생각하지 못한 새로운 연결을 만들고 표현하는 방법으로 브레인스토밍, 브레인라이팅, 스캠퍼, 육색 사고모 기법 등이 이에 해당한다. 새로운 아이디어를 만들어내기 위하여 선입견을 배제하고 가능하면 자유롭게 의견을 제시하며 기발한 방법을 장려한다. 수렴적 사고는 발산적 사고를 통하여 제안된 아이디어를 분석하여 선택하거나 다듬어서 구체적인 문제를 해결하는 방법을 찾아나가는 초점화의 사고과정이다. 즉 아이디어를 구체적으로 가시화하는 기법으로 마인드 매핑, 강제연결법과 PMI, 평가 행렬법 등이 있다. 그러나 발산적 사고와 수렴적 사고는 아주 명확히 구별되지 않을 수도 있으며 서로 상보적으로 사용되며 서로 생산적인 균형을 이루어야 창조적인 문제 해결이 이루어질 수 있다.

4.2.1 브레인스토밍 Brainstorming

미국의 심리학자 오스본(A. F. Osborn)이 시행착오(trial and error) 방법을 개선하고 특정한 주제에 대하여 머리(brain)에서 폭풍(storming)이 몰아치듯 생각나는 아이디어를 많이 내어 놓는 방법으로 제시하였다. 짧은 시간에 많은 아이디어를 만들어 내는 것이 목적이고 주로 집단 토의에서 사용할 수 있다. 앞의 그림 4-3을 가지고 기존의 시행착오 방법과 브레인스토밍 방법을 비교하여보자. 시행착오 방법은 기존에 사용하는 방법이 변수 '4.5' 의 방법이었다면 우선 변수 '5.0' 을 넣어서 함수값을 계산한다. 그 결과 이전의 방법에 비하여 결과가 개선되었으면 그 방향으로 더 시행을 한다. 그 결과도 개선되었다면 같은 시행을 되풀이 할 것이다. 그러면 대략 변수 '6.5' 주위에서 최적의 조건을 찾을 수 있을 것이다. 그런데 이러한 시행착오 방법은 지역적인 최소값에 빠져 밖으로 나오지 못하는 경우를 자주 발생시킨다. 즉 작은 개선을 만드는 방법으로는 적합할 수 있지만 혁신을 이루는 방법으로는 적합하지 않다.

이에 대한 대안으로 제시된 브레인스토밍 방법은 그림 4-3에서 변수 값을 아무렇게나 제시하는 방법이다. 즉 새로운 아이디어로 변수값을 0, 2, 15, 100, 6, 7, 6.1, 20, 21과 같이 다양하게 제시하는 것이다. 이렇게 수를 이용하는 수학적인 문제해결 방법의 경우 다양한 수자를 제시히는 것이 어려운 일이 아니지만 일상의 문제나 공학의 문제를 해결하기 위한 방법의 아이디어 제시는 간단하게 수자를 나열하는 것과 달리 기발한 아이디어를 제시하기위한 노력이 필요하다. 그런데 브레인스토밍에서 지켜야할 네 가지 규칙이 있는데 이는 브레인스토밍의 목적과 방법을 잘 제시한다.

브레인스토밍의 네 가지 규칙(4S)

브레인스토밍의 네가지 규칙은 비판금지(Support), 자유분방(Silly), 양산(Speed), 결합과 개선(Synergy)으로 브레인스토밍을 진행하는 과정에서 참가자들이 지켜야할 규칙이다.

규칙	설명
비판금지(Support)	어떤 아이디어라도 절대로 비판하거나 평가하지 않는다.
자유분방(Silly)	아이디어가 비현실적이거나 터무니없는 것이더라도 모두 받아드린다.
많은 생산(Speed)	가능한 한 많은 아이디어를 만든다.
결합과 개선(Synergy)	두 개 이상의 다른 아이디어를 결합하여 새로운 아이디어를 이끌어 낸다.

브레인스토밍의 진행

브레인스토밍을 진행하기 위하여 5~12명 정도로 집단을 구성하고 집단은 나이, 성별, 관심 등이 골고루 섞이도록 하여 문제에 대하여 다양한 측면에서 접근할 수 있도록 한다. 너무 많은 사람이 참가하면 빠지는 사람이 생기게 되므로 5명 정도가 적합하다. 브레인스토밍은 자유로운 사고가 중요하므로 나이나 직책 등이 진행에 방해가 되지 않도록 분위기를 만들어야 한다. 사회자는 많은 아이디어가 제시될 수 있도록 하는 진행자로서의 역할을 맡고 기록자는 발표 내용을 빠트리지 않도록 칠판이나 큰 종이를 미리 준비하여 기록한다. 기록 내용은 모든 참가자들이 볼 수 있도록 한다. 너무 오랜 시간 동안 진행하면 집중력이 떨어지고 장난처럼 흐를 가능성이 있으므로 시간을 15~20분 정도로 제한하여 진행한다. 브레인스토밍의 네가지 규칙을 미리 모든 참가자들이 숙지하도록 하며 당장 해결하여할 구체적인 문제를 가지고 진행한다. 즉 브레인스토밍의 결과가 바로 시행될 수 있는 문제를 가지고 흥분과 열정에 찬 분위기로 진행하며 모든 참가자가 적극적으로 참여하여 문제해결에 기여하였다는 느낌이 남도록 한다. 브레인스토밍은 발산적 사고 기법이며 평가는 다음 단계에서 실시한다는 점을 명심한다.

브레인스토밍으로 해결할 수 있는 문제는 구체적인 문제가 적합하다. 빨간 벽돌로 할 수 있는 일, 엄마 생일 선물, 휴가 장소, 엠티 장소와 같은 구체적인 문제를 해결하는데 적합하다. 학생들의 경우 엠티 장소를 지금까지 어떻게 결정하여 왔던가 반성하고 이번 학기에는 브레인스토밍 방법으로 엠티 장소를 결정하는 것도 창의적인 문제를 해결하는 방법을 익히는데 도움이 될 수 있을 것이다.

브레인라이팅

브레인라이팅(Brainwriting)은 브레인스토밍과 같은 목적으로 진행하는 과정으로 브레인스토밍의 자유롭고 평등적인 분위기가 조성되기 어려운 환경일 때 실시할 수 있다. 조용한 가운데 의견을 종이에 적어나가기 때문에 침묵의 집단 아이디어 발상법으로 불리기도 한다. 전체 6명이 참가할 경우 가로 3열 × 세로 6행의 표가 그려진 A4 용지를 모두 준비하고, 처음 5분 동안 표의 첫째 줄 세 칸에 아이디어를 쓴다. 5분 후 자신의 종이를 자신의 왼쪽에 앉은 사람에게 넘긴다. 5분 동안 오른 쪽 사람이 쓴 위의 줄에 쓴 아이디어를 참고로 하여 자신의 아이디어를 아래 칸에 적는다. 이렇게 5분 간격으로 종이를 총 6번 돌리면서 아이디어를 쓴다. 이렇게 모은 모든 아이디어를 모은다.

주제: 이번 학기 엠티 장소		
부산 해운대	남해 상주해수욕장	밀양 얼음골
부산 송정	지리산	밀양 배내골
제주도	유럽	용인 에버랜드
학교 뒷산	일본	경남 고성
경주	거제 해금강	부곡 온천
설악산	속리산	진주

이 방법은 모두 처음부터 끝까지 조용한 상태에서 실시할 수 있고, 다른 사람이 쓴 의견을 참고하면서 새로운 아이디어를 낼 수 있는 장점이 있다. 학생들이 중고등학교 때 자주 했던 '롤 페이퍼' 와 비슷한 방법으로 실시한다.

아이디어 자극 방법

브레인스토밍은 다른 사람의 의견을 참고하기는 하지만 주로 개인적인 노력으로 아이디어를 내도록 하는 방법들이다. 그러므로 아이디어를 자극하기 위해 고안된 방법들을 사용하는 것도 좋은 방법이다. 고든법은 아이디어를 자극하기 위한 방법들 중의 하나이다. 참신한 아이디어를 내려면 고정 관념을 깨는 발상의 전환이 필요하지만 개인적인 노력만으로는 쉬운 일이 아니다. 고든(W. J. J. Gordon)의 조작적 창의성에서는 진짜 주제는 리더 혼자만 알고 있는 상태에서 먼저 참가자들에게 보다 넓은 부분 즉 보다 중요한 본질을 묻는 의견을 듣는다. 예를 들면 '자전거' 에 대한 아이디어를 내야한다면 참가자들에게 자전거가 아니라 자전거의 중요한 본질인 '이동' 에 대한 아이디어를 구하는 방법이다. 혹은 새로운 병따개를 고안해야 한다면 우선 '연다는 것'을 먼저 토론하도록 한다. 이어 2차 회의에서 진짜 주제를 주고 1차 회의에서 나온 아이디어를 참조해서 참신한 아이디어가 나오게 한다.

4.2.2 육색 사고모(여섯 색깔 모자)

창의적인 사고를 위하여 참여자들이 여섯 가지 서로 다른 색깔의 모자를 쓰고, 모자의 색깔이 의미하는 유형을 사고하게 하여 의도적으로 다양하고 폭 넓은 생각을 할 수 있도록 하는 기법이다. 각 색깔의 모자가 상징하는 유형은 아래와 같다.

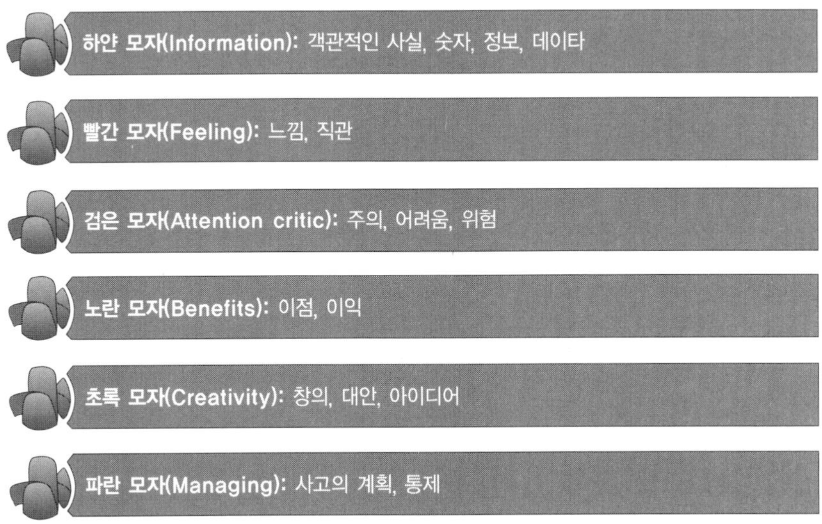

그림 4-4 ▪ 여섯 색깔 모자의 의미 요약

여섯 가지 색깔 모자 방법은 브레인스토밍의 구성원을 가능하면 성별이나 나이, 취향 등의 면에서 가능하면 다양하게 구성하고자 하는 것과 같은 목적이나 구성원이 항상 다양하게 구성되기는 어렵다. 그러므로 의도적으로 다양한 생각을 할 수 있도록 입장을 지정해주는 방법이다. 앞의 그림 3과 관련하여 수학적인 방법과 비교하여 설명하면 한 구성원이 변수 값을 0에서 10까지의 범위, 10에서 20까지의 범위, 20에서 30까지의 범위와 같이 각 입장에 따라 변수 값의 범위를 지정해주고 변수 값을 지정하게 하는 것이라고 볼 수 있다.

여섯 가지 색깔의 모자가 의미하는 사고 유형은 다음과 같은 질문들과 관계있다.

❶ 하얀 모자

- 사실이나 의견을 말할 때
- 당신은 컴퓨터 같은 역할을 할 수 있습니까?
- 중립적이고 객관적인 태도로 사실만을 말씀하십시오.
- 해석은 사절입니다. 그냥 사실만을 부탁합니다!
- 본 건에 나타난 객관적인 사실들은 무엇입니까?

❷ 빨간 모자

- 질문이나 의문을 제시
- 그 디자인은 끔찍해요. 절대 뜨지 못할 겁니다. 엄청난 돈의 낭비예요.
- 거래가 성사되어 계약서에 서명을 마칠 때까지 이 정보를 숨기는 것은 공정한 일이 아닌 것 같습니다.
- 나는 그 남자를 좋아하지 않고, 그와 사업을 하고 싶지도 않아요. 그냥 그래요.

❸ 검은 모자

- 반대 의견을 말할 때
- 이 제안을 시행했을 때 잘못될 수 있는 일은 무엇일까요?
- 이 제안은 우리의 윤리관과 가치관에 적합한가?
- 이 제안은 우리가 사용할 수 있는 자원에 적합한가?

❹ 노란 모자

- 찬성 의견을 말할 때
- 기존의 화장실에서는 매번 물을 내릴 때마다 약 30리터의 물이 사용됐는데 이 새로운 디자인은 단지 10리터만 사용됩니다. 그러면 1인당 하루에 160리터까지 아낄 수 있고, 전체적으로 보면 하루에 9백만 리터의 물을 절약할 수 있습니다.

❺ 초록 모자

- 보충을 말할 때
- 도발적인 활동(PO, Provocation Operation)을 장려한다.
- 소비자는 물건을 사고 돈을 받아야 합니다.
- 오염 공장은 오염 물질을 거꾸로 공장 안으로 받아들여야 합니다.

❻ 파란 모자

- 사회자의 역할
- 회의는 파란 모자가 상황을 정의하는 것으로 시작한다.

- 파란 모자는 회의를 주재하고 질서를 잡고 모자를 바꿔 쓰자고 제안한다.
- 책을 판매하는 보다 나은 방법이 필요합니다. 초록 모자 사고를 주십시오.

이상과 같은 여섯 색깔 모자 활동에서 아이디어를 생성하고자 하는 발산적 사고를 위해서는 '하얀 모자 → 초록 모자 → 노란 모자 → 검은 모자 → 빨간 모자 → 파란 모자'의 순서로 모자를 쓰고, 생성된 아이디어의 판단을 위한 수렴적 사고를 위해서는 '빨간 모자 → 노란 모자 → 검은 모자 → 초록 모자 → 하얀 모자 → 파란 모자'의 순서로 모자를 사용하면 유용하다.

실습

각 조별로 다음의 주제에 대하여 여섯 색깔 모자 활동 결과를 정리하시오.

1. 기술 유출 문제의 해결 방안
2. 공학적인 방법으로 환경 오염을 줄이는 방안
3. 환경 친화적 대체 에너지
4. 인간 배아 복제 허용 문제
5. 인터넷 악성 댓글 대처 방안

연습 출처 '생각이 솔솔~여섯 색깔 모자'

다음의 말을 하는 사람은 어떤 모자를 쓰고 있을까요?

1. 4명의 전문가와 이야기를 했는데, 그들은 모두 금년 말에는 이자율이 떨어질 것이라고 예견했습니다.
2. 결론은 무엇인가?
3. 그 방법은 효과가 없을 것이라는 느낌이 드는군요.
4. 문제의 배경은 무엇인가?
5. 내게 캠페인을 광고할 매체를 제안해 달라고 했지만 나는 홍보활동(PR)에 돈을 쓰는 것이 더 낫다고 생각합니다.
6. 저는 피고가 7월 1일 아침 6시 30분에 그의 아파트로 돌아오는 것을 보았습니다.
7. 그녀는 아랍어가 유창하므로 중동 진출에 도움이 될 것입니다.
8. 지금 리콜을 실시하지 않으면 기업 이미지가 나빠질 수 있습니다.
9. 그 디자인은 끔찍해요. 절대 뜨지 못할 것입니다.
10. 이 컴퓨터는 생각했던 것 보다 사용하기 쉽습니다.
11. 어떤 순서로 모자를 쓸 것인가?
12. 나는 그 남자를 좋아하지 않고, 그와 사업을 하고 싶지도 않아요. 그냥 그래요.

13. 낙하산 없이 비행기에서 뛰어 내렸는데도 살아 난 사람이 있었다고 합니다.
14. 왜 우리는 회의를 하는 것일까?
15. 당신은 내게 트럭에 짐을 싣는 새로운 방법을 요구하셨지만 나는 우리 제품을 기차로 보내는 것이 더 낫다고 생각합니다.
16. 지금의 상황을 어떻게 정의할 것인가?
17. 우리가 지금 이 문제에 안이하게 대처한다는 느낌이 듭니다.
18. 경남 지역의 아파트 가격이 상반기에 3% 하락하였습니다.
19. 지금은 노란 모자 시간이 아닙니다.
20. 우리가 가격을 인하하면 경쟁사들도 가격을 낮출 위험성이 있습니다.

정답

1. 하얀	2. 파란	3. 빨간	4. 파란	5. 초록	6. 하얀
7. 노란	8. 검은	9. 빨간	10. 노란	11. 파란	12. 빨간
13. 하얀	14. 파란	15. 초록	16. 파란	17. 빨간	18. 하얀
19. 파란	20. 검은				

4.2.3 스캠퍼 SCAMPER

브레인스토밍을 제안한 오스본(A. F. Osborn)이 소개한 새로운 아이디어를 촉진하기 위한 방법으로 제안된 체크 리스트법을 애벌리(R. Eberle)가 재구성하고 발전시킨 방법으로 스캠퍼라는 이름은 7개의 항목으로 개선된 체크리스트 방법의 머리글자로 구성되었다. 스캠퍼의 일곱 가지 항목은 대치하기(Substitute), 결합하기(Combine), 맞도록 고치기(Adapt), 수정-확대-축소하기(Modifiy-magnify-minify), 다른 용도로 사용하기(Put to other use), 제거하기(Eliminate), 재배치하기(Rearrange-reverse)로 구성되어 있다. 더 간략화 시킨 방법인 ECRS(Eliminate, Combine, Rearrange, Simplify)은 가장 빠르게 개선하기 위하여 기억하기 쉽도록 구성되어 있다.

스캠퍼는 머리글자를 따서 쉽게 기억할 수 있도록 하였으므로 철자를 보면 아이디어를 자극할 수 있는 질문을 떠 올릴 수 있다. 그러나 스켐퍼의 질문은 반드시 철자 순서대로 할 필요는 없다.

S (대치시키면?)

- 다른 누구? 다른 무엇? 다른 성분? 다른 재료? 다른 과정? 다른 에너지? 다른 접근법? 다른 음성?

C (결합하면?)

- 혼합하면? 합금? 구색을 갖추면? 앙상블? 단원을 조합하면? 목적을 합하면? 아이디어를 조합시키면?

A (맞도록 고치면?)

- 번안하면? 각색을 하면? 이것과 비슷한 것은? 이것은 어떤 아이디어를 시사하는가? 과거의 것과 비슷한 것은? 베낄 수 있는 것은? 내가 흉내낼 수 있는 사람은? 다른 회사는 어떻게 하는가? 외국은 어떻게 하는가?

M (수정-확대-축소하면?)

- 확대시키면? 빼면? 변형시키면? 의미, 색깔, 소리, 향기, 형태를 바꾸면? 빈도를 높이면? 더 강하게 하면? 더 길면? 생략하면? 간소화? 분리? 작게? 가볍게? 쉽게? 짧게? 크게?

P (다른 용도는?)

- 다른 사용 용도는? 수정하면 다른 데 사용 가능? 맥락을 바꾸면? 모양, 무게, 형태로 보아 다른 용도는?

E (제거하면?)

- 이것을 없애 버리면? 부품 수를 줄이면? 압축시키면? 낮추면? 더 가볍게 하면? 없어도 할 수 있는 것은?

R (재배치-거꾸로 하면?)

- 거꾸로 하면? 반대로 하면? 역할을 바꾸면? 위치를 바꾸면? 다른 순서는? 보조를 바꿔? 스케줄을 바꾸면? 원인과 결과를 바꾸어 보면?

실습

지금 당신이 생각해 보아야 할 물건이 '우산'이다. 스캠퍼가 제시하는 일곱 가지 질문에 따라 보기와 같이 완성해 보아라.

주제: 우산

❶ 다르게 사용할 수 있는 곳은?
보기: 구멍 파는 데, 땅을 짚는 데

---

❷ 대신 사용할 수 있는 것은? 비슷한 것에 어떤 것이 있는가?
보기: 신문지, 모자

❸ 다른 용도로 사용하려면 어떻게 고쳐야 할까?
보기: 앞을 잘 볼 수 있게 하려면 투명한 재료를 사용해야

❹ 더 크게 하면(더 두꺼우면, 더 강하면) 어떻게 될까?
보기: 크게 하여 두 사람이 쓸 수 있게

❺ 더 작게하면(더 얇으면, 더 가벼우면) 어떻게 될까?
보기: 접는 우산

❻ 다르게 배치하면 어떻게 될까?
보기: 손잡이가 위쪽에도 달려있어 지팡이로 사용

❼ 다른 것과 결합하면?
보기: 조명이 달린 우산

4.2.4 마인드 맵 mind map

사고 개발에 대한 새로운 개념으로 이른바 방사사고(Radiant Thinking)를 바탕으로 1970년대 초 토니 부잔(Tony Buzan)에 의하여 창안되었으며 우리나라에서도 전문학원이 있을 정도로 널리 알려져 있다. 문제에 대하여 큰 빈 종이 위에 이미지와 핵심단어 색과 부호 등을 이용하여 마음의 지도를 그려나가는 방법이다. 마인드 맵은 브레인스토밍이 마구잡이식으로 아이디어를 끄집어내는 것인데 비하여 아이디어를 좀 더 조직화하는 방법으로 정보를 서로 연결하여 체계적으로 기억할 수 있게할 뿐만 아니라 체계에서 빠진 아이디어를 확인하는데도 장점을 가진다. 즉 브레인스토밍을 통하여 비체계적으로 얻어낸 다양한 아이디어를 구조적으로 분류하는 방법으로 그 과정에서 빠진 부분을 보충할 수도 있다. 마인드 맵을 그림 4-3과 관련하여 설명하면 그림 4-3의 점선으로 나타낸 바와 같은 전체적인 경향을 먼저 파악하고 부분적으로 또 최저가 되는 부분을 파악해 나가는 방법이라고 할 수 있다.

마인드 맵의 구조

마인드 맵의 구조는 아래 네 가지가 있다.

❶ 생각의 핵심이 되는 주제는 항상 중심 이미지에서 시작한다.

❷ 중심 이미지에 관련된 주요 주제는 사람의 몸에 붙어있는 팔처럼 연결되어 표현된다.

❸ 가지들의 연결은 핵심 이미지와 핵심 단어를 통해 확산된다.

❹ 계속 이어지는 부주제들은 나뭇가지의 마디마디가 서로 연결되어 있는 듯한 구조를 갖는다.

이러한 마인드 맵의 구조는 나뭇가지나 번개가 치는 모양과 비슷하게 방사모양을 가지게 되는데 그래서 방사사고로 불린다. 그런데 이러한 방사 모양은 사람의 뇌를 구성하는 뉴런 세포가 연결되어 있는 모양과 비슷하다고 한다.

마인드 맵의 작성법과 규칙

❶ A3(가로 30 cm, 세로 42 cm)나 그 보다 큰 흰 종이를 준비한다. 줄이 쳐진 종이는 생각을 펼치는데 제한을 줄 수 있다.

❷ 종이의 전체 면을 풍경화를 그릴 때 처럼 넓고 자유롭게 사용한다.

❸ 종이의 중심으로부터 시작하고 종이는 가로로 넓게 펼쳐 놓는다.

❹ 쓰려고 하거나 생각하려는 주제에 대한 핵심 이미지를 정한다. 다양한 색깔을 이용하여 주의력을 끌고 상상력을 자극할 수 있도록 한다. 브레인스토밍에서 다루었던 주제인 '이번 학기 엠티 장소'에 대하여 마인드 맵을 만들어 보자. '엠티' 라면 생각나는 이미지는 무엇인가?

❺ 주된 이미지와 연관된 핵심 단어는 책의 각 장 제목과 비슷하다. '엠티 장소를 소개하는 책' 을 쓴다고 하자. 핵심 단어의 하나는 우선 '국내' 가 될 수 있을 것이다.

❻ 다른 장의 제목을 생각하여 나머지 주 테마의 가지를 만든다. 위의 핵심 단어가 '국내' 이므로 '국외' 가 다른 가지가 될 수 있을 것이다. 현실적인 문제를 고려하여 '국외' 는 간단하게 다루고자 한다.

❼ 두 번째 단계의 생각을 만들어 본다. 이 단어와 이미지들은 주가지와 연결되어야 한다. '국내' 와 연결된 두 번째 단계의 생각은 '경남', '부산', '경북', '강원', '호남,제주', '충청', '수도권' 과 같은 넓은 지역이 될 것이다.

❽ 이어서 좀 더 구체적인 단어들을 연결한다.

❾ 마인드 맵에 새로운 차원의 요소로서 상자를 만들거나 명암을 넣어보기도 하자.

❿ 가끔씩 마인드 맵의 가지를 분리하기 위해 색으로 테두리를 표시하기도 한다.

⓫ 마인드 맵의 각 부분을 예쁘게 다듬는다.

⓬ 즐겨라.

최근에는 이렇게 마인드맵을 종이에 직접 그리는 것이 아니라 컴퓨터 프로그램을 이용하여 그릴 수 있는 소프트웨어도 제공되고 있으므로 활용할 수 있다.

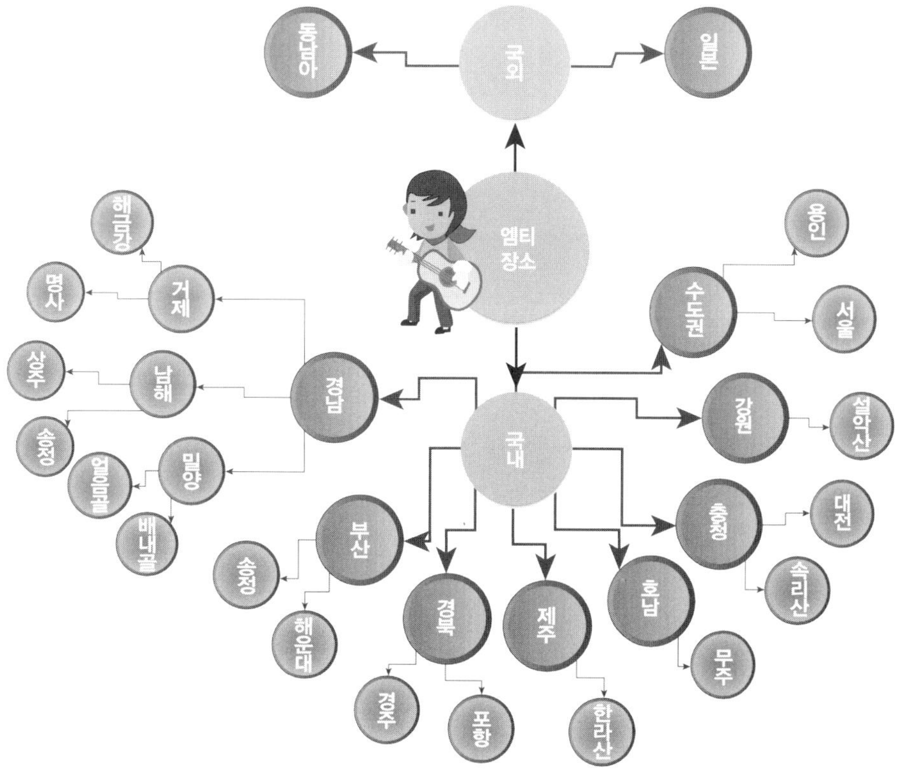

그림 4-5 ▪ 업무 부서만의 기본 달력 생성 기능

4.2.5 강제연결법과 PMI

강제연결법

강제연결법(Forced connection method)은 문제에 대한 새로운 통찰을 얻기 위하여 별개의 요소들을 함께 맞추어 넣는 것을 의미하는 결부법(synectics)의 한 방법이다. 결부법은 두 가지 방법이 사용되는데 첫째는 '낯선 것을 친근한' 것으로 만듦으로써 문제를 친근한 방식으로 들여다보고 그래서 이해를 더 잘하도록 하는 것이며, 둘째는 '친근한 것을 낯선 것' 으로 만듦으로써 문제 해결자로 하여금 현재 문제의 틀에서 벗어나 보다 창의적인 해결 방법을 찾을 수 있게 하는 것이다.

강제 연결법은 별 관계가 없어 보이는 어떤 대상을 문제에다 강제로 연결시켜 봄으로써 아이디어를 얻고자 한다. 발명품들 가운데는 무관한 것 같이 보이는 두 가지를 강제로 연결시켜서 만든 것이 많이 있다. 예를 들면 집–자동차(캠핑 카), 모터–자전거(오토바이), 손목–시계 등이 있다.

실습

새로운 목욕탕 욕조를 만들고자 한다. 어떤 개선 방안이 있을 수 있을까?

1. 가능한 많은 아이디어를 만든다.
   - (보기) 더 크게 만든다.
   - (보기) 안마 기능을 추가한다.
   -
   -
2. 더 이상 생각나지 않으면 주위를 둘러보고 아무 것이라도 상관없이 3개의 물건을 고른다.

   ❶ 세 개의 물건을 아무렇게나 골라보자.

   ①________________ ②________________ ③________________

   ❷ 이들 각 사물을 욕조에 강조로 연결시켜보고 욕조를 개선할 수 있는 아이디어를 만들어라. (보기) 만약 '자동차' 가 연결되었다면 지붕에 욕조가 설치된 자동차, '시계' 가 연결되었다면 시계가 달린 욕조 등의 아이디어를 생각해 볼 수 있을 것이다.

   ①____

   ②____

   ③____

다음의 주제들에 대하여 강제연결법을 연습해보자.

1. 차세대 자동차
2. 차세대 컴퓨터
3. 핸드폰

PMI 기법

PMI는 장점(Plus, 좋은 점, 좋아하는 이유, 긍정적 측면), 단점(Minus, 나쁜 점, 싫어하는 이유, 부정적 측면), 흥미로운 점(Interesting)을 따져본 후 아이디어의 모든 측면을 고려해 본 다음에 평가하는 과정이다. 어떤 문제에 대하여 충동적이거나 감정적으로 반응하는 것을 막고 넓은 시야를 갖도록 하는데 도움을 준다.

사례

주제	도서관에서 자원 봉사를 한다면?
P	• 자원봉사의 경험을 쌓을 수 있다. • 자원 봉사 학점을 받을 수 있다. • 다양한 사회 경험이 가능하다. • 좋아하는 책을 읽을 수 있다.
M	• 공부할 시간을 뺏는다. • 친구 만날 시간이 줄어든다. • 인터넷 오락을 할 수 없다.
I	• 친구와 함께 자원 봉사를 한다. • 전공 공부를 하며 도서관 자원봉사를 한다.

실습

다음의 주제들에 대하여 PMI 기법을 사용해 보자.

1. 지역발전과 '지역대학교' 의 역할
2. 대형 할인점의 진출
3. 졸업 여행을 해외로 나가는 것
4. 인터넷 오락

주제	
P	
M	
I	

4.2.6 평가 행렬법 Evaluation matrix

평가 행렬법은 체계적으로 제안된 아이디어를 평가하는 방법으로서 각 평가하려는 아이디어를 평가 기준에 따라 가로축 열은 아이디어의 평가 기준을 나열하고 세로축 행은 아이디어를 나열하여 각 기준을 기초로 아이디어를 평가한다. 일반적으로 여러 평가자가 있을 때 평가하는 방법과 비슷하다. 각 평가기준을 모두 더하는 방법이 일반적으로 생각될 수 있으나 각 평가기준의 값을 모두 곱하는 방법도 많이 사용된다.

사례

학교에 다니기 위한 교통수단 평가 ; 학교를 좀 더 편하게 다니기 위한 방법을 평가한다.

아이디어	평가기준					
	구입 비용은?(20)	빠르기?(20)	편리한가?(20)	관리 비용은?(20)	실현 가능성(20)	합계(100)
버스	20	12	3	14	20	69
자전거	17	10	7	19	18	71
스쿠터	14	13	12	10	12	61
경차	10	15	17	5	8	55
중형차	5	15	17	3	2	42

실습

1. 최근 자동차 회사에서 개발된 20대를 위한 경차의 이름 결정하는 문제에 대하여 각자 좋은 이름을 정하고 평가기준을 마련하여 평가행렬법을 이용하여 평가하여 보아라. (새로운 이름을 짓기 힘들면 기존의 자동차 이름을 평가해보자. 평가 기준에는 어떤 내용이 들어있어야 하나?)

평가기준 / 아이디어						합계(100)
마티즈						0
클릭						0
i30						0
비스토						0
모닝						0

2. 이번 학기에 갈 엠티 장소를 평가하라. (평가 기준은 교통 편리, 비용 등 다양한 항목이 가능할 것이다. 평가 기준 및 평점은 조별로 결정하라.)

평가기준 / 아이디어						합계(100)
부산 송정						0
거제 명사						0
남해 상주						0
밀양 얼음골						0
제주도						0

4.3 아이디어 평가

아이디어들, 문제해결대안들, 또는 설계대안들이 창조되면, 고려 대상이 되는 안들 중에서 좋은 안을 선택해야하는 문제에 직면한다. 또한 최종 설계에 도달하기 전에도 여러 시점에서 대안들 중에서 선택을 해야 하는 상황은 자주 만나게 될 것이다. 아이디어나 안들 중에서 선택을 하는 것은 추측, 직관, 경험 등을 바탕으로 한 사람이 결정할 수도 있겠지만 여러 사람들의 판단을 종합하여 결정할 수도 있을 것이다.

평가행렬법(Evaluation Matrix)은 제안된 아이디어들을 미리 정해 놓은 여러 가지 평가기준별로 점수를 주고 총점이 가장 높은 아이디어를 채택하는 방법이다. 특히 많은 평가요소들을 고려하여 대안을 선택해야할 때 평가행렬법은 체계적으로 평가할 수 있는 장점이 있다. 입지 결정의 예를 들면, 한 회사가 도심지역(A), 교외지역(B), 농촌지역(C) 중 어디에 공장을 설치할 지 고민하고 있다. A는 교통은 편리하지만 땅값이 너무 비싸고, C는 땅값은 싸지만 주거환경이 열악하여 종업원들이 싫어한다. 이처럼 어떤 기준은 A가 좋고, 또 다른 기준에서는 B가 우월하는 등, 하나의 대안을 선택하기 곤란한 상황에서 대안을 평가하는 데 유용한 방법이다.

평가행렬법의 진행 절차는 다음과 같다.

- 행렬표를 준비한다.
- 평가할 대안을 첫째 열(세로줄)에 순서에 상관없이 나열한다.
- 평가시 고려해야하는 요소나 기준, 또는 목표 등을 첫째 행(가로줄)에 순서에 상관없이 나열한다
- 평가요소나 기준을 고려하여 각 대안에 점수를 주어 해당 빈칸에 기록한다.
- 각 대안이 받은 점수를 합하여 열의 마지막 란에 기록한다.
- 결과를 해석한다.

다음 사례는 평가행렬법으로 공장을 설치하려는 4개 후보지역을 평가한 것이다. 입지를 선정할 때, 고려할 요소는 노동력의 공급,수송의 편의성, 지역사회여론, 정부의 규제, 생활여건 등이다. 표 5-1은 첫째 열에 대안을, 첫째 행에 평가 기준을 나열한 평가행렬표이다. 각 대안이 평가기준별로 받은 총점이 마지막 열에 표시되어있다. 이 평가에 따르면 A지역이 15점으로 가장 높은 점수를 받았으므로 최적 입지로 선택할 수 있을 것이다. 하지만 B지역도 상당히 높은 점수를 받았으므로 A지역과 함께 신중히 비교 분석할 필요가 있다.

표 4-2 • 입지결정을 위한 평가행렬표

대안	기준					
	노동력의 공급	수송의 편의	지역사회 여론	정부의 규제	생활여건	합계
A지역	4	3	2	1	5	15
B지역	3	2	3	2	4	14
C지역	3	1	2	2	1	9
D지역	1	4	2	3	1	11

4.3.1 평가기준 설정

앞의 입지결정의 예에서는 모든 평가기준이 동등한 중요도를 가지는 것으로 가정하였다. 만약에 설치하려는 공장이 노동집약적인 산업이라 풍부한 노동력을 확보할 수 있느냐하는 것이 다른 어떤 평가기준보다 중요하다면 평가기준들 간의 중요도를 반영하여 평가해야 한다. 여기서는 평가기준들 간의 중요도를 비교하여 가중치를 두는 방법을 설명한다.

먼저 평가기준을 우선순위에 상관없이 나열한다. 평가기준은 아이디어들이나 문제해결 대안들이 달성하려는 목표 또는 의사결정 시에 고려해야하는 요소들이 될 것이다. 고려해야할 평가기준들이 정해지면 평가기준들간의 우선순위를 매기기(Rank-ordering)위해 표 5-2와 같이 평가기준들을 첫째 행과 첫째 열에 순서를 바꾸지 말고 나열하여 행렬표를 작성한다. 빈 칸에는 첫째 열에 있는 평가기준이 첫째 행에 나열된 평가기준보다 중요하면 1, 그렇지 않으면 0, 중요도가 비슷하면 1/2로 등급을 매긴다. 이때 대각선을 기준으로 대칭되는 위치에 있는 칸에는 서로 반대되는 등급이 기록되어야 일관성이 있게 우선순위를 매겼다고 할 수 있다.

표 4-3 • 우선순위 매기기 행렬표

대안	기준					
	노동력 공급	수송 편의	지역 여론	정부 규제	생활 여건	합계
노동력 공급		1/2	1	1	1/2	3.0
수송 편의	1/2		1	0	1	2.5
지역 여론	0	0		0	1/2	0.5
정부 규제	0	1	1		0	2.0
생활 여건	1/2	0	1/2	1		2.0

표에 의하면 노동력 공급, 수송 편의, 지역 여론-정부 규제, 생활 여건의 순서로 평

가 기준들의 우선순위가 매겨진다. 이때 등급을 정하는 것은 서수척도(Ordinal Scale)이기 때문에 숫자는 순서를 의미하는 것이지 산술적인 크기를 나타내는 것은 아니다. 따라서 총점 3점을 받은 평가기준이 1점을 받은 평가기준보다 더 중요하다는 의미이지만 3배 더 중요하다는 의미는 아니다.

평가기준들의 우선순위가 정해지면 가중치(Weighting Factors)를 부여한다. 평가기준들의 중요도를 고려하여 일반적인 분류영역으로 분류하고, 해당 영역에서 적절하다고 판단되는 중요도 값을 부여한다.

표 4-4 • 중요도 영역 분류

중요도 구분	중요도 점수	내용
매우 중요함(Critical)	71~100	평가 기준으로 매우 중요하여 반드시 고려할 요소로 포함시켜야함
중요함(Important)	31~70	평가 기준으로 무시할 수 없는 요소로서 포함할 필요가 있음
보통임(Optional)	1~30	평가 기준으로 포함하거나 말거나 개의치 않아도 됨

표 4-5 • 중요도 가중치 매기기

영역	점수	평가기준
Critical	100	노동력 공급
	95	
	90	
	85	
	80	수송 편의
	75	
Important	70	
	65	지역 여론
	60	정부 규제
	55	
	50	
	45	
	40	
	35	
Optional	30	
	25	
	20	
	15	
	10	생활 여건
	5	
	0	

평가기준에 대한 중요도 가중치는 표 5-4에서 취득한 점수를 그대로 사용할 수도 있지만 가중치의 합이 1이 되도록 조정하는 것이 바람직하다. 표 5-5에서 보는 바와 같이 평가기준들이 받은 모든 점수를 합하여 분모로 하고 각 평가기준이 받은 점수를 분자로 하여 계산하면 해당 평가기준의 가중치를 구할 수 있다.

표 4-6 • 중요도 가중치 매기기

영역	점수	평가기준	가중치
Critical	100 80	노동력 공급 수송 편의	.32 .25
Important	65 60	지역 여론 정부 규제	.21 .19
Optional	10	생활 여건	.03
	315		1.00

4.3.2 대안 평가 Rating

아이디어나 대안을 평가할 때는 하나의 평가 기준에서 모든 대안들을 평가하여 점수를 부여하고, 다른 기준에 대한 평가로 진행하는 것이 바람직하다. 하나의 기준에 대해 대안의 평가점수(Rating Factors)는 표 5-6과 같이 5점, 7점, 10점 척도 등을 적용할 수 있다.

표 4-7 • 일반적인 평가 척도

10점 척도	7점 척도	5점 척도
10 = Excellent		
9		
8 = Good	7 = 매우 좋다	
7	6 = 좋다	5 = 좋다
6 = Satisfactory	5 = 조금 좋다	4 = 조금 좋다
5	4 = 보통이다	3 = 보통이다
4 = Mediocre	3 = 조금 나쁘다	2 = 조금 나쁘다
3	2 = 나쁘다	1 = 나쁘다
2 = Unacceptable	1 = 매우 나쁘다	
1		
0 = Failure		

4.3.3 평가행렬표 Evaluation Matrix

평가 대상이 되는 대안의 최종점수(Decision Factor)는 평가기준별로 그 대안이 취득한 점수(Rating Factor)에 해당 가중치(Waiting Factors)를 곱하여 나온 점수들을 모두 합하여 구할 수 있다. 표 5-7은 입지결정의 사례에서 5점 척도로 평가한 점수가 표 5-1과 같이 나왔을 때 최종 점수를 계산한 것이다. 최종 점수에서 A지역이 입지로서 최적안이라고 할 수 있다. 만약 두 대안의 최종점수 차이가 만점의 10% 이내에 있다면 두 대안의 차이가 없는 것으로 보며, 매우 중요한 영역의 평가기준에서 높은 점수를 받은 대안을 최선의 해결책으로 판단한다. 5점 척도에서는 만점이 5점이므로 만점의 10%인 0.5점이내에 세 대안이 존재하지만 A지역이 노동력의 공급이나 수송의 편의성에서 다른 대안들보다 우수하다고 판단되므로 최종안으로 선정한다.

표 4-8 • 가중치가 있는 평가행렬표

대안	노동력의 공급	수송의 편의	지역사회여론	정부의 규제	생활여건	합계
	기준					
	가중치					
	0.32	**0.25**	**0.21**	**0.19**	**0.03**	**1.00**
A지역	4	3	2	1	5	2.79
B지역	3	2	3	2	4	2.59
C지역	3	1	2	2	1	2.04
D지역	1	4	2	3	1	2.34

연습문제

최근 휴대폰, PDA, 휴대용 게임기, 타블렛 PC 등, 모바일 기기의 사용이 증가하면서 스타일러스 펜 또는 터치 펜의 사용빈도가 늘고 있다. 모바일 기기의 휴대시 스타일러스 펜은 본체에 내장되어있거나 고리를 걸어 매달아 두는 방식이 일반적이다. 본체 내장형은 고리 부착형에 비해 펜이 외부로 드러나지 않아 깔끔하게 정리된 인상을 주지만 소형화 추세의 기기를 슬림화하는 데는 방해가 된다.
고리 부착형 펜은 펜을 사용할 때는 펜이 본체에서 쉽게 이탈되어야하고, 사용하지 않을 때는 펜이 본체에 잘 부착되어 있어야 한다. 여기시 우리는 TRIZ 창안자 Genrich Altshuller가 정의한 '발명이란 모순을 해결하는 것' 이란 것을 다시 한번 확인할 수 있다. 즉, 스타일러스 펜은 본체에 잘 부착되어있어야 하고, 한편으로는 쉽게 이탈되어야 하는 모순을 갖고 있는 것이다.
이 문제는 고리 부착형 스타일러스 펜에 관련 된 것이다. 고리 부착형 스타일러스 펜을 휴대용 기기에 탈착하는 방법에 대한 아이디어를 평가하려고 한다. 제안된 안은 아래와 같이 6가지이다.

❶ 펜에 뚜껑을 씌우고, 뚜껑에 고리를 다는 방법으로서, 뚜껑과 펜에 요철을 두어 뚜껑에 펜을 살짝 끼워 맞추어(Snap-fit) 둔다.
❷ 펜에 뚜껑을 씌우고, 뚜껑에 고리를 다는 방법으로서, 뚜껑과 펜에 나사를 만들어 뚜껑과 펜을 체결하는 것이다.
❸ 펜에 뚜껑을 씌우고, 뚜껑에 고리를 다는 방법으로서, 뚜껑과 펜에 자석을 부착한다.
❹ 명찰 등을 매달 때 사용하는 소형 버클을 이용한다.
❺ 소형 스프링 후크를 펜에 매달아 휴대용 기기에 걸어둔다.
❻ 신축성있는 고무줄이나 스프링 줄에 펜을 매달아 둔다.

아래 그림은 위에서 설명한 안들을 그림으로 나타낸 것으로서, 6가지 안들을 왼쪽부터 순서대로 나열하였다. 소형 휴대용기기에 부착될 것을 고려하여 스타일러스 펜, 뚜껑, 버클, 고리, 후크 등의 직경은 5 mm 내외로 설계할 것이다.

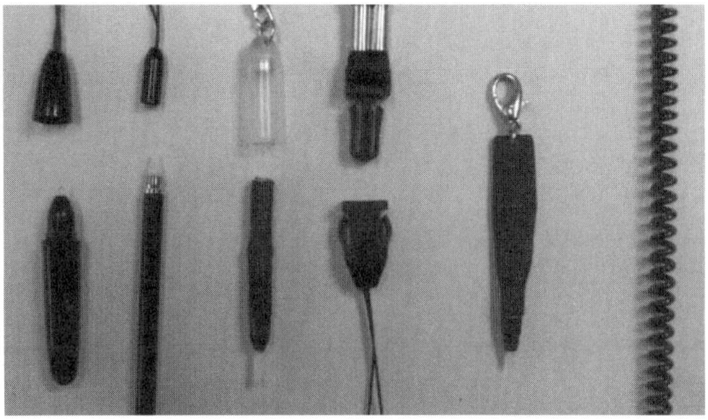

스타일러스 펜의 설계에서 다음과 같은 기능을 반영하려고 한다. 스타일러스 펜을 사용하지 않을 때는 휴대용기기에 견고하게 부착되어 있어야한다. 사용을 위하여 쉽게 이탈시키고 사용 후에는 쉽게 부착시킬 수 있어야 한다. 탈착의 시간은 짧을수록 좋다. 휴대용기기에 부착시 미관이 좋아야한다. 펜 사용이 편리해야한다.

평가행렬표를 작성하여 아이디어들을 평가하려고 다음과 같이 평가행렬표를 작성하였다.

기준 대안	부착의 견고성	탈착의 편리성	탈착의 시간	미관성	펜 사용 편리성	합계
Snap-fit						
나사						
자석						
버클						
후크						
스프링 줄						
?						

1. 스타일러스 펜의 탈착 방법에 대한 새로운 아이디어와 평가 시에 고려해야할 새로운 기준을 추가하여 아이디어들을 평가하시오.

2. 평가 기준의 중요도를 다르게 하는 가중치를 정하여 아이디어들을 평가하시오.

4.4 TRIZ(Theory of Inventive Problem Solving)

사람들이 직면하는 문제에는 일반적인 해결책이 알려져 있는 것과 해결책이 알려져 있지 않은 것의 두 가지 그룹의 문제들이 있다. 해결책이 있는 문제는 통상적으로 책, 기술저널, 또는 해당 분야 전문가로부터 주어지는 정보들로 해결할 수 있다. 이러한 해결책의 일반적인 문제해결 패턴은 (1) 주어진 문제와 유사하지만 해결책이 이미 알려져 있는 표준적인 문제를 선택한 다음 (2) 이 표준적인 문제의 해법을 가지고 주어진 문제를 해결하는 방법이다. 예를 들어, 회전절단기계를 설계한다고 생각해 보자. 이 기계는 100rpm 이하의 저속이지만 힘이 센 모터가 필요하다. 대부분의 AC 모터들은 최대 3600rpm이기 때문에 이 기계에 모터를 장착하려면 모터의 속도를 줄여야 한다. 문제는 모터의 속도를 어떻게 줄일 것인가 하는 것이다. 이런 종류의 문제에 대한 표준적인 해결방법은 기어 상자나 변속기(transmission)이다. 이제 절단기계에 이 표준적인 해법을 적용하여 적당한 크기, 무게, 회전 수, 회전력 등을 고려하여 기어상자를 디자인 한 후 절단기계를 설계할 수 있다.

문제의 다른 형태는 해결방법이 알려지지 않은 것이다. 이것은 창의적인 문제라고 부르며 모순된 요구사항을 포함할 수도 있다. 오래전 4세기에 이집트 과학자 Papp는 창의적인 문제의 해결을 위해서 휴리스틱(heuristics; 발견적 문제해법)이라는 방법을 제안하였다. 현대에는 창의적 문제의 해결은 뇌와 통찰력과 혁신 사이의 연결을 연구하는 심리학의 분야로 여겨진다. 브레인스토밍과 시행착오 등의 방법을 대표적인 예로 들 수 있다. 시행착오 방법에 있어 문제의 복잡성에 따라 시도의 횟수가 달라진다. 해결방법이 담당자의 경험이나 전공분야에 속한다면 시도의 횟수는 적어질 것이다. 만약 해법이 당장 떠오르지 않는다면 담당자는 자신의 경험이나 지식이 아닌 다른 분야까지 고려하여야 한다. 이런 경우에는 브레인스토밍, 직관, 창조성과 같은 사고적인 도구들을 얼마나 잘 다룰 수 있느냐에 따라서 시도의 횟수는 증가한다. 이러한 방식의 문제점의 하나는 경험이나 직관과 같은 것은 다른 사람들에게 전달되는 것이 어렵다는 것이다.

심리학적인 방식에 아닌 기술적인 방식을 사용하는 더 나은 접근법이 구 소련의 Altshuller에 의해서 개발되었다.

4.4.1 TRIZ의 역사

Genrich S. Altshuller는 1940년대에 소련 해군에서 특허전문가로 복무했었는데, 보직은 특허를 신청하는 발명가들을 돕는 것이었다. 또한 그는 종종 문제해결에 대한 도움을 요청받았다. 자연스레 문제해결에 관심을 가지게 되었고 표준화된 해결방법에 대한 연구를 하였다. Altshuller는 발명적인 문제를 찾아내고 그것들이 어떻게 해결되는지를 알기 위해 20만개 이상의 특허를 검색하였다. 그 중에서 단지 4만개만이 발명적 해법을 가지고, 나머지는 단순한 개량임을 밝혔다. Altshuller는 새로운 방법으로 이런 특허들을 분류했는데 자동화나 우주과학 등과 같은 산업분야에 따라서 분류하는 대신에 분야는 고려하지 않고 문제해결 과정에 집중하였다. 연구 결과는 여러 문제들이 40개의 기본적인 발명 원리 중의 하나를 반복해서 사용함으로써 해결된다는 것이었다. 앞서의 발명이 가졌던 지식을 공유할 수 있을 때에만 새로운 발명도 더욱 빠르고 효과적으로 발견될 수 있다는 것이다.

1960년대와 1970년대에 걸쳐서 Altshuller는 해법을 5개의 수준으로 분류하였다.

- 수준 1 단순한 문제는 전문가들에게 잘 알려진 방법을 이용하여 해결할 수 있다. 창의성이 요구되지 않는나. 해법의 약 32%가 이 수준에 속한다.
- 수준 2 산업계에서 잘 알려진 방법을 이용하여 기존의 시스템을 부분적으로 개선한다. 보통 약간의 절충으로 이루어진다. 해법의 약 45%가 이 수준에 속한다.
- 수준 3 해당 산업계 이외의 다른 분야에서 잘 알려진 방법을 이용하여 기존의 시스템을 기초적인 부분을 개선한다. 모순을 해결하여야 한다. 해법의 약 18%가 이 수준에 속한다.
- 수준 4 시스템의 핵심적인 기능을 수행하는 새로운 원리를 사용한다. 해법은 기술 보다는 과학의 영역에서 발견된다. 해법의 약 4%가 이 수준에 속한다.
- 수준 5 근본적으로 새로운 시스템의 첨단적 발명 또는 드문 과학적 발견. 해법의 약 1%가 이 수준에 속한다.

더불어 수준이 높아감에 따라 이상적인 결론에 도달하는데 필요한 지식이나 참고하는 다른 해법의 수들도 증가함을 발견했다.

표 4-9 • 발명의 수준

수준	발명의 정도	해법의 비율	지식의 원천	고려하는 해법의 수
1	명백한 답	32%	개인적인 지식	10
2	부분적 개선	45%	회사에서의 지식	100
3	주요한 개선	18%	해당 산업계의 지식	1,000
4	새로운 개념	4%	산업 외적인 지식	100,000
5	발견	1%	알 수 있는 모든 것	1,000,000

표 4-9를 보면 공학자들이 직면했던 문제의 90% 이상은 이전에 어디에선가 해결되었던 문제라는 것을 알 수 있다. 즉, 문제 해결을 위하여 낮은 수준에서 출발하여 점차 높은 수준으로 이동하면서 해법을 고민하게 되는데 대부분의 문제들의 해법은 회사, 산업계 또는 다른 산업계의 지식으로부터 이끌어 낼 수 있다.

Altshuller는 특허에서 문제, 모순, 해결책을 추출하여 TRIZ라고 부르는 창의적 문제 해결기법의 이론을 제시하였다.

4.4.2 TRIZ: 창의적 문제 해결 이론

TRIZ의 이론에는 수많은 법칙이 있는데 그들 중의 하나는 "이상도(ideality) 증가의 법칙"이다. 이것은 기술적인 시스템들이 이상도의 증가시키는 쪽으로 진화되는 것을 의미한다. 이상도는 시스템의 유용한 효과(Ui)의 합을 유해한 효과(Hi)의 합으로 나눈 값으로 정의된다.

$$\text{이상도} = \frac{\sum U_i}{\sum H_j}$$

유용한 효과는 시스템의 동작에 의하여 발생하는 모든 좋은 결과를 포함한다. 유해한 효과는 비용, 에너지 소모, 오염, 위험 등과 같은 의도하지 않은 입력들을 포함한다. 이상적인 상태는 유해한 효과 없이 오직 이익만 있는 것을 말한다. 설계의 관점에서 공학자들은 좀 더 나은 이익을 추구해야 하고 노동 비용, 재료, 에너지, 유해한 효과 등을 줄여야만 한다. 일반적으로, 장점을 개선하는 것은 유해한 효과 역시 증가시키는 결과를 가져 오기 때문에 타협(trade-off)을 발생시킨다. 하지만 이상도의 법칙은 어떤 타협점이나 모순사항을 제거하거나 해결하는 디자인을 이끌어 내는데 도움을 준다. 이상적인 최종 결과는 기계 스스로는 하지 못했던 기능을 가지는 생산품이 된다. 기계적인 스프링에 의하여 동작하는 시계로부터 전기적인 수정 발진자에 의하여 동작하는 시계로의 발전이 이상도를 향하여 나아가는 좋은 예이다.

Altshuller는 그림 4-6에서 보여지는 것처럼 문제 해결의 일반적인 접근법을 따라서 모델을 세웠다.

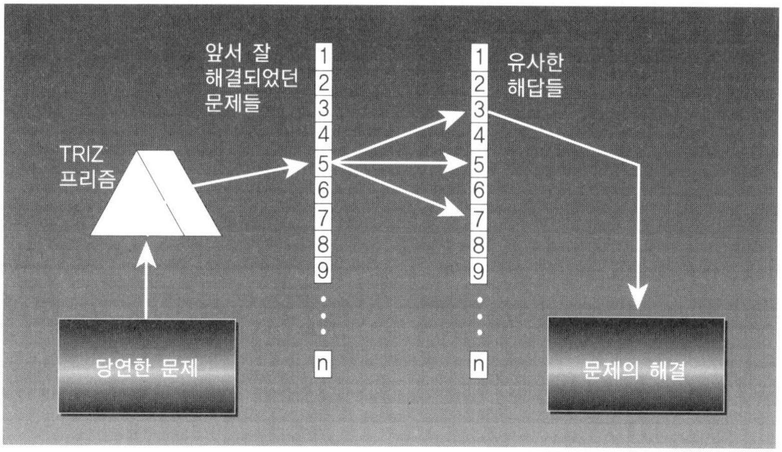

그림 4-6 ▪ TRIZ를 이용한 문제 해결

단계 1. 문제를 인지

해결하고자 하는 문제가 속한 공학 시스템, 작동환경, 요구되는 자원, 기본적인 유용한 기능, 유해한 효과, 이상적인 결과가 무엇인지를 아는 것이 첫 번째 단계이다. 문제의 인지를 위해서 TRIZ 전문가인 Zlotin과 Zusman이 개발한 "Innovative Situation Questionnaire"를 참고할 수 있다.

예) 음료수 캔

시스템	음료수를 담기 위한 시스템
작동 환경	보관을 위해서 위로 차곡차곡 쌓여짐
자원	가득 차있을 때의 캔의 무게, 캔 내부의 압력, 캔 구조의 강도 등
기본적인 유용한 기능	음료를 담게 됨
유해한 효과	재료의 비용, 생산의 비용, 저장 공간이 필요함 등
이상적인 결과	캔이나 캔 내용물에 손상 없이 사람의 키 높이만큼 쌓아 올릴 수 있을 것

단계 2. 문제의 공식화 (TRIZ 프리즘)

문제를 물리적 모순의 관점에서 다시 바라보고 문제가 발생할 수 있는 상황을 생각해 본다. 본다. 하나의 기술적 특성을 개선하는 것이 2차적인 문제를 야기하거나 악화시키는지 살펴 본다. 타협에 영향을 주는 기술적인 대립은 있는지 고려해 본다.

예) 캔을 쌓아 올릴 때 높이를 제어할 수 없다. 원 재료들의 가격은 낮아야 한다. 캔의 벽은 비용을 줄이기 위해 좀 더 얇게 만들어져야만 한다. 그러나 캔의 벽을 얇게 되었을 때 적재할 때의 무게를 부담하지 못할 수도 있다. 따라서 캔 벽은 낮은 재료의 비용으로 더 얇게 만들 필요가 있고, 적재 하중을 받치기 위해 좀 더 두꺼울 필요가 있다. 이것은 물리적인 모순이다. 이 문제를 해결할 수 있다면 이상적인 공학 시스템을 만들 수 있다.

단계 3. 앞서 잘 해결된 문제에 대한 연구

Altshuller는 전세계의 150만건 이상의 특허에서 모순을 일으킬 수 있는 기술적 특성 39가지를 추출하였다. 이것이 표 4-10에서 나타낸 39가지 공학 요소이다. 이러한 요소를 살펴보고 시스템에서 모순되는 공학적 원리를 발견하는 것이 필요하다. 우선 변경될 필요가 있는 원리를 찾아내고, 원하지 않는 2차적인 효과가 있는지 확인하여야 한다. 또한 기술적으로 충돌이 발생하지 않는지 살펴보아야 한다.

표 4-10 • 39가지 공학 요소

번호	요소	번호	요소
1	움직이는 물체의 무게	21	전력
2	움직이지 않는 물체의 무게	22	에너지 소모
3	움직이는 물체의 길이	23	물질의 소모
4	움직이지 않는 물체의 길이	24	정보의 손실
5	움직이는 물체의 면적	25	시간의 소모
6	움직이지 않는 물체의 면적	26	물질의 양
7	움직이는 물체의 부피	27	신뢰도
8	움직이지 않는 물체의 부피	28	측정의 정확성
9	속도	29	생산의 정확성
10	힘	30	물질에 작용하는 유해한 요소
11	장력, 압력	31	유해한 부작용
12	형태	32	생산가능성
13	물체의 안정성	33	사용의 편리

(계속)

표 4-10 • 39가지 공학 요소

번호	요소	번호	요소
14	강도	34	회복력
15	움직이는 물체의 내구성	35	적응력
16	움직이지 않는 물체의 내구성	36	장비의 복잡성
17	온도	37	제어의 복잡성
18	밝기	38	자동화의 수준
19	움직이는 물체의 에너지 소모	39	생산성
20	움직이지 않는 물체의 에너지 소모		

예) 캔 벽을 더 얇게 만들기 위해 변경해야만 하는 표준의 공학 요소는 "4번 움직이지 않는 객체의 길이"이다. TRIZ에서 이러한 표준 공학 원리는 지극히 일반적이기 때문에 해석에 주의를 요한다. 여기에서 "길이"라 함은 길이, 폭, 높이, 지름 등과 같은 것을 가리킬 수도 있다. 캔 벽을 더 얇게 만들었다면 적재하중은 줄어들 것이다. 대립되는 표준 공학 요소는 "11번 압력"이다. 즉, "움직일 수 없는 객체의 길이"를 개선하고자 할 때, "압력"이 나빠지게 된다.

단계 4. 유사한 해결책을 찾고 원래의 문제에 적용

Altshuller는 전세계의 많은 특허에서 40개의 발명 원리를 이끌어 내었다. 이 40개의 원리들에 대하여 특허 예를 제시하여 공학자들에게 창의적으로 문제의 해결책을 찾을 수 있도록 도와준다. 40개의 원리는 4.4.3절에 소개한다. 어떠한 발명의 원리를 적용할 것인지를 찾아내기 위하여 표 4-11의 모순 테이블을 사용할 수 있다. 모순 테이블은 39가지 공학 요소를 X축(원하지 않은 2차 효과)과 Y축(개선할 요소)에 나열하였다. 즉, 개선할 요소와 대립되는 요소가 교차하는 구역에서 해결책으로 사용하기에 적당한 발명 원리들을 찾을 수 있다.

예) 음료 캔에 대한 대립되는 공학 요소는"4번 움직일 수 없는 객체의 길이"와 "11번 압력"이다. 개선해야 할 주안점은 캔 벽을 두껍게 하는 것이므로 "4번 움직일 수 없는 물체의 길이"가 Y축이 되고, 기대하지 않은 2차 효과(X축)는 적재하중을 견딜 수 있는 능력의 손실이므로 "11번 압력"이 된다. 모순 테이블을 보면 교차된 구역에서 번호 1, 14, 35가 있고, 이것들이 적당한 해결책이 될 수 있는 후보들이다.

발명 원리 1번은 분할이다.

(a) 객체를 독립된 부분으로 나누어라.
(b) 객체를 조립식으로 만들어라.
(c) 객체 분할의 정도를 증가하라.

표 4-11 • TRIZ매트릭스

좋아지는 특성 ↓ / 나빠지는 특성 →

No.	특성	1 움직이는 물체의 무게	2 움직이지 않는 물체의 무게	3 움직이는 물체의 길이	4 움직이지 않는 물체의 길이	5 움직이는 물체의 면적	6 움직이지 않는 물체의 면적	7 움직이는 물체의 부피	8 움직이지 않는 물체의 부피	9 속도	10 힘	11 장력, 압력	12 형태	13 물체의 안정성
1	움직이는 물체의 무게			15, 8, 29, 34		29, 17, 38, 34		29, 2, 40, 28		2, 8, 15, 38	8, 10, 18, 37	10, 36, 37, 40	10, 14, 35, 40	1, 35, 19, 39
2	움직이지 않는 물체의 무게				10, 1, 29, 35		35, 30, 13, 2		5, 35, 14, 2		8, 10, 19, 35	13, 29, 10, 18	13, 10, 29, 14	26, 39, 1, 40
3	움직이는 물체의 길이	8, 15, 29, 34				15, 17, 4		7, 17, 4, 35		13, 4, 8	17, 10, 4	1, 8, 35	1, 8, 10, 29	1, 8, 15, 34
4	움직이지 않는 물체의 길이		35, 28, 40, 29				17, 7, 10, 40		35, 8, 2, 14		28, 10	1, 14, 35	13, 14, 15, 7	39, 37, 35
5	움직이는 물체의 면적	2, 17, 29, 4		14, 15, 18, 4				7, 14, 17, 4		29, 30, 4, 34	19, 30, 35, 2	10, 15, 36, 28	5, 34, 29, 4	11, 2, 13, 39
6	움직이지 않는 물체의 면적		30, 2, 14, 18		26, 7, 9, 39						1, 18, 35, 36	10, 15, 36, 37		2, 38
7	움직이는 물체의 부피	2, 26, 29, 40		1, 7, 4, 35		1, 7, 4, 17				29, 4, 38, 34	15, 35, 36, 37	6, 35, 36, 37	1, 15, 29, 4	28, 10, 1, 39
8	움직이지 않는 물체의 부피		35, 10, 19, 14	19, 14	35, 8, 2, 14						2, 18, 37	24, 35	7, 2, 35	34, 28, 35, 40
9	속도	2, 28, 13, 38		13, 14, 8		29, 30, 34		7, 29, 34			13, 28, 15, 19	6, 18, 38, 40	35, 15, 18, 34	28, 33, 1, 18
10	힘	8, 1, 37, 18	18, 13, 1, 28	17, 19, 9, 36	28, 10	19, 10, 15	1, 18, 36, 37	15, 9, 12, 37	2, 36, 18, 37	13, 28, 15, 12		18, 21, 11	10, 35, 40, 34	35, 10, 21
11	장력, 압력	10, 36, 37, 40	13, 29, 10, 18	35, 10, 36	35, 1, 14, 16	10, 15, 36, 28	10, 15, 36, 37	6, 35, 10	35, 24	6, 35, 36	36, 35, 21		35, 4, 15, 10	35, 33, 2, 40
12	형태	8, 10, 29, 40	15, 10, 26, 3	29, 34, 5, 4	13, 14, 10, 7	5, 34, 4, 10		14, 4, 15, 22	7, 2, 35	35, 15, 34, 18	35, 10, 37, 40	34, 15, 10, 14		33, 1, 18, 4
13	물체의 안정성	21, 35, 2, 39	26, 39, 1, 40	13, 15, 1, 28	37	2, 11, 13	39	28, 10, 19, 39	34, 28, 35, 40	33, 15, 28, 18	10, 35, 21, 16	2, 35, 40	22, 1, 18, 4	
14	강도	1, 8, 40, 15	40, 26, 27, 1	1, 15, 8, 35	15, 14, 28, 26	3, 34, 40, 29	9, 40, 28	10, 15, 14, 7	9, 14, 17, 15	8, 13, 26, 14	10, 18, 3, 14	10, 3, 18, 40	10, 30, 35, 40	13, 17, 35
15	움직이는 물체의 내구성	19, 5, 34, 31		2, 19, 9		3, 17, 19		10, 2, 19, 30		3, 35, 5	19, 2, 16	19, 3, 27	14, 26, 28, 25	13, 3, 35
16	움직이지 않는 물체의 내구성		6, 27, 19, 16		1, 40, 35				35, 34, 38					39, 3, 35, 23
17	온도	36, 22, 6, 38	22, 35, 32	15, 19, 9	15, 19, 9	3, 35, 39, 18	35, 38	34, 39, 40, 18	35, 6, 4	2, 28, 36, 30	35, 10, 3, 21	35, 39, 19, 2	14, 22, 19, 32	1, 35, 32
18	밝기	19, 1, 32	2, 35, 32	19, 32, 16		19, 32, 26		2, 13, 10		10, 13, 19	26, 19, 6		32, 30	32, 3, 27
19	움직이는 물체의 에너지 소모	12, 18, 28, 31		12, 28		15, 19, 25		35, 13, 18		8, 35, 35	16, 26, 21, 2	23, 14, 25	12, 2, 29	19, 13, 17, 24
20	움직이지 않는 물체의 에너지 소모		19, 9, 6, 27								36, 37			27, 4, 29, 18
21	전력	8, 36, 38, 31	19, 26, 17, 27	1, 10, 35, 37		19, 38	17, 32, 13, 38	35, 6, 38	30, 6, 25	15, 35, 2	26, 2, 36, 35	22, 10, 35	29, 14, 2, 40	35, 32, 15, 31
22	에너지 소모	15, 6, 19, 28	19, 6, 18, 9	7, 2, 6, 13	6, 38, 7	15, 26, 17, 30	17, 7, 30, 18	7, 18, 23	7	16, 35, 38	36, 38			14, 2, 39, 6
23	물질의 소모	35, 6, 23, 40	35, 6, 22, 32	14, 29, 10, 39	10, 28, 24	35, 2, 10, 31	10, 18, 39, 31	1, 29, 30, 36	3, 39, 18, 31	10, 13, 28, 38	14, 15, 18, 40	3, 36, 37, 10	29, 35, 3, 5	2, 14, 30, 40
24	정보의 손실	10, 24, 35	10, 35, 5	1, 26	26	30, 26	30, 16		2, 22	26, 32				
25	시간의 소모	10, 20, 37, 35	10, 20, 26, 5	15, 2, 29	30, 24, 14, 5	26, 4, 5, 16	10, 35, 17, 4	2, 5, 34, 10	35, 16, 32, 18		10, 37, 36, 5	37, 36, 4	4, 10, 34, 17	35, 3, 22, 5
26	물질의 양	35, 6, 18, 31	27, 26, 18, 35	29, 14, 35, 18		15, 14, 29	2, 18, 40, 4	15, 20, 29		35, 29, 34, 28	35, 14, 3	10, 36, 14, 3	35, 14	15, 2, 17, 40
27	신뢰도	3, 8, 10, 40	3, 10, 8, 28	15, 9, 14, 4	15, 29, 28, 11	17, 10, 14, 16	32, 35, 40, 4	3, 10, 14, 24	2, 35, 24	21, 35, 11, 28	8, 28, 10, 3	10, 24, 35, 19	35, 1, 16, 11	
28	측정의 정확성	32, 35, 26, 28	28, 35, 25, 26	28, 26, 5, 16	32, 28, 3, 16	26, 28, 32, 3	26, 28, 32, 3	32, 13, 6		28, 13, 32, 24	32, 2	6, 28, 32	6, 28, 32	32, 35, 13
29	생산의 정확성	28, 32, 13, 18	28, 35, 27, 9	10, 28, 29, 37	2, 32, 10	28, 33, 29, 32	2, 29, 18, 36	32, 23, 2	25, 10, 35	10, 28, 32	28, 19, 34, 36	3, 35	32, 30, 40	30, 18
30	물질에 작용하는 유해한 요소	22, 21, 27, 39	2, 22, 13, 24	17, 1, 39, 4	1, 18	22, 1, 33, 28	27, 2, 39, 35	22, 23, 37, 35	34, 39, 19, 27	21, 22, 35, 28	13, 35, 39, 18	22, 2, 37	22, 1, 3, 35	35, 24, 30, 18
31	유해한 부작용	19, 22, 15, 39	35, 22, 1, 39	17, 15, 16, 22		17, 2, 18, 39	22, 1, 40	17, 2, 40	30, 18, 35, 4	35, 28, 3, 23	35, 28, 1, 40	2, 33, 27, 18	35, 1	35, 40, 27, 39
32	생산가능성	28, 29, 15, 16	1, 27, 36, 13	1, 29, 13, 17	15, 17, 27	13, 1, 26, 12	16, 40	13, 29, 1, 40	35	35, 13, 8, 1	35, 12	35, 19, 1, 37	1, 28, 13, 27	11, 13, 1
33	사용의 편리	25, 2, 13, 15	6, 13, 1, 25	1, 17, 13, 12		1, 17, 13, 16	18, 16, 15, 39	1, 16, 35, 15	4, 18, 39, 31	18, 13, 34	28, 13, 35	2, 32, 12	15, 34, 29, 28	32, 35, 30
34	회복력	2, 27, 35, 11	2, 27, 35, 11	1, 28, 10, 25	3, 18, 31	15, 13, 32	16, 25	25, 2, 35, 11	1	34, 9	1, 11, 10	13	1, 13, 2, 4	2, 35
35	적응력	1, 6, 15, 8	19, 15, 29, 16	35, 1, 29, 2	1, 35, 16	35, 30, 29, 7	15, 16	15, 35, 29		35, 10, 14	15, 17, 20	35, 16	15, 37, 1, 8	35, 30, 14
36	장비의 복잡성	26, 30, 34, 36	2, 26, 35, 39	1, 19, 26, 24	26	14, 1, 13, 16	6, 36	34, 26, 6	1, 16	34, 10, 28	26, 16	19, 1, 35	29, 13, 28, 15	2, 22, 17, 19
37	제어의 복잡성	27, 26, 28, 13	6, 13, 28, 1	16, 17, 26, 24	26	2, 13, 18, 17	2, 39, 30, 16	29, 1, 4, 16	2, 18, 26, 31	3, 4, 16, 35	30, 28, 40, 19	35, 36, 37, 32	27, 13, 1, 39	11, 22, 39, 30
38	자동화의 수준	28, 26, 18, 35	28, 26, 35, 10	14, 13, 17, 28	23	17, 14, 13		35, 13, 16		28, 10	2, 35	13, 35	15, 32, 1, 13	18, 1
39	생산성	35, 26, 24, 37	28, 27, 15, 3	18, 4, 28, 38	30, 7, 14, 26	10, 26, 34, 31	10, 35, 17, 7	2, 6, 34, 10	35, 37, 10, 2		28, 15, 10, 36	10, 37, 14	14, 10, 34, 40	35, 3, 22, 39

No.	특성	14 강도	15 움직이는 물체의 내구성	16 움직이지 않는 물체의 내구성	17 온도	18 밝기	19 움직이는 물체의 에너지 소모	20 움직이지 않는 물체의 에너지 소모	21 전력	22 에너지 소모	23 물질의 소모	24 정보의 손실	25 시간의 소모	26 물질의 양
1	움직이는 물체의 무게	28, 27, 18, 40	5, 34, 31, 35		6, 29, 4, 38	19, 1, 32	35, 12, 34, 31		12, 36, 18, 31	6, 2, 34, 19	5, 35, 3, 31	10, 24, 35	10, 35, 20, 28	3, 26, 18, 31
2	움직이지 않는 물체의 무게	28, 2, 10, 27		2, 27, 19, 6	28, 19, 32, 22	19, 32, 35		18, 19, 28, 1	15, 19, 18, 22	18, 19, 28, 15	5, 8, 13, 30	10, 15, 35	10, 20, 35, 26	19, 6, 18, 26
3	움직이는 물체의 길이	8, 35, 29, 34	19		10, 15, 19	32	8, 35, 24		1, 35	7, 2, 35, 39	4, 29, 23, 10	1, 24	15, 2, 29	29, 35
4	움직이지 않는 물체의 길이	15, 14, 28, 26		1, 10, 35	3, 35, 38, 18	3, 25			12, 8	6, 28	10, 28, 24, 35	24, 26,	30, 29, 14	
5	움직이는 물체의 면적	3, 15, 40, 14	6, 3		2, 15, 16	15, 32, 19, 13	19, 32		19, 10, 32, 18	15, 17, 30, 26	10, 35, 2, 39	30, 26	26, 4	29, 30, 6, 13
6	움직이지 않는 물체의 면적	40		2, 10, 19, 30	35, 39, 38				17, 32	17, 7, 30	10, 14, 18, 39	30, 16	10, 35, 4, 18	2, 18, 40, 4
7	움직이는 물체의 부피	9, 14, 15, 7	6, 35, 4		34, 39, 10, 18	2, 13, 10	35		35, 6, 13, 18	7, 15, 13, 16	36, 39, 34, 10	2, 22	2, 6, 34, 10	29, 30, 7
8	움직이지 않는 물체의 부피	9, 14, 17, 15		35, 34, 38	35, 6, 4				30, 6		10, 39, 35, 34		35, 16, 32, 18	35, 3
9	속도	8, 3, 26, 14	3, 19, 35, 5		28, 30, 36, 2	10, 13, 19	8, 15, 35, 38		19, 35, 38, 2	14, 20, 19, 35	10, 13, 28, 38	13, 26		10, 19, 29, 38
10	힘	35, 10, 14, 27	19, 2		35, 10, 21		19, 17, 10	1, 16, 36, 37	19, 35, 18, 37	14, 15	8, 35, 40, 5		10, 37, 36	14, 29, 18, 36
11	장력, 압력	9, 18, 3, 40	19, 3, 27		35, 39, 19, 2		14, 24, 10, 37		10, 35, 14	2, 36, 25	10, 36, 3, 37		37, 36, 4	10, 14, 36
12	형태	30, 14, 10, 40	14, 26, 9, 25		22, 14, 19, 32	13, 15, 32	2, 6, 34, 14		4, 6, 2	14	35, 29, 3, 5		14, 10, 34, 17	36, 22
13	물체의 안정성	17, 9, 15	13, 27, 10, 35	39, 3, 35, 23	35, 1, 32	32, 3, 27, 16	13, 19	27, 4, 29, 18	32, 35, 27, 31	14, 2, 39, 6	2, 14, 30, 40		35, 27	15, 32, 35
14	강도		27, 3, 26		30, 10, 40	35, 19	19, 35, 10	35	10, 26, 35, 28	35	35, 28, 31, 40		29, 3, 28, 10	29, 10, 27
15	움직이는 물체의 내구성	27, 3, 10			19, 35, 39	2, 19, 4, 35	28, 6, 35, 18		19, 10, 35, 38		28, 27, 3, 18	10	20, 10, 28, 18	3, 35, 10, 40
16	움직이지 않는 물체의 내구성				19, 18, 36, 40				16		27, 16, 18, 38	10	28, 20, 10, 16	3, 35, 31
17	온도	10, 30, 22, 40	19, 13, 39	19, 18, 36, 40		32, 30, 21, 16	19, 15, 3, 17		2, 14, 17, 25	21, 17, 35, 38	21, 36, 29, 31		35, 28, 21, 18	3, 17, 30, 39
18	밝기	35, 19	2, 19, 6		32, 35, 19		32, 1, 19	32, 35, 1, 15	32	13, 16, 1, 6	13, 1	1, 6	19, 1, 26, 17	1, 19
19	움직이는 물체의 에너지 소모	5, 19, 9, 35	28, 35, 6, 18	-	19, 24, 3, 14	2, 15, 19		-	6, 19, 37, 18	12, 22, 15, 24	35, 24, 18, 5		35, 38, 19, 18	34, 23, 16, 18
20	움직이지 않는 물체의 에너지 소모	35				19, 2, 35, 32	-				28, 27, 18, 31			3, 35, 31
21	전력	26, 10, 28	19, 35, 10, 38	16	2, 14, 17, 25	16, 6, 19	16, 6, 19, 37			10, 35, 38	28, 27, 18, 38	10, 19	35, 20, 10, 6	4, 34, 19
22	에너지 소모	26			19, 38, 7	1, 13, 32, 15			3, 38		35, 27, 2, 37	19, 10	10, 18, 32, 7	7, 18, 25
23	물질의 소모	35, 28, 31, 40	28, 27, 3, 18	27, 16, 18, 38	21, 36, 39, 31	1, 6, 13	35, 18, 24, 5	28, 27, 12, 31	28, 27, 18, 38	35, 27, 2, 31			15, 18, 35, 10	6, 3, 10, 24
24	정보의 손실		10	10		19			10, 19	19, 10			24, 26, 28, 32	24, 28, 35
25	시간의 소모	29, 3, 28, 18	20, 10, 28, 18	28, 20, 10, 16	35, 29, 21, 18	1, 19, 26, 17	35, 38, 19, 18	1	35, 20, 10, 6	10, 5, 18, 32	35, 18, 10, 39	24, 26, 28, 32		35, 38, 18, 16
26	물질의 양	14, 35, 34, 10	3, 35, 10, 40	3, 35, 31	3, 17, 39		34, 29, 16, 18	3, 35, 31	35	7, 18, 25	6, 3, 10, 24	24, 28, 35	35, 38, 18, 16	
27	신뢰도	11, 28	2, 35, 3, 25	34, 27, 6, 40	3, 35, 10	11, 32, 13	21, 11, 27, 19	36, 23	21, 11, 26, 31	10, 11, 35	10, 35, 29, 39	10, 28	10, 30, 4	21, 28, 40, 3
28	측정의 정확성	28, 6, 32	28, 6, 32	10, 26, 24	6, 19, 28, 24	6, 1, 32	3, 6, 32		3, 6, 32	26, 32, 27	10, 16, 31, 28		24, 34, 28, 32	2, 6, 32
29	생산의 정확성	3, 27	3, 27, 40		19, 26	3, 32	32, 2		32, 2	13, 32, 2	35, 31, 10, 24		32, 26, 28, 18	32, 30
30	물질에 작용하는 유해한 요소	18, 35, 37, 1	22, 15, 33, 28	17, 1, 40, 33	22, 33, 35, 2	1, 19, 32, 13	1, 24, 6, 27	10, 2, 22, 37	19, 22, 31, 2	21, 22, 35, 2	33, 22, 19, 40	22, 10, 2	35, 18, 34	35, 33, 29, 31
31	유해한 부작용	15, 35, 22, 2	15, 22, 33, 31	21, 39, 16, 22	22, 35, 2, 24	19, 24, 39, 32	2, 35, 6	19, 22, 18	2, 35, 18	21, 35, 2, 22	10, 1, 34	10, 21, 29	1, 22	3, 24, 39, 1
32	생산가능성	1, 3, 10, 32	27, 1, 4	35, 16	27, 26, 18	28, 24, 27, 1	28, 26, 27, 1	1, 4	27, 1, 12, 24	19, 35	15, 34, 33	32, 24, 18, 16	35, 28, 34, 4	35, 23, 1, 24
33	사용의 편리	32, 40, 3, 28	29, 3, 8, 25	1, 16, 25	26, 27, 13	13, 17, 1, 24	1, 13, 24		35, 34, 2, 10	2, 19, 13	28, 32, 2, 24	4, 10, 27, 22	4, 28, 10, 34	12, 35
34	회복력	11, 1, 2, 9	11, 29, 28, 27	1	4, 10	15, 1, 13	15, 1, 28, 16		15, 10, 32, 2	15, 1, 32, 19	2, 35, 34, 27		32, 1, 10, 25	2, 28, 10, 25
35	적응력	35, 3, 32, 6	13, 1, 35	2, 16	27, 2, 3, 35	6, 22, 26, 1	19, 35, 29, 13		19, 1, 29	18, 15, 1	15, 10, 2, 13		35, 28	3, 35, 15
36	장비의 복잡성	2, 13, 28	10, 4, 28, 15		2, 17, 13	24, 17, 13	27, 2, 29, 28		20, 19, 30, 34	10, 35, 13, 2	35, 10, 28, 29		6, 29	13, 3, 27, 10
37	제어의 복잡성	27, 3, 15, 28	19, 29, 39, 25	25, 34, 6, 35	3, 27, 35, 16	2, 24, 26	35, 38	19, 35, 16	18, 1, 16, 10	35, 3, 15, 19	1, 18, 10, 24	35, 33, 27, 22	18, 28, 32, 9	3, 27, 29, 18
38	자동화의 수준	25, 13	6, 9		26, 2, 19	8, 32, 19	2, 32, 13		28, 2, 27	23, 28	35, 10, 18, 5	35, 33	24, 28, 35, 30	35, 13
39	생산성	29, 28, 10, 18	35, 10, 2, 18	20, 10, 16, 38	35, 21, 28, 10	26, 17, 19, 1	35, 10, 38, 19	1	35, 20, 10	28, 10, 29, 35	28, 10, 35, 23	13, 15, 23		35, 38

No.	특성	27 신뢰도	28 측정의 정확성	29 생산의 정확성	30 물질에 작용하는 유해한 요소	31 유해한 부작용	32 생산가능성	33 사용의 편리	34 회복력	35 적응력	36 장비의 복잡성	37 제어의 복잡성	38 자동화의 수준	39 생산성
1	움직이는 물체의 무게	1, 3, 11, 27	28, 27, 35, 26	28, 35, 26, 18	22, 21, 18, 27	22, 35, 31, 39	27, 28, 1, 36	35, 3, 2, 24	2, 27, 28, 11	29, 5, 15, 8	26, 30, 36, 34	28, 29, 26, 32	26, 35, 18, 19	35, 3, 24, 37
2	움직이지 않는 물체의 무게	10, 28, 8, 3	18, 26, 28	10, 1, 35, 17	2, 19, 22, 37	35, 22, 1, 39	28, 1, 9	6, 13, 1, 32	2, 27, 28, 11	19, 15, 29	1, 10, 26, 39	25, 28, 17, 15	2, 26, 35	1, 28, 15, 35
3	움직이는 물체의 길이	10, 14, 29, 40	28, 32, 4	10, 28, 29, 37	1, 15, 17, 24	17, 15	1, 29, 17	15, 29, 35, 4	1, 28, 10	14, 15, 1, 16	1, 19, 26, 24	35, 1, 26, 24	17, 24, 26, 16	14, 4, 28, 29
4	움직이지 않는 물체의 길이	15, 29, 28	32, 28, 3	2, 32, 10	1, 18		15, 17, 27	2, 25	3	1, 35	1, 26	26		30, 14, 7, 26
5	움직이는 물체의 면적	29, 9	26, 28, 32, 3	2, 32	22, 33, 28, 1	17, 2, 18, 39	13, 1, 26, 24	15, 17, 13, 16	15, 13, 10, 1	15, 30	14, 1, 13	2, 36, 26, 18	14, 30, 28, 23	10, 26, 34, 2
6	움직이지 않는 물체의 면적	32, 35, 40, 4	26, 28, 32, 3	2, 29, 18, 36	27, 2, 39, 35	22, 1, 40	40, 16	16, 4	16	15, 16	1, 18, 36	2, 35, 30, 18	23	10, 15, 17, 7
7	움직이는 물체의 부피	14, 1, 40, 11	25, 26, 28	25, 28, 2, 16	22, 21, 27, 35	17, 2, 40, 1	29, 1, 40	15, 13, 30, 12	10	15, 29	26, 1	29, 26, 4	35, 34, 16, 24	10, 6, 2, 34
8	움직이지 않는 물체의 부피	2, 35, 16		35, 10, 25	34, 39, 19, 27	30, 18, 35, 4	35		1		1, 31	2, 17, 26		35, 37, 10, 2
9	속도	11, 35, 27, 28	28, 32, 1, 24	10, 28, 32, 25	1, 28, 35, 23	2, 24, 35, 21	35, 13, 8, 1	32, 28, 13, 12	34, 2, 28, 27	15, 10, 26	10, 28, 4, 34	3, 34, 27, 16	10, 18	
10	힘	3, 35, 13, 21	35, 10, 23, 24	28, 29, 37, 36	1, 35, 40, 18	13, 3, 36, 24	15, 37, 18, 1	1, 28, 3, 25	15, 1, 11	15, 17, 18, 20	26, 35, 10, 18	36, 37, 10, 19	2, 35	3, 28, 35, 37
11	장력, 압력	10, 13, 19, 35	6, 28, 25	3, 35	22, 2, 37	2, 33, 27, 18	1, 35, 16	11	2	35	19, 1, 35	2, 36, 37	35, 24	10, 14, 35, 37
12	형태	10, 40, 16	28, 32, 1	32, 30, 40	22, 1, 2, 35	35, 1	1, 32, 17, 28	32, 15, 26	2, 13, 1	1, 15, 29	16, 29, 1, 28	15, 13, 39	15, 1, 32	17, 26, 34, 10
13	물체의 안정성		13	18	35, 24, 30, 18	35, 40, 27, 39	35, 19	32, 35, 30	2, 35, 10, 16	35, 30, 34, 2	2, 35, 22, 26	35, 22, 39, 23	1, 8, 35	23, 35, 40, 3
14	강도	11, 3	3, 27, 16	3, 27	18, 35, 37, 1	15, 35, 22, 2	11, 3, 10, 32	32, 40, 25, 2	27, 11, 3	15, 3, 32	2, 13, 25, 28	27, 3, 15, 40	15	29, 35, 10, 14
15	움직이는 물체의 내구성	11, 2, 13	3	3, 27, 16, 40	22, 15, 33, 28	21, 39, 16, 22	27, 1, 4	12, 27	29, 10, 27	1, 35, 13	10, 4, 29, 15	19, 29, 39, 35	6, 10	35, 17, 14, 19
16	움직이지 않는 물체의 내구성	34, 27, 6, 40	10, 26, 24		17, 1, 40, 33	22	35, 10	1	1	2		25, 34, 6, 35	1	20, 10, 16, 38
17	온도	19, 35, 3, 10	32, 19, 24	24	22, 33, 35, 2	22, 35, 2, 24	26, 27	26, 27	4, 10, 16	2, 18, 27	2, 17, 16	3, 27, 35, 31	26, 2, 19, 16	15, 28, 35
18	밝기		11, 15, 32	3, 32	15, 19	35, 19, 32, 39	19, 35, 28, 26	28, 26, 19	15, 17, 13, 16	15, 1, 19	6, 32, 13	32, 15	2, 26, 10	2, 25, 16
19	움직이는 물체의 에너지 소모	19, 21, 11, 27	3, 1, 32		1, 35, 6, 27	2, 35, 6	28, 26, 30	19, 35	1, 15, 17, 28	15, 17, 13, 16	2, 29, 27, 28	35, 38	32, 2	12, 28, 35
20	움직이지 않는 물체의 에너지 소모	10, 36, 23			10, 2, 22, 37	19, 22, 18	1, 4					19, 35, 16, 25		1, 6
21	전력	19, 24, 26, 31	32, 15, 2	32, 2	19, 22, 31, 2	2, 35, 18	26, 10, 34	26, 35, 10	35, 2, 10, 34	19, 17, 34	20, 19, 30, 34	19, 35, 16	28, 2, 17	28, 35, 34
22	에너지 소모	11, 10, 35	32		21, 22, 35, 2	21, 35, 2, 22		35, 32, 1	2, 19		7, 23	35, 3, 15, 23	2	28, 10, 29, 35
23	물질의 소모	10, 29, 39, 35	16, 34, 31, 28	35, 10, 24, 31	33, 22, 30, 40	10, 1, 34, 29	15, 34, 33	32, 28, 2, 24	2, 35, 34, 27	15, 10, 2	35, 10, 28, 24	35, 18, 10, 13	35, 10, 18	28, 35, 10, 23
24	정보의 손실	10, 28, 23			22, 10, 1	10, 21, 22	32	27, 22				35, 33	35	13, 23, 15
25	시간의 소모	10, 30, 4	24, 34, 28, 32	24, 26, 28, 18	35, 18, 34	35, 22, 18, 39	35, 28, 34, 4	4, 28, 10, 34	32, 1, 10	35, 28	6, 29	18, 28, 32, 10	24, 28, 35, 30	
26	물질의 양	18, 3, 28, 40	13, 2, 28	33, 30	35, 33, 29, 31	3, 35, 40, 39	29, 1, 35, 27	35, 29, 25, 10	2, 32, 10, 25	15, 3, 29	3, 13, 27, 10	3, 27, 29, 18	8, 35	13, 29, 3, 27
27	신뢰도		32, 3, 11, 23	11, 32, 1	27, 35, 2, 40	35, 2, 40, 26		27, 17, 40	1, 11	13, 35, 8, 24	13, 35, 1	27, 40, 28	11, 13, 27	1, 35, 29, 38
28	측정의 정확성	5, 11, 1, 23			28, 24, 22, 26	3, 33, 39, 10	6, 35, 25, 18	1, 13, 17, 34	1, 32, 13, 11	13, 35, 2	27, 35, 10, 34	26, 24, 32, 28	28, 2, 10, 34	10, 34, 28, 32
29	생산의 정확성	11, 32, 1			26, 28, 10, 36	4, 17, 34, 26		1, 32, 35, 23	25, 10		26, 2, 18		26, 28, 18, 23	10, 18, 32, 39
30	물질에 작용하는 유해한 요소	27, 24, 2, 40	28, 33, 23, 26	26, 28, 10, 18			24, 35, 2	2, 25, 28, 39	35, 10, 2	35, 11, 22, 31	22, 19, 29, 40	22, 19, 29, 40	33, 3, 34	22, 35, 13, 24
31	유해한 부작용	24, 2, 40, 39	3, 33, 26	4, 17, 34, 26							19, 1, 31	2, 21, 27, 1	2	22, 35, 18, 39
32	생산가능성		1, 35, 12, 18		24, 2			2, 5, 13, 16	35, 1, 11, 9	2, 13, 15	27, 26, 1	6, 28, 11, 1	8, 28, 1	35, 1, 10, 28
33	사용의 편리	17, 27, 8, 40	25, 13, 2, 34	1, 32, 35, 23	2, 25, 28, 39		2, 5, 12		12, 26, 1, 32	15, 34, 1, 16	32, 26, 12, 17		1, 34, 12, 3	15, 1, 28
34	회복력	11, 10, 1, 16	10, 2, 13	25, 10	35, 10, 2, 16		1, 35, 11, 10	1, 12, 26, 15		7, 1, 4, 16	35, 1, 13, 11		34, 35, 7, 13	1, 32, 10
35	적응력	35, 13, 8, 24	35, 5, 1, 10		35, 11, 32, 31		1, 13, 31	15, 34, 1, 16	1, 16, 7, 4		15, 29, 37, 28	1	27, 34, 35	35, 28, 6, 37
36	장비의 복잡성	13, 35, 1	2, 26, 10, 34	26, 24, 32	22, 19, 29, 40	19, 1	27, 26, 1, 13	27, 9, 26, 24	1, 13	29, 15, 28, 37		15, 10, 37, 28	15, 1, 24	12, 17, 28
37	제어의 복잡성	27, 40, 28, 8	26, 24, 32, 28		22, 19, 29, 28	2, 21	5, 28, 11, 29	2, 5	12, 26	1, 15	15, 10, 37, 28		34, 21	35, 18
38	자동화의 수준	11, 27, 32	28, 26, 10, 34	28, 26, 18, 23	2, 33	2	1, 26, 13	1, 12, 34, 3	1, 35, 13	27, 4, 1, 35	15, 24, 10	34, 27, 25		5, 12, 35, 26
39	생산성	1, 35, 10, 38	1, 10, 34, 28	18, 10, 32, 1	22, 35, 13, 24	35, 22, 18, 39	35, 28, 2, 24	1, 28, 7, 10	1, 32, 10, 25	1, 35, 28, 37	12, 17, 28, 24	35, 18, 27, 2	5, 12, 35, 26	

예를 들어, 발명 원리 1의 (c) "객체 분할의 정도를 증가하라"를 사용하면 하나의 매끄러운 벽에서 여러 개의 작은 벽으로 구성된 물결 모양이나 굴곡진 표면으로 변형될 수 있다. 이것은 벽의 가장자리의 압력을 증가시키지만 얇은 재료를 가지고도 가능하다.

그림 4-7 ■ 주름진 깡통 벽의 단면

발명 원리 14는 곡선화이다.

(a) 직선 부분이나 평평한 표면을 구부러진 것으로 대치하라. 정육면체를 타원체의 형태로 바꾸어라.

(b) 롤러, 타원형의 공을 사용하라.

(c) 직선 운동을 원 운동으로 바꾸어라. 원심력을 이용하라.

발명 원리 14의 (a)를 사용하여 깡통 뚜껑이 붙어 있는 부분을 수직 모양에서 휜 모양으로 만든다.

발명 원리 35번은 객체의 물리적, 화학적 상태를 변형하는 것이다.

(a) 객체의 집합 상태, 분포 밀도, 유연함의 정도, 온도를 변경하라.

깡통의 벽의 적재 하중을 높이기 위해 사용할 단단한 합금으로 구성을 변경한다.

Jim Kowalik이라는 발명가는 일주일도 안되는 기간에 12개 이상의 방법을 미국의 가공 음료 회사에 제공하였으며, 이 중에 몇 개는 실제로 적용되었다.

4.4.3 40가지 발명 원리

1. 분할(segmentation): 쪼개어 사용한다

(a) 객체를 독립된 부분으로 나누어라.

(b) 객체를 조립식으로 만들어라.
(c) 객체 분할의 정도를 증가하라.

예) 조립식 가구, 컴퓨터 부품의 모듈화, 접을 수 있는 나무자

2. 추출(extraction): 필요한 것만 뽑아낸다

(a) 불필요한 부분이나 속성을 추출(제거 또는 분리)하라.
(b) 꼭 필요한 부분이나 속성을 뽑아 내어라.

예) 여름에 모기를 쫓기 위해서 모기에게만 영향을 주는 소리를 사용

3. 부분적 특성(local quality): 전체를 똑같이 할 필요 없다

(a) 객체 또는 외부 환경/동작을 동일한 구조에서 이질적인 구조로 변경하라.
(b) 객체의 각 부분들이 다른 기능을 수행하도록 하라.
(c) 객체의 각 부분을 동작이 가장 유리한 위치에 배치하라.

예) 석탄광산에서 먼지를 제거하기 위해서 원뿔 형태의 부품에서 물안개를 만들어 기계에 뿌려준다. 더 작은 물방울은 먼지를 제거하는데 탁월한 효과를 낸다, 하지만 고운 입자의 안개는 일을 방해한다. 해결책은 작은 입자의 물안개 주변에 굵은 입자의 물안개를 만들어 내는 층을 두는 것이다.

4. 비대칭(asymmetry): 대칭이라면 비대칭으로 해 본다

(a) 대칭 형태를 비대칭 형태로 재배열 하라.
(b) 객체가 이미 비대칭이라면 비대칭의 정도를 증가시켜라.

예) 타이어가 바깥쪽에서의 충격에 견디기 위해서 다른 쪽 보다 더 강하게 만든다 대칭적인 깔때기를 통해 젖은 모래를 쏟아 붇는 동안, 그 모래는 쏟아지는 기구의 출구에서 아치 모양을 형성하고 불규칙적인 흐름의 원인이 된다. 비대칭 형태의 깔때기에서는 아치 효과가 없어진다.

5. 통합(consolidation): 한 번에 여러 작업을 동시에 한다

(a) 동종의 객체이거나 비슷한 동작을 수행하는 객체들을 공간적으로 통합하라.
(b) 동종 또는 비슷한 동작을 시간적으로 통합하라.

예) 굴착기는 언 땅의 녹이거나 서리를 제거하기 위한 특별한 스팀 노즐을 가진다

6. 다용도(multifunction): 하나의 부품을 여러 용도로 사용한다

(a) 객체가 다양한 기능을 가지도록 하여, 다른 객체의 필요성을 제거하라.

예) 침대로 변할 수 있는 소파

7. 중첩(nesting): 안에 집어 넣기

(a) 객체의 내부에 또 다른 객체를 포함하라.
(b) 다른 객체의 구멍으로 객체를 통과시켜라.

예) 늘어나는 안테나(차량 안테나), 보관을 위해 각각의 위에 겹쳐 올린 의자

8. 중력 상쇄(counterweight): 지구중력으로부터 무게를 회피한다

(a) 들어 올리는 힘을 가진 다른 객체와 결합하여 객체의 무게를 보상하라.
(b) 공기역학이나 유체역학의 저항이 있는 환경과 작용하는 객체의 무게를 보상하라.

예) 수중익을 가진 보트, 땅으로 압력을 증가시키는 경주용 자동차의 뒷날개

9. 사전반대조치(preliminary counter action): 미리 반대방향으로 조치를 취한다

(a) 미리 반대의 조치를 취하라.
(b) 만약 객체가 장력이 있는 상황에 있다면 미리 장력을 상쇄하는 조치를 취하라.

예) 강화 콘크리트 기둥이나 바닥, 강화 축은 여러 개의 파이프를 정해진 각도로 꼬아서 만들어졌다.

10. 사전조치(preliminary action): 미리 조치한다

(a) 부분 또는 전체적으로 필요한 행동을 미리 실행하라.
(b) 적당한 시간, 편리한 위치에서 실행 될 수 있도록 객체를 배열하라.

예) 칼이 무디어 졌을 때 그 부분을 부서뜨려 버리고 새로이 날카롭게 되도록 칼날에 홈을 미리 파 놓는다

11. 사전예방조치(preliminary compensation): 미리 예방 조치를 취한다

(a) 대응책을 미리 세워 객체의 낮은 신뢰성을 보상하라.

예) 도난 방지를 위하여 상품에 자석을 달아 둔다

12. 등전위(equipotential): 수준을 같게 맞춘다

(a) 객체는 올리거나 낮추는 것이 필요하지 않도록 작업 조건을 바꾸어라.

예) 자동차를 들어 올리는 장치의 사용을 피하기 위해서 작업자가 구덩이 속에서 엔진 오일을 교환

13. 역방향(inversion): 반대로 해 본다

(a) 문제의 명세서에 적혀있는 동작 대신에, 정반대의 동작을 구현하라.
(b) 객체의 움직이는 부분은 움직이지 않도록 하고, 움직이지 않는 부분은 움직이도록 만들어라.
(c) 객체를 아래위로 거꾸로 돌려라.

예) 빡빡하게 붙은 부품을 느슨하게 만들기 위해서 바깥쪽은 뜨겁게 하고 안쪽은 차갑게, 조

선소에서 배의 천장을 만들 때 천장을 뒤집어 바닥에서 작업 한 후에 천장을 제 위치에 설치

14. 곡선화(curvature increase): 직선을 곡선으로 바꾸어 본다

(a) 직선 부분이나 평평한 표면을 구부러진 것으로 대치하라. 정육면체를 타원체의 형태로 바꾸어라.
(b) 롤러, 타원형의 공을 사용하라.
(c) 직선 운동을 원 운동으로 바꾸어라. 원심력을 이용하라.

예) 두 개의 축대의 직선 움직임을 벡터 움직임으로 바꾸기 위해 공을 사용한 컴퓨터 마우스

15. 동적(dynamicity): 부분, 단계마다 자유롭게 움직이기

(a) 각 작동 단계에서 최적의 성능을 내도록 자동적으로 조정되는 객체나 환경을 만들어라.
(b) 객체를 위치를 변경할 수 있는 요소들로 나누어라.
(c) 객체가 움직일 수 없다면 움직일 수 있거나 교환할 수 있는 것으로 만들어라.

예) 몸통과 램프의 헤드 사이에 유연성 있는 S자형 목을 가진 손전등

16. 초과나 부족(partial or excess) : 지나치게 하거나 부족하게 한다

(a) 기대한 효과를 100% 얻기 어렵다면, 문제를 훨씬 간단하게 하기 위해 좀 더 많거나 적게 만들어라.

예) 페인트칠을 할 때 조금 더 뿌려서 넘치는 부분을 제거하는 것이 더 쉽다

17. 차원변화(dimension change): X, 혹은 Y축 등으로 차원을 바꾼다

(a) 이차원 상에서 이동하는 객체를 직선에서 이동하도록 함으로서 문제를 해결하라.
(b) 단층 대신에 객체의 여러 층으로 조립하라.
(c) 객체를 기울이거나 옆면으로 돌려라.

예) 북쪽 방향에 오목한 반사경을 설치하여 태양빛을 반사함으로써 조명을 개선하는 온실

18. 진동(vibration): 진동을 이용한다

(a) 진동 속에 객체를 위치시키라.
(b) 진동인 있으면 초음파까지 주파수를 증가하라.
(c) 공명의 주파수를 사용하라.
(d) 기계적인 진동대신 진동자를 사용하라.
(e) 전자석을 결합하여 초음파 진동을 사용하라.

예) 피부에 상처 없이 몸에서 기브스를 제거하기 위해 편리한 톱은 진동 나이프를 가지고 있다

19. 주기적 작용(periodic action): 연속적으로 하지 않고 주기적으로 한다

(a) 연속적인 동작을 주기적 동작으로 대치하라.
(b) 주기적인 동작은 빈도를 바꾸어라.
(c) 자극들 사이의 규칙성을 활용하라.

예) 부식된 너트를 풀 때 랜치의 충격을 줄이기 위해 계속된 압력 보다는 진동을 이용, 경고등은 번쩍이면 계속 켜져 있는 때보다 더 주의를 준다

20. 유용한 작용의 지속(continuity of useful action) : 유용한 작용을 쉬지 않고 지속한다

(a) 객체의 모든 부분을 최대 용량으로 계속 동작을 실행하라.
(b) 한가하고 중간적인 동작을 제거하라.

예) 앞뒤 방향으로 절단하는 방법으로 면을 절단하는 드릴

21. 급격한 통과(rushing through): 순식간에 해버린다

(a) 매우 빠른 속도로 유해하고 위험한 작용을 시행하라.

예) 얇은 벽을 가진 플라스틱 튜브를 자르는 칼은 매우 빠른 속도로 움직이므로 자르는 동안 튜브의 변형을 방지

22. 전화위복(convert harmful to useful): 유해한 것은 좋은 것으로 바꾼다

(a) 긍정적인 효과를 유해한 효과나 환경적 효과를 이용하라.
(b) 다른 유해한 요소들을 합쳐서 유해한 요소를 제거하라.
(c) 유해한 동작을 끝낼 때까지 그 유해한 동작의 양을 증가시켜라.

예) 높은 진동수를 사용해서 금속을 가열할 때 오직 외벽만 뜨거워지는 부정적인 효과를 표면 열처리에 사용

23. 피드백(feedback): 피드백을 도입한다

(a) 피드백을 도입하라.
(b) 이미 피드백이 있으면 그것을 역으로 바꾸라.

예) 우물의 물의 압력은 출구의 압력을 감지함으로서 유지되는데, 압력이 너무 낮으면 펌프를 가동한다

24. 중간 매개물(intermediate): 직접하지 않고 중간 매개물을 이용한다

(a) 동작을 옮기거나 실행하는 중재 객체를 이용하라.
(b) 한 객체와 쉽게 제거할 수 있는 다른 객체를 임시적으로 연결하라.

예) 액화된 금속을 사용할 때 에너지의 손실을 줄이기 위해 차가운 전극봉과 낮은 온도에서도 녹는 반쯤 액화된 금속을 사용

25. 셀프서비스(selfservice): 저절로 기능이 수행되게 한다

(a) 객체 스스로 서비스 할 수 있고 보충하고 수리하는 작업을 할 수 있도록 만들어라.
(b) 낭비되는 재료와 에너지를 사용할 수 있도록 만들어라.

예) 할로겐 램프는 사용하는 동안 필라멘트를 재생한다(증발된 재료를 가시 사용)

26. 복사(copy): 복잡하고 비싼 것 대신 간단한 것으로 복사한다

(a) 작동시키기에 값비싸고 부서지기 쉽거나 불편하고 복잡한 객체 대신에 간단하고 값싼 복사품을 사용하라.
(b) 객체를 광학적 복사나 그림으로 대치하라. 그림을 크게 하거나 작게 할 수도 있다.
(c) 광학 복사 대신에 적외선이나 자외선 복사를 사용하라.

예) 키가 큰 객체의 높이는 그것의 그림자를 측정함으로서 결정

27. 값싸고 짧은 수명(cheap short life): 한번 쓰고 버린다

(a) 비싼 객체는 속성을 무시한 값싼 객체의 집합으로 대체하라.

예) 일회용 기저귀

28. 기계시스템의 대체(replacing mechanical system)

(a) 시각적, 청각적, 후각적 시스템으로 기계적 시스템을 대체하라.
(b) 객체 간 상호작용을 위해 전기장, 자기장, 전자기장을 사용하라.
(c) 장(field)을 대체하라.
① 정적 장을 움직이는 장으로
② 고정된 장을 시간에 따라 변화되는 장으로
③ 구조적 장을 무작위 장으로
(d) 장을 강자성 물질과 결합하여 사용하라.

예) 금속 코팅과 열가소성 재료 사이에 결합을 증가시키기 위하여 처리 과정을 전자기장내에서 시행

29. 공압 및 유압(pneumatics and hydraulics system): 공기나 유압을 사용한다

(a) 객체의 딱딱한 부분을 가스나 액체로 대체하라. 이러한 부분들은 팽창을 위하여 물이나 공기를 사용할 수 있고, 공기나 수압 쿠션으로 사용할 수 있다.

예) 부서지기 쉬운 생산품을 운반하기 위해 공기 방울 봉투나 거품 같은 재료를 사용

30. 얇은 막(flexible membrane and thin film): 얇은 막, 필름을 사용한다

(a) 전통적인 구조물을 유연한 막이나 얇은 필름으로 대체하라.
(b) 유연한 막이나 얇은 필름을 이용하여 환경으로부터 객체를 분리시켜라.

예) 식물 잎에서 물의 증발을 막기 위해서 폴리에틸렌 스프레이가 사용되는데, 폴리에틸렌 필름은 물 증기 보다 더 많은 산소를 통과 시킨다

31. 통기성 물질(porous material): 미세한 구멍을 가진 물질을 사용한다

(a) 통기성 객체를 만들거나 통기성 요소를 추가하라.
(b) 통기성 객체에 대해서는 미리 기공을 채워라.

예) 기계에 냉각제를 계속 공급하는 것을 피하기 위해 기계의 어떤 부분에 냉각 액체로 적셔진 다공성 물질을 채운다

32. 색상 변경(changing color): 색깔 변화 등 광학적 성질을 변화시킨다

(a) 객체나 주위의 색상을 변경하라.
(b) 보기 어려운 객체 또는 처리에 대해서는 투명도를 변경하라.
(c) 보기 어려운 객체 또는 처리를 관찰하기 위하여 색상을 추가하라.
(d) 이를 이미 사용하고 있다면, 발광 물질이나 추적 물질을 사용하라.

예) 투명한 붕대는 천을 제거할 필요 없이 면밀히 상처를 볼 수 있다.

33. 동질성(homogeneity): 같은 재료를 사용한다

(a) 주 객체와 상호작용하는 객체들은 같은 물질이나 비슷한 물질로 만들어라.

예) 글의 잘못을 고치는 수정 펜은 종이와 비슷하게 보이도록 한다

34. 폐기 및 재생(rejection and regeneration): 다 쓴 것은 버리거나 복구한다

(a) 객체의 요소가 기능을 완수하였거나 쓸모 없게 된 후에는 제거하거나 수정하라.
(b) 소진되었거나 급격하게 줄어 든 객체의 부분을 즉시 복구하라.

예) 탄피는 총을 발사한 후 배출, 로켓트의 부스터들은 기능을 다한 후에 분리

35. 속성 변화(parameter change): 물질의 물리적 화학적 속성을 변형시킨다

(a) 객체의 집합 상태, 분포 밀도, 유연함의 정도, 온도를 변경하라.

예) 고체 세탁제와 액체 세탁제

36. 상전이(phase transformation)

(a) 물질의 상전이가 일어나는 동안에 나타나는 효과를 구현하라. 예를 들면, 부피, 유리, 는 열의 흡수 등의 변화.

예) 굴곡진 파이프의 팽창을 제어하기 위해서, 파이프들은 물로 채워지고 어는 온도까지 온도를 낮춘다

37. 열팽창(thermal expansion): 열의 전도를 활용한다

(a) 열에 확장 또는 수축되는 재료를 사용하라.
(b) 열 전도율이 다른 다양한 재료를 사용하라.

예) 온실의 지붕 유리를 개폐하는 것을 제어하기 위해서 두 가지 성질의 금속판이 유리에 연결되어 있어, 온도의 변화가 판을 구부리고 이것이 유리를 열고 닫는 힘이 된다

38. 산화제(oxydent): 산화제로 반응 활성화

(a) 일반 공기를 농축 공기로 대체하라.
(b) 농축 공기를 산소로 대체하라.
(c) 이온을 발생하는 산소나 공기속에서 객체를 다루어라.
(d) 이온화된 산소를 사용하라.

예) 횃불로 부터 더 높은 열을 얻기 위해 대기 중의 공기 대신에 산소를 토치에 공급

39. 불활성 환경(inert environment)

(a) 일반 환경을 불활성 환경으로 대체하라.
(b) 진공에서 작업을 시행하라.

예) 필라멘트가 뜨거워져 녹아내리지 않도록 아르곤 가스를 사용

40. 복합재료(composite material)

(a) 하나의 재료를 혼합한 것으로 대체하라.

예) 전투기의 날개는 높은 압력과 가벼운 무게를 위해서 플라스틱과 카본섬유의 혼합물로 구성

연습문제

1. 가정용 오디오나 컴퓨터에 사용되는 CD 장치에는 CD를 놓기 위한 트레이가 있다. 즉, 열림 버튼을 누르면 속에 들어 있는 트레이가 튀어 나와서 CD를 놓을 수 있도록 하고, 다시 버튼 등을 누르면 트레이가 시스템 안으로 들어가게 된다. 이 트레이의 문제는 트레이가 튀어 나오기 위한 공간이 확보되어야 한다는 점과 트레이가 튀어 나와 있을 때 외부의 충격으로 트레이가 부숴질 수 있다는 점이다. 이러한 문제를 해결하기 위한 장치를 고안하시오. 또한 40가지 발명 원리 중에서 어떤 원리를 사용하였는지를 설명하시오.
2. 3개의 바퀴를 가지는 자동차는 크기가 작은 자동차를 위한 좋은 설계 콘셉이 될 수 있다. 3륜 자동차의 문제는 안정성으로서 회전할 때 지지점이 3개 뿐이어서 잘 넘어질 수 있다는 점이다. 이제 잘 넘어지지 않는 3륜 자동차를 설계하고자 한다. 문제를 간단하게 하기 위하여 뒷바퀴가 2개이고 앞바퀴는 1개라고 가정한다. 3륜 자동차를 설계하고 39개의 공학 요소들 중에서 어떠한 요소들이 적용되는 지를 설명하시오. 또한 40가지 발명 원리 중에서 어떤 원리를 사용하였는지를 설명하시오.
3. 과일이나 야채의 껍질을 벗기는 도구를 판매하는 회사가 있다. 이 회사에서는 고객으로부터의 피드백을 제품 개발에 적용하고자 조사를 시행한 결과 다음과 같은 의견이 접수되었다.
   - 당근과 감자는 많이 달라요.
   - 내 손가락을 베었어요.
   - 나는 왼손잡이예요.
   - 껍질이 너무 두꺼워요.
   - 호박 껍질은 어떻게 벗겨요?
   - 녹이 생겼어요.

   (1) 이 회사의 목표는 "더 좋은 껍질제거기 만들기"이다. 고객의 요구에 맞게 이 목표를 좀 더 구체적으로 적어보시오. (모든 요구를 만족할 필요는 없으며, 몇 개의 요구를 선택하여도 됨)
   (2) 기존의 껍질제거기의 기능을 조사해 보시오.
   (3) 39개의 공학 요소들 중에서 어떠한 요소들이 충돌을 일으키는지 설명하시오
   (4) 40가지 발명 원리를 사용하여 새로운 껍질제거기를 고안하시오.

참고문헌

1. G. Altshuller, Creativity as an Exact Science: The Theory of the Solution of Inventive Problems, Gordon and Breach, 1984.
2. 박성균 역, TRIZ 창의성은 과학이다: 트리즈, 발명문제 해결 이론, 인터비젼, 2006. ([1]의 번역서)
3. (a) Zusman, (b) Zlotin, and J. Terninko, Step-by-Step TRIZ: Creating Innovative Solution Concepts, Responsible Management In(c), 1996.
4. 김효준, 생각의 창의성 TRIZ(트리즈), 지혜, 2004.
5. A. F. Osborn 저, 신세호 역 '창의력 개발을 위한 교육' 교육과학사, 1981
6. 한국부잔센타 '반갑다, 마인드 맵 '사계절, 1994
7. 토니 부잔, 배리 부잔 저, 라명화 역 '마인드 맵 북' 평범사, 1994
8. 김영채 '창의적 문제해결: 창의력의 이론, 개발과 수업' 교육과학사, 1999
9. 주상윤 '창의적 발상의 원리와 기법' 울산대학교 출판부 (UUP), 2007
10. 애드워드 드 보노 저, 정대서 역 '생각이 솔솔~여섯 색깔 모자' 한언, 2001
11. 하주현 '눈이 번쩍 띄는 창의력' 시그마프레스, 2006
12. 김광규 '아이디어 컨셉트 발상 포인트' 정보여행, 1993
13. 마이클 겔브 저, 공경희 역 '레오나르도 다 빈치처럼 생각하기' 대산출판사, 2005
14. 다카하시 마코토 저, 조경덕 역 '창조력 사전' 매일경제신문사, 2003
15. 정영교 '창의적 사고의 기술 생각의 지도를 그려라' 크레듀, 2006
16. 마이클 미칼코 저, 박종안 역 '아무도 생각하지 못하는 것 생각하기' 푸른솔, 2001
17. 박지원, 윤석호, 추봉조, 한만덕, 홍기헌 '창조적 아이디어 발상 및 전개' 학문사, 2003
18. 홍성욱 '과학은 얼마나' 서울대학교 출판부, 2004
19. 박주태 '창의적인 설계를 위한 기초전자기술' 태영문화사, 2008
20. 이창훈, 김기수 '공학입문자를 위한 창의공학설계' 한티미디어, 2007
21. 이창훈, 김기수, 창의공학설계, 서울: 한티미디어, 2007.
22. 김관배, 차주헌, 공학설계방법론, 3판, 서울:범한서적, 2004.
23. 김경천, 곽문규, 기창두, 성윤경, 이종수, 이호웅, 임재규, 황병복, 창의적 공학설계, 서울: 시그마프레스, 2007.
24. 전영록, 김한성, 나언주, 이세한, 김병창, 이준경, 공학설계, 서울: 인터비젼, 2008.
25. 나보균, 노영주, 윤정현, 이보경, 정인호, 한익주, 창의공학설계, 서울: 한국맥그로힐, 2008.
26. 조문수, 임태진, 박태형, 윤석훈, 공학설계입문, 제2판, 서울:아이티씨, 2007.

05

최적화 설계

최적화(Optimization)란 어떤 문제를 제한된 조건하에서 최선의 상태로 해결하는 것을 의미한다. 수학에서 함수의 최적화 또는 최적화 문제는 특정의 집합 위에서 정의된 함수의 값이 최대, 최소, 또는 목표값이 되는 상태를 구하는 것으로서 수리계획 또는 수리계획 문제라고도 한다. 물리학이나 컴퓨터 공학에서의 최적화 문제는 생각하고 있는 함수를 모델로 하는 시스템의 에너지를 나타낸 것으로 보아 에너지 최소화 문제라고도 부른다.

산업공학분야에서 최적화란 OR을 의미한다고 볼 수 있다. 운용과학(OR, Operations Research)은 제2차 세계대전 당시 George Dantzig가 군수 물자 보급의 최적화를 위하여 선형 계획법 문제를 해결하기 위하여 심플렉스법을 개발한 이후, 민수사업에서도 광범위하게 활용되고 있다. OR은 한정된 자원을 투입하여 적에게 최대의 타격을 주거나 아군의 피해를 최소화하기위해 전쟁 중에 과학자들이 작전(Operations)을 연구(Research)한 데에서 유래한다. 주로 수학, 산업공학, 경영학에서 많이 연구하고 있으나, 컴퓨터 과학, 전기공학, 전자공학, 재료공학, 기계공학, 경제학, 생물학, 생명공학, 정책학 등 거의 대부분의 학문에서 응용되고 있다. 운용과학이라는 용어는 흔히 경영과학과 혼동되어져서 사용되고 있으나, 경영과학을 포함한 더 넓은 의미를 담고 있다.

정보공학에서 최적화는 시스템을 수정하여 어떠한 면의 작업이 더 효과적으로, 또는 자원을 덜 사용하도록 만드는 작업을 말한다. 이를테면, 컴퓨터 프로그램은 더 빠르게 실행되거나, 기억 장치나 자원을 덜 차지하게 하여 운영되도록 하거나, 전력을 덜 쓰게 함으로써 최적화될 수 있다.

공학설계에서 해결하려는 문제가 비용의 최소화, 수익의 최대화, 에너지 최소화, 효율 최대화, 투입재료 최소화, 저항 최소화, 처리시간 최소화 등의 최적화 문제이므로 최적화란 공학설계와 밀접한 관련이 있다. 공학에서 최적화 설계는 가능하면 짧은 시간에 최고 성능을 갖는 제품을 가장 값싸게 생산할 수 있는 설계로 정의 한다. 최근의 최적화 설계 기법은 컴퓨터의 계산능력의 발전과 함께 실용범위가 확대되고 있다. 최적화 설계는 최적화 설계를 위한 수식화(Modeling)와 최적화 기법의 적용이 필요하다. 최적화 문제는 모든 학문 분야에서 만나게 되는 광범위한 문제이지만 수식화하고 적절한 해법으로 해를 찾는 공통적인 구조를 가진다. 이 장에서는 최적화 설계의 기본개념을 소개한다.

5.1 최적화 설계 수식화

수식화는 소비자의 설계요구를 수학적 표현으로 변환하는 것이다. 설계문제의 수식화는 설계자가 결정해야 하는 모든 변수의 집합인 설계변수(Design Variables), 최적화 설계의 기준이 되는 목적함수(Objective Function), 설계에서 반드시 만족시켜야 하는 제한조건(Constraints)으로 구성된다.

간단한 원통형 Mug의 최적화 설계를 통하여 최적화 과정을 살펴보자. 재료비를 최소로 투입하여 용량은 500 cm^{3}보다 큰 Mug를 설계하려고 한다. Mug의 직경은 5 cm보다 크고 9 cm보다는 작아야 하고, 높이는 10 cm보다 크고 15 cm보다는 작아야 한다. 문제를 간단하게 하기 위해 Mug의 뚜께나 손잡이는 어느 경우에나 일정하게 한다고 가정한다.

5.1.1 설계변수의 정의

설계변수는 제품의 두께, 길이, 재료의 물성, 형상 등 설계자가 결정해야 할 모든 변수를 말한다. 설계변수를 정의할 때는 가능하면 서로 독립적으로 정의하여야 한다. 그리고 설계변수의 개수는 가능하면 적게 사용하는 것이 효과적이다.

주어진 조건을 만족하면서도 재료비가 가장 적게 드는 Mug를 설계할 때에 결정해야할 것은 Mug의 높이와 직경이므로 높이와 직경이 설계변수가 된다. 높이를 h, 직경을 d라고 정한다. 설계변수를 독립적으로 정해야한다는 것은 부피를 설계변수로 해서는 안된다는 의미이다. 부피는 높이와 직경에 따라 변하므로 독립변수가 아니라 종속변수가 될 수 있기 때문이다.

설계변수는 결정변수(Decision Variable), 독립변수(Independent Variable)라고도 한다.

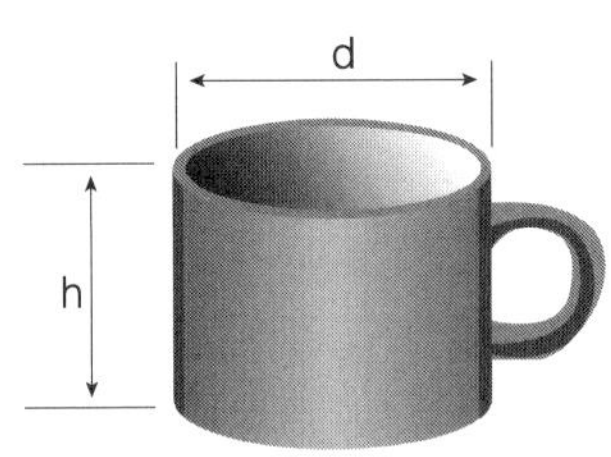

5.1.2 목적함수의 설정

공학설계에서 달성하려는 목적을 수식화한 것으로 최적의 설계를 결정하는 기준이 되는 함수가 목적함수이다. 목적함수는 설계의 목적에 따라 제품의 가격, 이익, 중량, 에너지 소모량, 승차감, 최대응력, 고유진동수 등으로 다양하게 표시될 수 있다. 일반적으로 설계는 같은 성능이라면 비용이 저렴한 설계가 좋은 설계이므로 많은 경우에 비용함수(Cost

Function)가 목적함수가 되기도 한다. 또 목적함수가 여러 개인 다중목적함수가 되는 경우도 있다. 예를 들면, 구조물의 중량을 최소화하는 동시에 이윤을 최대로 하는 경우이다.

Mug설계의 예에서 설계의 목적이 재료비가 가장 적게 드는 Mug를 설계하는 것이므로 재료비를 계산할 수 있는 함수가 목적함수가 된다. Mug 제작에 들어가는 재료비는 Mug의 표면적에 비례하므로 재료비는 면적 단위당 재료가격에 설계에 따른 표면적을 곱하면 된다. 그런데 표면적은 Mug의 높이와 직경의 함수이므로 결정변수를 이용하여 목적함수를 다음과 같이 결정할 수 있다. 여기서 A는 면적 단위당 재료가격을 나타내는 상수이다.

$$Z(d, h) = A\left(\frac{\pi}{4}d^2 + \pi dh\right)$$

위의 목적함수를 최소화하는 것이 목적이므로 괄호 속의 값이 최소가 되면 전체 값도 최소가 되므로 상수 A는 생략하고 목적함수를 다음과 같이 표시할 수도 있다. 즉 d와 h에 따라 변하는 Z의 값을 최소화하는 것이 Mug의 설계 목적이다.

$$Minimize\ Z = \frac{\pi}{4}d^2 + \pi dh$$

5.1.3 제한조건의 도출

설계가 반드시 만족해야 하는 모든 조건을 제한조건이라고 한다. 허용 변형량, 가격 또는 성능 등이 제한조건이 될 수 있다. 제한조건은 일반적으로 부등식으로 표현되며 이런 제한조건을 부등식 제한조건(Inequality Constraints)이라고 한다. 설계 목적이 최소화라면 목적함수에서 결정변수가 $-\infty$이면 최소화된다. 또 설계 목적이 최대화라면 목적함수에서 결정변수가 ∞이면 최대화된다. 따라서 해가 존재하지 않아 결정변수를 정할 수 없다. 목적함수가 실현 가능하기 위해서는 제한 조건이 필요하다. 목적함수에 따라서는 결정변수가 양수에서만 가능한 경우도 있다. 이런 제한조건을 비부조건(Nonnegativity Constraints)이라고 한다.

Mug 설계의 예에서 Mug의 용량, 높이, 직경에 대해 제한이 있다. Mug의 최소용량은 500 cm^3이어야 한다는 조건과 설계변수의 상한 및 하한 값을 조건식으로 표현해보자.

$$V(d, h) = \frac{\pi}{4}d^2h \geq 500$$
$$5 \leq d \leq 9$$
$$10 \leq h \leq 15$$

여기서 설계변수 d와 h는 음수가 될 수 없으므로 비부조건 $d \geq 0$와 $h \geq 0$가 필요하지만 위의 제한조건식에서 이미 음수가 될 수 없게 설정되었으므로 생략할 수 있다.

5.1.4 문제의 수식화

제한조건식을 한 개의 부등식으로 표시하여 제한조건을 정형화하면 Simplex법 등 해법을 적용하기 쉬워진다. 제한조건식의 우변에 상수를 배치하고 좌변에 수식을 두는 형식으로 정리하여 목적함수식과 같이 표시하면 다음과 같이 정형화 할 수 있다.

제한조건을 지키면서 목적함수 Z를 극소화하라는 최소화 문제라면 다음과 같이 일반형으로 표현할 수 있다. 여기서 $X_1, \ldots, X_n$은 설계변수이고, a., b., c.는 상수이다.

$$
\begin{aligned}
&Minimize\ Z = c_1X_1 + c_2X_2 + \cdots + c_nX_n \\
&Subject\ to \quad a_{11}X_1 + a_{12}X_2 + \cdots + a_{1n}X_n \geq b_1 \\
&\qquad a_{21}X_1 + a_{22}X_2 + \cdots + a_{2n}X_n \geq b_2 \\
&\qquad \vdots \qquad \ddots \qquad \vdots \\
&\qquad a_{m1}X_1 + a_{m2}X_2 + \cdots + a_{mn}X_n \geq b_m \\
&\qquad X_1 \geq 0, X_2 \geq 0, \cdots, X_n \geq 0
\end{aligned}
$$

최소화 문제는 다음과 같이 간략하게 표시할 수 있다.

$$
\begin{aligned}
&Minimize\ Z = \sum_{j=1}^{n} c_jX_j \\
&Subject\ to \quad \sum_{j=1}^{n} a_{ij}X_j \geq b_i \\
&\qquad X_j \geq 0
\end{aligned}
$$

제한조건을 지키면서 목적함수 Z를 극대화하라는 최대화 문제라면 다음과 같이 일반형으로 표현할 수 있다. 최소화 문제와 비교하면 목적함수가 최소화(Minimize)에서 최대화(Maximize)로 바뀌고 제약조건식에서 부등호의 방향이 바뀐다.

$$
\begin{aligned}
&Minimize\ Z = c_1X_1 + c_2X_2 + \cdots + c_nX_n \\
&Subject\ to \quad a_{11}X_1 + a_{12}X_2 + \cdots + a_{1n}X_n \leq b_1 \\
&\qquad a_{21}X_1 + a_{22}X_2 + \cdots + a_{2n}X_n \leq b_2 \\
&\qquad \vdots \qquad \ddots \qquad \vdots \\
&\qquad a_{m1}X_1 + a_{m2}X_2 + \cdots + a_{mn}X_n \leq b_m \\
&\qquad X_1 \geq 0, X_2 \geq 0, \cdots, X_n \leq 0
\end{aligned}
$$

최대화 문제는 다음과 같이 간략하게 표시할 수 있다.

$$
Minimize\ Z = \sum_{j=1}^{n} c_jX_j
$$

$$\text{Subject to} \quad \sum_{j=1}^{n} a_{ij}X_j \le b_i$$
$$X_j \ge 0$$

목적함수나 제한조건식이 모두 1차함수(선형함수)로 이루어진 최적화 문제를 선형계획법(Linear Programming)이라고 하며, 2차 이상의 함수로 이루어진 최적화 문제를 비선형계획법(Nonlinear Programming)이라고 한다.

Mug 설계의 예에서 문제를 정형화하면 다음과 같이 표시된다. 이 문제는 목적함수나 제한조건식에 비선형함수가 포함되어 있으므로 비선형계획법의 문제이다.

$$\text{Minimize } Z = \frac{\pi}{4}d^2 + \pi dh$$

$$\text{Subject to} \quad \frac{\pi}{4}d^2h \ge 500$$
$$d \ge 5$$
$$-d \ge 9$$
$$h \ge 10$$
$$-h \ge 15$$

5.2 최적화 설계의 해법

최적화 문제의 해법은 매우 다양한 방법이 개발되어 있으며, 설계문제의 유형에 따라 적절한 방법을 적용하여야 한다. 해결해야 하는 설계문제에 가장 적절한 해법을 찾기 위해서는 최적화 문제의 특징과 최적화 문제해법의 특성을 잘 이해하여야 한다. 선형계획법으로 수식화된 문제라면 Simplex법이라는 전통적인 해법이 있으며, 공학에서 일반적인 수치해석적 방법도 사용될 수 있다. 비선형계획법의 문제는 복잡한 수학적 지식이 필요할 수도 있다. 그러나 최근 이용하기 편리한 소프트웨어가 많이 개발되고 있다. 특히 Excel의 '해 찾기' 도구를 사용하면 대부분의 문제를 간단하게 해결할 수 있다.

설계문제에 최적화 설계 기법을 도입하여 체계적이고 최적화된 설계를 도출하면 반드시 이 설계가 모든 요구조건을 만족하며 설계자가 원하는 최적의 설계인가를 분석하여야 한다. 즉, 수학적 해에 물리적 의미를 부여하여 보고 자신이 구한 해의 타당성을 항상 검토하여야 한다.

5.2.1 도해 최적화

설계변수가 2개인 경우 2차원 평면에 설계영역을 도해하여 최적 값을 찾을 수 있다. 설계제한 조건과 설계변수의 상한 및 하한 값을 그림으로 도시하여 설계영역을 정의하고 여기에 등가격선(Iso-cost Curve)을 그려 최소인 점을 찾을 수 있는데 이런 방법을 도해 최적화라 한다.

Mug의 최적화 설계를 위한 3개의 제한조건을 지름과 높이를 좌표로 하는 평면에 나타낸다. 아래의 그림 5-1에 Mug의 설계 제한조건을 표시하였다. 설계변수 h는 10과 15 사이의 값만 가질 수 있으므로 두 개의 수평선 사이의 값만 가능하다. 설계변수 d는 5과 9 사이의 값만 가질 수 있으므로 두 개의 수직선 사이의 값만 가능하다. 그림에서 곡선은 d와 h가 주어졌을 때 Mug의 부피가 500 cm^3가 되는 점을 연결한 선이다. 따라서 이 곡선의 우상향에 있는 점들은 부피가 500 cm^3이상이 된다. 세 개의 제한 조건을 만족하는 점들은 회색으로 채워진 다각형 내부에 있다. 이 다각형 내부의 점들만 제한조건을 만족하므로 최적해는 이 점들에서 찾아야 한다. 이 다각형을 실현가능영역(Feasible Region)이라 하고, 이 지역 내의 모든 점들은 실현가능해(Feasible Solutions)가 된다.

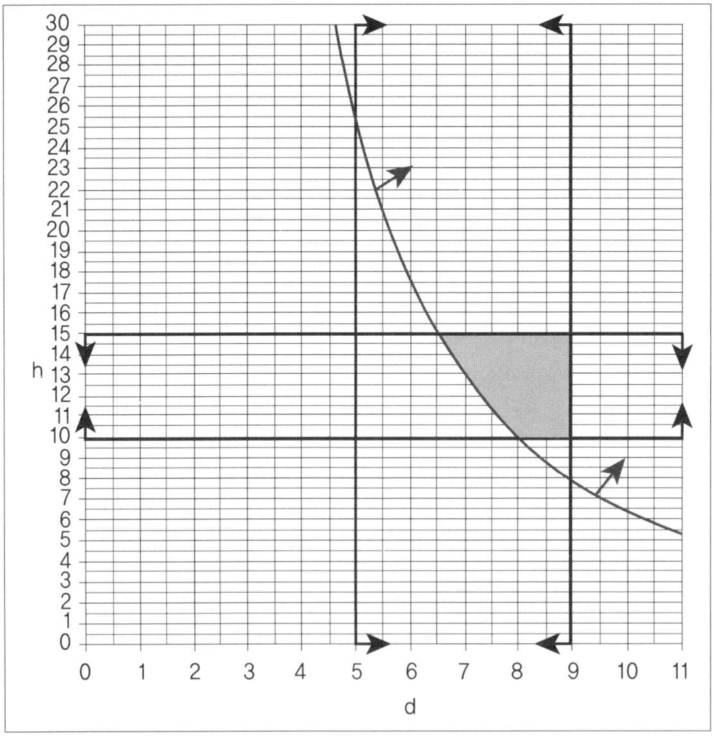

그림 5-1 ▪ 실현가능해

Mug의 설계목적은 재료비를 최소화하는 것이므로 실현가능영역에서 목적함수의 값을 최소로 하는 점을 찾으면 된다. 따라서 표면적이 200 cm^2가 되는 점들을 연결하면 그림 5-2에서 좌하에 있는 곡선으로 표시된다. 이 곡선 상의 점들은 실현가능영역을 지나지 않으므로 실현이 불가능한 해들이다. 따라서 우상향으로 이동을 하면서 표면적이 같은 점들을 연결하여 등비용선을 그릴 수 있다. 표면적이 400 cm^2가 되는 점들을 연결하면 그림에서 우상에 있는 곡선으로 표시된다. 이 곡선 상의 점들 중에 일부는 실현가능영역을 지나므로 실현이 가능한 해들이다. 그러나 이 곡선의 좌하 방향으로 표면적이 400 cm^2보다 작은 등비용선들이 존재할 수 있으므로 이 곡선 상의 실현가능해들은 목적함수를 최소화시키지 못하고 있다. 그림에서 점(d, h) = (7.98, 10)은 실현가능해이면서 표면적은 S = 300.66 cm^2로서 최소화 되었다. 결론적으로 말하면 Mug의 최적화 설계는 직경은 7.98 cm로 하고 높이는 10 cm로 하는 것이다.

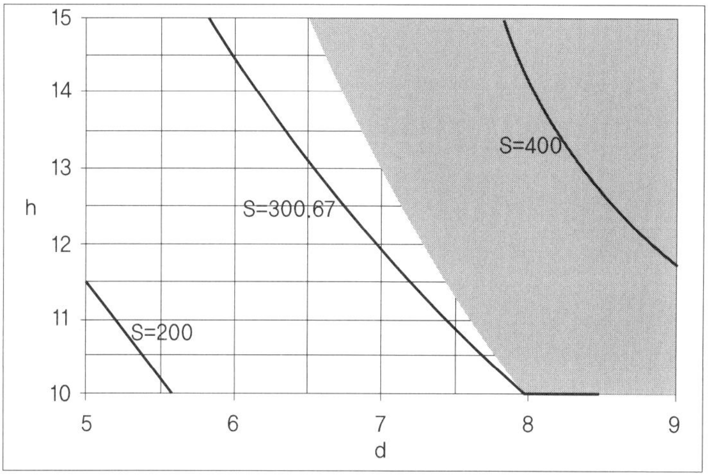

그림 5-2 ▪ 도해 최적화

5.2.2 수치해석적 방법

어떤 함수의 최대값과 최소값을 구하기 위해서는 함수를 변수에 대하여 미분을 취하고 이 미분값이 영이 되는 변수값에서 함수가 극값을 갖는다. 이 극값 중 함수의 제2차 미분이 양수인가 또는 음수인가에 따라서 최소값 또는 최대값을 정한다. 이와 같이 미분을 이용하여 최대값 문제를 해석적으로 구하는 연구는 1874년 프랑스 수학자 Cauchy에 의해 시작되었다. 특히 제2차 세계대전 직후에 최적화 문제를 수치적으로 해를 구하기 위한 연구가 활발히 진행되어 오늘날의 최적화 설계의 수치적 해법의 기초를 확립하였다. 최적화 설계의 수치적 해법은 사용자가 정의한 최적화 문제의 수식에서 초기값으로부터 출발하여 순차적으로 최적값을 찾는 순차적 기법을 주로 사용한다. 가능하면 초기값은 모든 제한조건을 만족하는 값으로 설정하는 것이 좋다. 수치해석은 공학계열의 대부분 학과에서 독립된 교과목으로 다루므로 여기서는 생략하기로 한다.

최근에는 최적화 설계 문제의 해법을 구하기 위한 많은 소프트웨어가 개발되어 실무에 활발히 적용되고 있다. 여기에서는 가장 널리 사용되는 스프레드시트인 Excel의 '데이터-해 찾기' 기능을 이용하는 방법을 소개한다. Excel의 최적화 해법은 설계변수의 값을 제한조건 내에서 변경하면서 목적함수 값을 계산한다. 목적함수 값이 최적화되면 그 때의 결정변수 값이 최적해가 되는 것이다. 따라서 목적함수를 구하는 계산식, 제한조건을 정하는 계산식, 그리고 설계변수라는 세 가지 입력요소를 워크시트의 Cell에 정해두어야 한다. 입력요소들을 Cell에 정하는 정해진 형식은 없으나 5.1.4 문제의 수식화에서 설명한 최적화 모형의 형태를 유지하는 형식을 따른다.

설계변수 정의

Mug 최적화 설계 문제에서 설계변수가 두 개이므로 그림 5-3에서 Cell C2는 설계변수 높이(h)를, Cell D2는 설계변수 직경(d)을 표시하는 곳으로 정한다. 설계변수는 목적함수나 제한조건에 사용되므로 이 Cell의 주소를 함수 표현에 사용하게 된다. 설정된 Cell C2와 D2에 특별히 초기값을 지정하지 않아도 된다.

목적함수식 입력

그림 5-3의 Cell E3에 Excel의 수식표현법을 사용하여 Mug 최적화 설계 문제의 목적함수를 입력한다. 그림 5-3에서 보는 바와 같이 Cell E3를 클릭하면 상단의 '수식 입력줄(Cell에 입력된 데이터나 수식을 보여주며 수정할 수도 있는 줄)' 에 목적함수식 '=(PI()/4)*D2^2

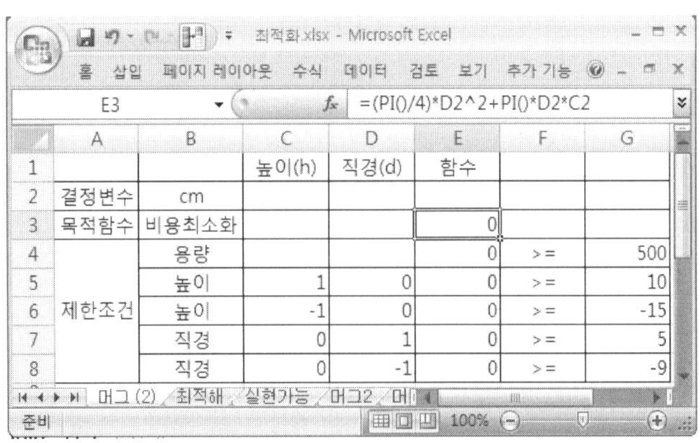

그림 5-3 ■ 해 찾기를 위한 워크시트 설계

+ PI()*D2*C2′이 나타난다. 설계변수 C2, D2에 아무런 값이 입력되어 있지 않으므로 Default 값인 0이 적용되어 Cell E3에는 목적함수의 결과 값으로 0이 표시된다.

제한조건 입력

제한조건도 목적함수와 같은 방법으로 Cell에 입력한다. 그림 5-4의 E4:E8에는 Mug 최적화 설계 문제에서 정형화하였던 아래와 같은 5개의 제한조건식의 좌변 항목을 각각 입력하였다. 그리고 G4:G8에는 제한조건식의 우변 항목을 각각 입력하였다.

$$\frac{\pi}{4}d^2h \geq 500 \cdots\cdots ①$$
$$d \geq 5 \quad \cdots\cdots ②$$
$$-d \geq 9 \quad \cdots\cdots ③$$
$$h \geq 10 \quad \cdots\cdots ④$$
$$-h \geq 15 \quad \cdots\cdots ⑤$$

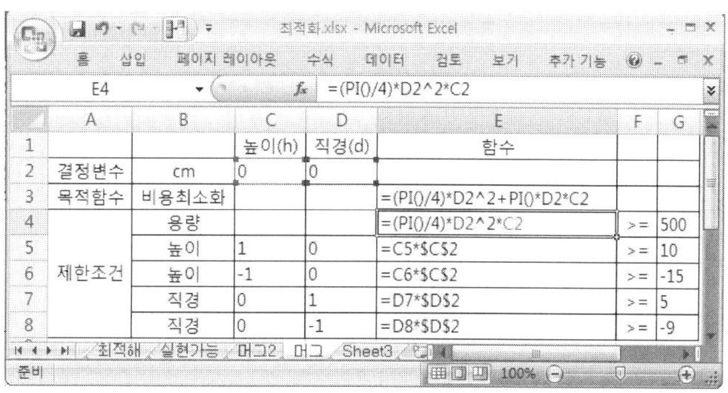

그림 5-4 ▪ 수식으로 표현한 해 찾기를 위한 워크시트 설계

제한조건 ②~⑤는 결정변수만으로 구성된 식이므로 E4:E8에 =C2, =−C2, =D2, =−D2로 대체해도 되겠다.

최적화 수행

설계변수, 목적함수, 제한조건을 모두 워크시트의 셀에 입력하였으면 '해 찾기' 도구를 사용할 수 있다. Excel의 "데이터"의 항목에서 "해 찾기' 기능을 클릭하면 그림 5-5과 같이 '해 찾기 모델 설정'을 위한 팝업(Pop Up) 창이 나타난다. 팝업 창의 '목표 셀'에는 목적함수가 입력된 Cell을 지정한다. Mug 최적화 설계 문제에서 E3가 '목표 셀'에 들어간다. 그리고 설계 목적에 따라 최대값, 최소값 또는 지정값 중에서 선택한다. 팝업 창의 '값을 바꿀 Cell'에는 설계변수 값으로 지정한 Cell을 입력한다. Mug 최적화 설계

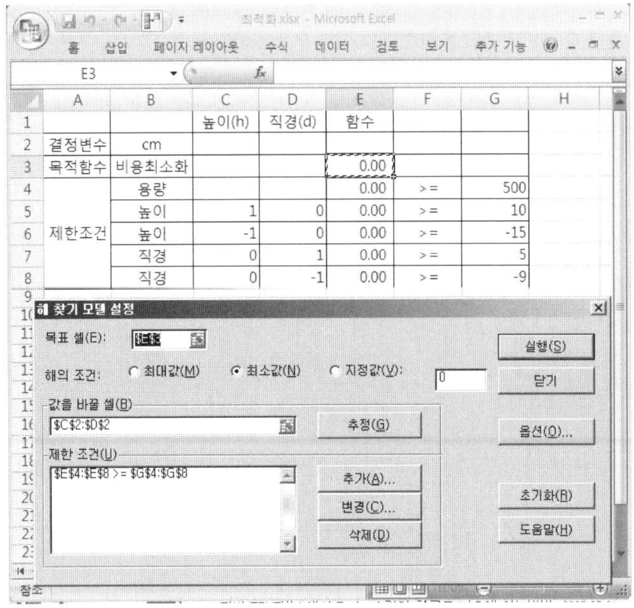

그림 5-5 ▪ 해 찾기 모델 설정 팝업 창

문제에서 C2:D2가 '값을 바꿀 Cell' 에 들어간다. 제한 조건은 '추가' 단추를 눌러 팝업 창을 띄워 입력한다. 그림 5-6에서 보는 바와 같이 '셀 참조 영역' 에는 제한조건식이 들어있는 Cell을 지정하고, 제한조건에는 가용자원을 나타내는 값들을 지정한다. 그리고 제한조건식은 가용자원보다 크거나 같아야하므로 '>=' 부호를 선택한다. 이 외에도 추가해야할 제한조건이 있다면 '추가' 단추를 눌러 입력한다. 제한조건을 모두 입력한 한 후 '확인' 을 클릭하면 '해 찾기 모델 설정' 창으로 되돌아간다.

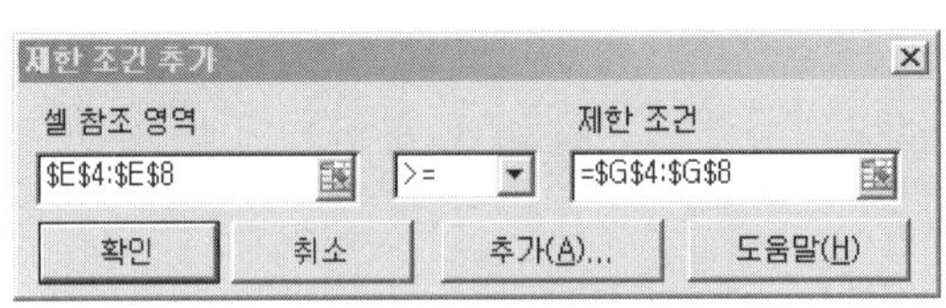

그림 5-6 ▪ 제한조건 추가 팝업 창

목적함수, 설계변수, 제한조건의 설정이 완성되면 실행 단추를 클릭한다. 이때 그림 5-7과 같은 '해 찾기' 결과 창이 나타나며, 적절한 선택사항을 입력하고 확인 단추를 클릭하면 최적화 수행결과를 얻을 수 있다. 만족하는 해를 구하지 못한 경우는 문제의 정의를 다시 검토하거나 초기값을 변경하여 다시 수행하여야 한다.

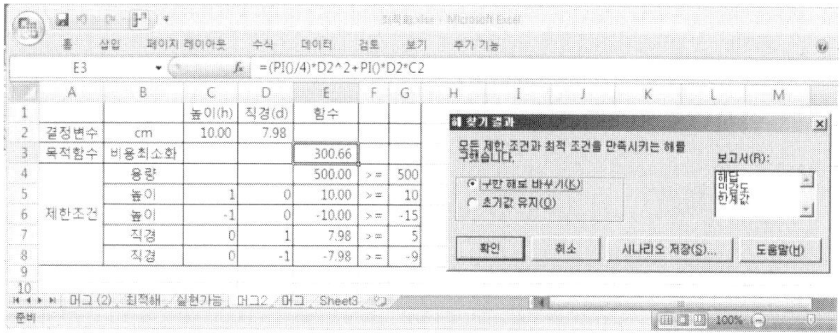

그림 5-7 ■ '해 찾기' 결과 창

'해 찾기' 결과 창에서 보고서를 선택하여 자세한 분석 결과를 얻을 수 있지만 결과에 대한 해석은 이 교재에서 다루려는 범위를 벗어나므로 설명은 생략한다. 그림 5-7에서 보는 바와 같이 최적해를 구했음을 알 수 있다. Mug 최적화 설계 문제에서 Mug의 직경을 7.98 cm, 높이는 10 cm로 할 때, 컵의 용량이 500 cm^3로서 표면적이 최소화 되어 재료비를 최소화할 수 있다.

5.3 최적화 설계 사례

공학적 문제 해결의 궁극적인 목적은 최적화라고 할 수 있다. 문제를 해결하거나 새로운 아이디어를 실현하는 방법은 여러 가지가 있을 수 있다. 그러나 공학자는 최적의 방법으로 설계를 해야 한다. 모든 공학설계에서 최적화 문제를 직면하게 되지만 여기서는 몇 가지 사례만 소개한다.

5.3.1 최적생산량 문제

한정되어 있는 자원을 가지고 이익을 최대화하는 것은 기업 경영에서 반드시 달성해야 할 목표가 된다. 따라서 다음과 같이 최적 생산량을 결정하는 문제를 자주 만나게 된다.

(주)창원빙과는 A와 B, 두 종류의 아이스크림을 생산하여 판매하고 있다. A를 1통 생산하기 위해서는 냉동기계에서 6분이 소요되고 B를 1통 생산하기 위해서는 4분이 소요된다. 하루에 냉동기계는 최대 600분 가동된다. 아이스크림을 만드는 원료는 (주)창원유업에서 제공받는 데 1일 최대 500 까지 제공 받을 수 있다. A를 1통 생산하는 데 들

어가는 원료의 량은 4 kg이고, B를 1통 생산하는 데 들어가는 원료의 량은 5 kg이다. 아이스크림을 소매점에 판매하는 가격은 A는 1통에 9,000원이고 B는 1통에 8,000원이다. (주)창원빙과는 1일 매출을 최대화할 수 있도록 제품 생산량을 정하려고 한다.

최적화 문제 모형화

(주)창원빙과는 매출을 최대화할 목적으로 아이스크림 A와 B의 1일 생산량(통)을 결정하려고 한다. 따라서 결정해야하는 설계변수 X는 A의 1일 생산량으로, 설계변수 Y는 B의 1일 생산량으로 정한다. A를 X통 생산하여 판매하면 9,000X원의 매출이 발생하고, B를 Y통 생산하여 판매하면 8,000Y원의 매출이 발생하므로 목적함수는 $Z = 9{,}000X + 8{,}000Y$를 최대화하는 것이다. 제한조건으로는 기계사용시간과 원료사용량에 제한이 있다는 것이다. 또한 X, Y는 양수여야 하므로 비부조건도 포함하여야 한다. 이 최적화 설계 문제는 다음과 같이 모형화 된다.

$$\begin{aligned} &\textit{Maximize } Z = 9{,}000X + 8{,}000Y \\ &\textit{Subject to} \quad 6X + 5Y \le 600 \\ &\qquad\qquad\quad\; 4X + 5Y \le 500 \\ &\qquad\qquad\quad\; X \ge 0, Y \ge 0 \end{aligned}$$

최적화 문제 풀기

이 최적화 설계 문제는 목적함수와 제한조건이 모두 1차식으로 구성되어 선형계획법의 문제이다. 이 문제를 Excel로 풀기위해 그림 5-8과 같이 워크시트를 설계할 수 있다. 그림 5-9는 그림 5-8의 워크시트를 수식으로 표현한 것이다. 선형계획법에서는 1.1.4 문제의 수식화에서 설명한 최적화 모형의 형태를 유지하면서 입력요소를 설계하면 수식표현이 간단해져 편리하다.

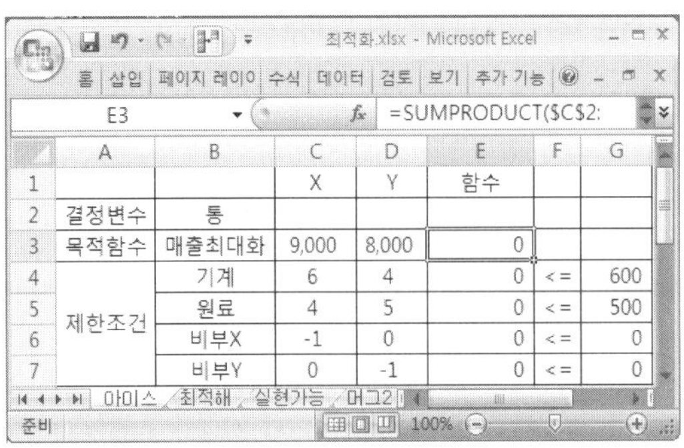

	A	B	C	D	E	F	G
1			X	Y	함수		
2	결정변수	통					
3	목적함수	매출최대화	9,000	8,000	0		
4	제한조건	기계	6	4	0	<=	600
5		원료	4	5	0	<=	500
6		비부X	-1	0	0	<=	0
7		비부Y	0	-1	0	<=	0

그림 5-8 ■ 해 찾기를 위한 워크시트 설계

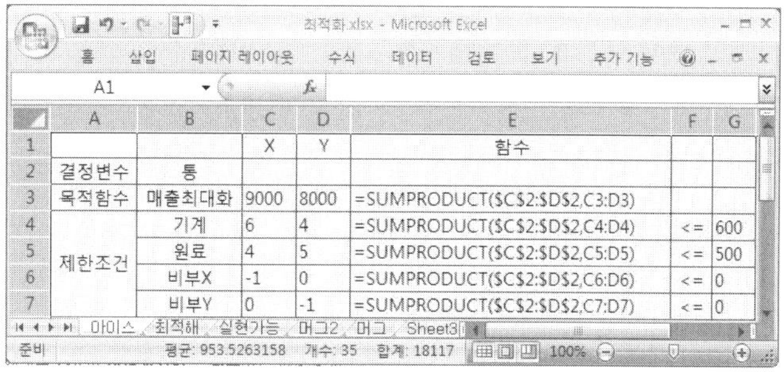

	A	B	C	D	E	F	G
1			X	Y	함수		
2	결정변수	통					
3	목적함수	매출최대화	9000	8000	=SUMPRODUCT($C$2:$D$2,C3:D3)		
4	제한조건	기계	6	4	=SUMPRODUCT($C$2:$D$2,C4:D4)	<=	600
5		원료	4	5	=SUMPRODUCT($C$2:$D$2,C5:D5)	<=	500
6		비부X	-1	0	=SUMPRODUCT($C$2:$D$2,C6:D6)	<=	0
7		비부Y	0	-1	=SUMPRODUCT($C$2:$D$2,C7:D7)	<=	0

그림 5-9 ▪ 수식으로 표현한 해 찾기를 위한 워크시트 설계

그림 5-10은 해 찾기 모델 설정 창에서 목적함수, 설계변수, 제한조건을 모두 입력한 상태를 보여준다.

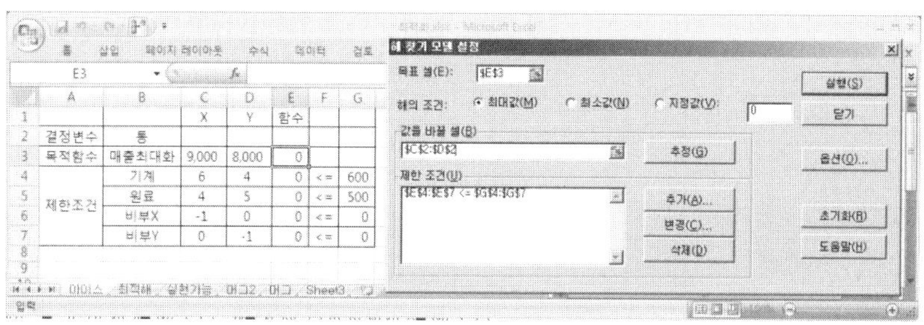

그림 5-10 ▪ 해 찾기 모델 설정 팝업 창

그림 5-11에서 보는 바와 같이 A 아이스크림은 71통, B 아이스크림은 43통 생산하면 985,714원의 최대 매출을 올릴 수 있다.

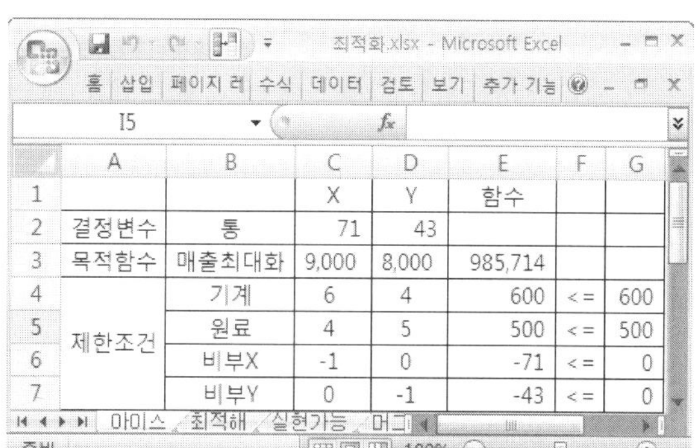

	A	B	C	D	E	F	G
1			X	Y	함수		
2	결정변수	통	71	43			
3	목적함수	매출최대화	9,000	8,000	985,714		
4	제한조건	기계	6	4	600	<=	600
5		원료	4	5	500	<=	500
6		비부X	-1	0	-71	<=	0
7		비부Y	0	-1	-43	<=	0

그림 5-11 ▪ '해 찾기' 결과 창

5.3.2 사료배합 문제

여러 가지 원료를 섞어 스펙에 맞는 제품을 만드는 문제는 여러 분야에서 만나게 된다. 배합문제는 합금제조업, 레미콘업, 원유정제업, 비료제조업 등에서 흔한 문제이다. 특히 여러 가지 곡물 등을 배합하여 가축의 성장에 필요한 영양소를 갖고 있는 사료를 만드는 문제는 선형계획법이 잘 응용되고 있는 분야의 하나이다.

(주)창원축산은 소를 사육하여 양질의 쇠고기를 공급한지 30년이나 되는 기업이다. 이 회사는 곡물을 배합하여 소 사육에 적합한 영양소를 함유한 사료를 자체 생산하고 있다. 매주 곡물 가격변동을 고려하여 선형계획법으로 최소비용이 드는 사료배합을 함으로써 원가절감을 할 수 있어 오래전부터 가격경쟁력이 있는 쇠고기를 생산할 수 있었다. 사료의 원료로 사용하는 옥수수, 보리, 귀리, 밀의 1 kg당 영양분 함유량과 가격, 사료의 영양소 요구량 등은 다음 표와 같다. 또한 소에게 한 번에 너무 많은 사료를 먹일 수 없으므로 총 배합량은 5kg을 넘을 수 없다. (주)창원축산은 소 사육두수에 맞는 사료를 생산하기 위해 1회분의 사료에 맞는 배합량을 구하려고 한다. 비용을 최소로 하는 배합방법을 설계해 보자.

영양소	원료				1일 최소 필요량
	옥수수	보리	귀리	밀	
단백질(kg)	0.10	0.09	0.05	0.06	0.32
칼슘(kg)	0.41	0.45	0.68	0.50	1.12
철분(kg)	0.06	0.08	0.07	0.10	0.42
열량(kcal)	1,600	800	850	2,300	5,000
가격(원)	560	485	455	505	

최적화 문제 모형화

(주)창원축산에서 결정해야할 설계변수는 사료배합에 들어가는 원료의 양이므로 옥수수 투입량을 X_1, 보리 투입량을 X_2, 귀리 투입량을 X_3, 밀 투입량을 X_4라고 한다. 목적함수는 원료투입비용의 합을 최소화하는 것이다. 제한조건은 사료가 포함해야할 영양분의 량이 될 것이다. 이 최적화 설계 문제는 다음과 같이 모형화 된다. 최소화문제는 제한조건식을 좌변에 두고 우변의 가용자원보다 '크거나 같다(≥)' 로 표현하는 것이 편리하다.

$$Minimize\ Z = 560X_1 + 485X_2 + 455X_3 + 504X_4$$

$$\begin{aligned} Subject\ to\quad & .10X_1 + .09X_2 + .05X_3 + .06X_4 \geq .32 \\ & .41X_1 + .45X_2 + .68X_3 + .50X_4 \geq 1.12 \\ & .06X_1 + .08X_2 + .07X_3 + .10X_4 \geq .42 \end{aligned}$$

$$1{,}600X_1 + 800X_2 + 850X_3 + 2{,}300X_4 \geq 5{,}000$$
$$-X_1 - X_2 - X_3 - X_4 \geq -5$$
$$X_1 \geq 0, X_2 \geq 0, X_3 \geq 0, X_4 \geq 0$$

최적화 문제 풀기

이 최적화 설계 문제는 목적함수와 제한조건이 모두 1차식으로 구성되어 선형계획법의 문제이다. 이 문제를 Excel로 풀기위해 그림 5-12와 같이 워크시트를 설계할 수 있다. 그림 5-13은 워크시트를 수식으로 표현한 상태에서 '해 찾기' 도구를 실행하는 모습이다.

	A	B	C	D	E	F	G	H	I
1			X1	X2	X3	X4	함수		
2	결정변수	kg							
3	목적함수	비용최소화	560	485	455	505	0.00		
4		단백질	0.10	0.09	0.05	0.06	0.00	>=	0.32
5		칼슘	0.41	0.45	0.68	0.50	0.00	>=	1.12
6		철분	0.06	0.08	0.07	0.10	0.00	>=	0.42
7		열량	1,600	800	850	2,300	0.00	>=	5,000.00
8	제한조건	배합량	-1	-1	-1	-1	0.00	>=	-5.00
9		비부 X1	1	0	0	0	0.00	>=	0.00
10		비부 X2	0	1	0	0	0.00	>=	0.00
11		비부 X3	0	0	1	0	0.00	>=	0.00
12		비부 X4	0	0	0	1	0.00	>=	0.00

그림 5-12 ■ 해 찾기를 위한 워크시트 설계

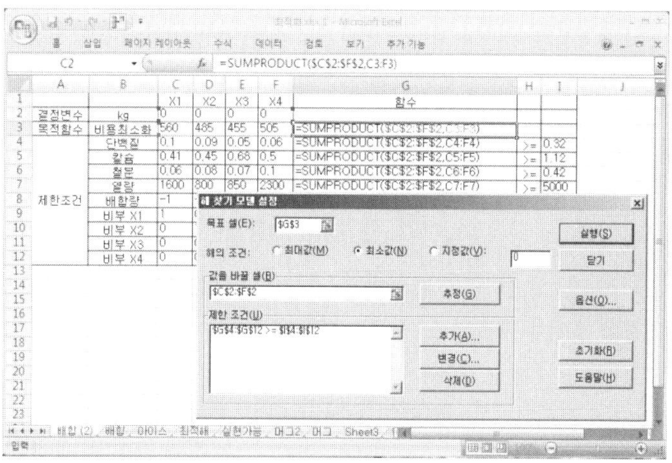

그림 5-13 ■ 수식표현 워크시트와 해 찾기 모델 설정

그림 5-14에서 보는 바와 같이 보리(X2) 1.62 kg과 밀(X4)는 2.90 kg을 배합하면 영양조건과 1회 사료량의 조건을 만족하면서 비용은 2,252원으로 최소화 된다. (주)창원축산은 이 결과를 근거로 소 사육두수에 맞추어 1주일분 사료를 생산하면 된다.

	A	B	C	D	E	F	G	H	I
1			X1	X2	X3	X4	함수		
2	결정변수	kg	0.00	1.62	0.00	2.90			
3	목적함수	비용최소화	560	485	455	505	2,252.14		
4	제한조건	단백질	0.10	0.09	0.05	0.06	0.32	>=	0.32
5		칼슘	0.41	0.45	0.68	0.50	2.18	>=	1.12
6		철분	0.06	0.08	0.07	0.10	0.42	>=	0.42
7		열량	1,600	800	850	2,300	7,976.19	>=	5,000.00
8		배합량	-1	-1	-1	-1	-4.52	>=	-5.00
9		비부 X1	1	0	0	0	0.00	>=	0.00
10		비부 X2	0	1	0	0	1.62	>=	0.00
11		비부 X3	0	0	1	0	0.00	>=	0.00
12		비부 X4	0	0	0	1	2.90	>=	0.00

그림 5-14 ▪ '해 찾기' 결과 창

5.3.3 네트워크 문제

네트워크 모형은 일련의 활동과 그 활동들의 선후관계를 그래프로 나타낸 것이다. 이 그래프는 작업공정이나 프로젝트의 일정계획을 최적화하고 과업이 계획대로 진행되고 있는지를 관리하는 데 있어 매우 효율적으로 활용되고 있다. 네트워크 모형은 많은 분야에서 사용되고 있는데 이는 현실 세계의 다양한 의사결정상황을 네트워크 형태로 구현하기가 용이할 뿐만 아니라 이러한 모형을 통하여 시각적이고 효율적으로 의사결정상황을 표현함으로써 팀원 상호간 또는 경영층과의 의사소통을 원활히 할 수 있기 때문이다.

네트워크 모형에서 일반적인 문제는 최단경로문제(Shortest-path Problem)와 최대유동량문제(Maximum Flow Problem)이다. 최단경로문제는 출발지(start)로부터 목적지(end)까지의 최단경로를 찾는 것이다. 최단경로의 판단기준은 거리, 시간, 비용 등이 사용된다. 최단경로문제는 수송문제, 통신네트워크의 설계, 설비대체문제 등에 유용하게 사용된다. 최대유동량문제는 출발지(source node)에서 목적지(sink node)까지 최대 용량을 수송하고자 하는 경우에 이용된다. 여기서는 최대유동량문제의 최적화 설계를 소개한다.

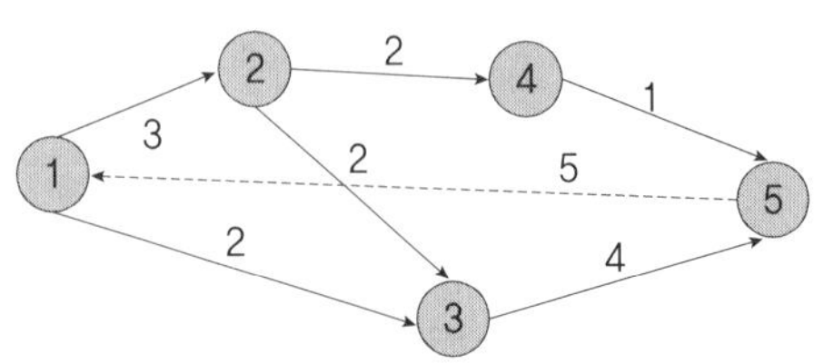

창원정유(주)는 1번 지역에서 원유를 정유하여 5번 지역까지 기름을 보내고 있다. 송유관 연결망과 시간당 최대 송유가능량은 그림과 같다. 창원정유(주)는 송유관 네트워크를 통해 시간당 최대용량의 기름을 보내고자 한다.

최적화 문제 모형화

창원정유(주)에서 결정해야할 설계변수는 어떤 송유관으로 몇 단위의 기름을 보내느냐이다. 따라서 설계변수를 i마디에서 j마디로 배급하는 기름의 양으로 표시하여 X_{ij}로 한다. 여기서 $i = 1, \cdots, 5$이고 $j = 1, \cdots, 5$이므로 설계변수는 모두 25개 이다. 최대유동량 문제를 모형화 하는 데 하나의 착안점은 어떤 마디로 들어온 기름의 량과 그 마디에서 빠져나간 기름의 량은 같아야한다는 것이다. 또 하나는 목적지에서는 들어오기만 하고 나가는 기름이 없으므로 해를 구하기 위하여 목적지에서 출발지로 가상의 송유관을 추가하고 최대 공급량은 출발지에서 빠져나갈 수 있는 용량인 5단위로 한다. 이 최적화 설계 문제는 다음과 같이 모형화 된다.

$Minimize\ Z = X_{11} + X_{12} + X_{13} + X_{14} + X_{15}$

Subject to

$$(X_{11} + X_{21} + X_{31} + X_{41} + X_{51}) - (X_{11} + X_{12} + X_{13} + X_{14} + X_{15}) = 0 \cdots\cdots ⑥$$
$$(X_{12} + X_{22} + X_{32} + X_{42} + X_{52}) - (X_{21} + X_{22} + X_{23} + X_{24} + X_{25}) = 0 \cdots\cdots ⑦$$
$$(X_{13} + X_{23} + X_{33} + X_{43} + X_{53}) - (X_{31} + X_{32} + X_{33} + X_{34} + X_{35}) = 0 \cdots\cdots ⑧$$
$$(X_{14} + X_{24} + X_{34} + X_{44} + X_{54}) - (X_{41} + X_{42} + X_{43} + X_{44} + X_{45}) = 0 \cdots\cdots ⑨$$
$$(X_{15} + X_{25} + X_{35} + X_{45} + X_{55}) - (X_{51} + X_{52} + X_{53} + X_{54} + X_{55}) = 0 \cdots\cdots ⑩$$

$$X_{11} = 0, X_{12} \le 3, \cdots, X_{15} = 0$$
$$X_{21} = 0, X_{22} = 0, \cdots, X_{25} = 0$$
$$\ddots$$
$$X_{51} \le 3, X_{52} = 0, \cdots\cdots, X_{55} = 0$$
$$X_{ij} \ge 0 \text{ for } all\ i \text{ and } j$$

출발지에서 목적지까지 최대유동량을 구하는 것이 이 문제의 목적이므로 출발지에서 나가는 기름의 량을 최대화 시키면 된다. 목적함수에서 송유관이 설치되지 않아 송유할 수 없는 경로에도 설계변수 X_{11}, X_{14}, X_{15}가 설정되어있지만 제한조건에서 할당이 되지 않을 것이므로 해를 구하는 데 있어서 염려하지 않아도 된다.

첫 번째 제한조건식 ⑥은 1번 지역으로 들어오는 모든 기름 양의 합에서 1번 지역에서 빠져나가는 모든 기름 양의 합과 같다는 것을 나타내고 있다. 식 ⑦~⑩도 이와 같은 방법으로 만들어진 것이다. 그리고 나머지 제한조건식은 각 경로에 설정된 최대유동량과 비부조건을 수식화한 것이다.

최적화 문제 풀기

이 최적화 설계 문제는 목적함수와 제한조건이 모두 1차식으로 구성되어 선형계획법의 문제이다. 이 문제를 Excel로 풀기위해 그림 5-15와 같이 워크시트를 설계할 수 있다. 여기서 실계변수는 C2:G6로 지정하였는데, 설계변수가 너무 많아 한 줄로 표시하지 않고 행렬표로 표시하였다. 목적함수는 B2에 입력하였다. 각 마디의 유입량과 유출량이 같아야하는 제한조건과 각 송유관의 최대유동량에 대한 제한조건을 나누어 표시하였다.

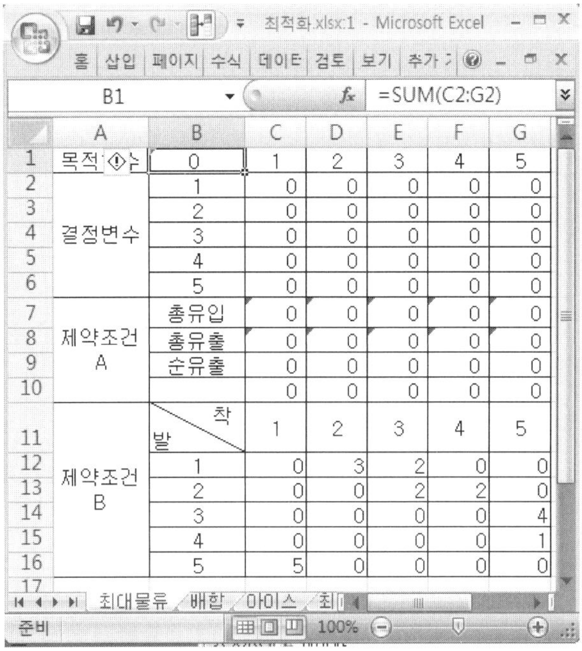

	A	B	C	D	E	F	G
1	목적 ◈는	0	1	2	3	4	5
2	결정변수	1	0	0	0	0	0
3		2	0	0	0	0	0
4		3	0	0	0	0	0
5		4	0	0	0	0	0
6		5	0	0	0	0	0
7	제약조건 A	총유입	0	0	0	0	0
8		총유출	0	0	0	0	0
9		순유출	0	0	0	0	0
10			0	0	0	0	0
11	제약조건 B	착 / 발	1	2	3	4	5
12		1	0	3	2	0	0
13		2	0	0	2	2	0
14		3	0	0	0	0	4
15		4	0	0	0	0	1
16		5	5	0	0	0	0
17							

그림 5-15 ■ 해 찾기를 위한 워크시트 설계

그림 5-16은 워크시트를 수식으로 표현한 상태에서 '해 찾기' 도구를 실행하는 모습이다. 그림 5-17은 해 찾기 모델 설정을 위한 입력 창이다. 이 최대유동량문제에서 제한조건은 세 가지이다. 첫째, 각 마디에서의 순유동량은 0이어야한다. 둘째, 송유관마다 최대 유동량에 제한이 있다. 셋째, 모든 유동량은 음수가 될 수 없다. 이 설정 창에 입력된 세 가지 제한조건들의 등호와 부등호를 유의해서 보기를 바란다.

	A	B	C	D	E	F	G
1	목적함수	=SUM(C2:G2)	1	2	3	4	5
2		1	0	0	0	0	0
3		2	0	0	0	0	0
4	결정변수	3	0	0	0	0	0
5		4	0	0	0	0	0
6		5	0	0	0	0	0
7		총유입	=SUM(C2:C6)	=SUM(D2:D6)	=SUM(E2:E6)	=SUM(F2:F6)	=SUM(G2:G6)
8	제약조건	총유출	=SUM(C2:G2)	=SUM(C3:G3)	=SUM(C4:G4)	=SUM(C5:G5)	=SUM(C6:G6)
9	A	순유출	=C7-C8	=D7-D8	=E7-E8	=F7-F8	=G7-G8
10			0	0	0	0	0
11		착 / 발	1	2	3	4	5
12		1	0	3	2	0	0
13	제약조건	2	0	0	2	2	0
14	B	3	0	0	0	0	4
15		4	0	0	0	0	1
16		5	5	0	0	0	0

그림 5-16 ▪ 수식표현 워크시트

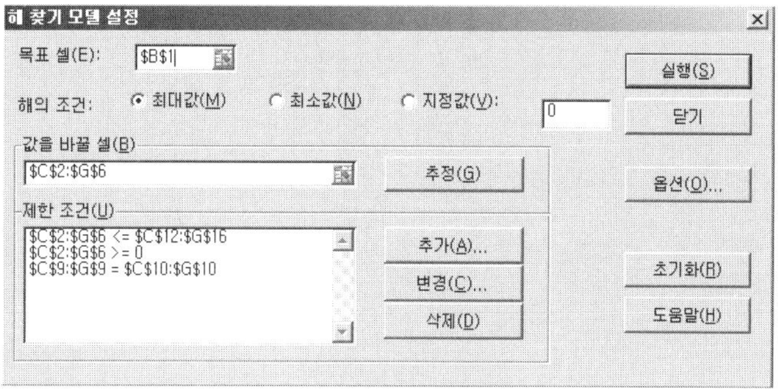

그림 5-17 ▪ 해 찾기 모델 설정

그림 5-18은 최적해를 찾은 모습이다. X12는 3단위, X13은 2단위, X23은 2단위, X24는 1단위, X35는 4단위, X45는 1단위가 최적해이다. 이때 출발지에서 목적지로 5단위를 보낼 수 있다. X51은 가상의 송유관으로 해를 찾기 위해 임시로 사용했던 것이므로 실제로 송유하지는 않는다. 그림 5-19는 최적화 설계된 네트워크를 보여준다.

5.3.4 제한조건이 없는 최적화 설계문제

최적화 설계문제는 결정변수, 목적함수, 제한조건, 이 세 가지 요소로 수식화된다. 그러나 공학자는 제한조건이 없는 최적화 설계문제도 자주 만나게 된다. 일반적으로 목적함수가 비선형이라 최대값 또는 최소값을 가지는 경우에 제한조건이 없는 최적화 설계문제가 된다. 이런 문제의 해법은 목적함수의 1차 도함수가 0이 되는 설계변수 값을 구하는 것이다.

하루 24시간 5,000 amps의 일정한 전류를 발전소에서 1000 feet 떨어진 중계소로

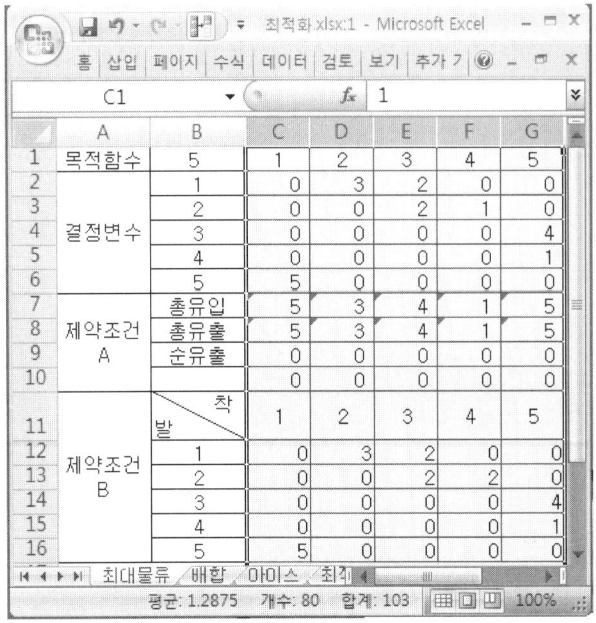

	A	B	C	D	E	F	G
1	목적함수	5	1	2	3	4	5
2	결정변수	1	0	3	2	0	0
3		2	0	0	2	1	0
4		3	0	0	0	0	4
5		4	0	0	0	0	1
6		5	5	0	0	0	0
7	제약조건 A	총유입	5	3	4	1	5
8		총유출	5	3	4	1	5
9		순유출	0	0	0	0	0
10			0	0	0	0	0
11	제약조건 B	착 / 발	1	2	3	4	5
12		1	0	3	2	0	0
13		2	0	0	2	2	0
14		3	0	0	0	0	4
15		4	0	0	0	0	1
16		5	5	0	0	0	0

그림 5-18 ■ '해 찾기' 결과 창

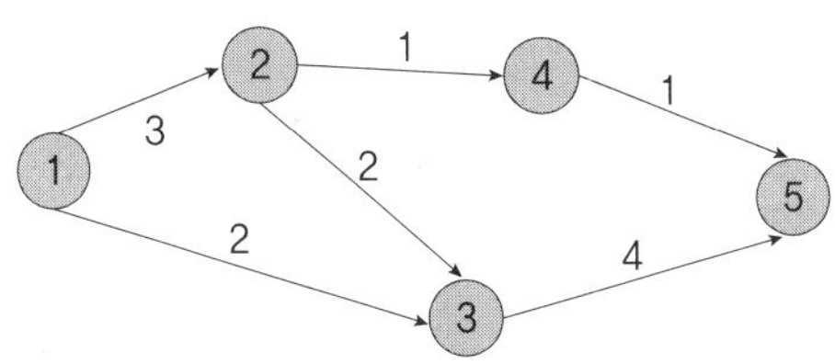

그림 5-19 ■ 최적화 설계 네트워크

일년 내내 보내야 한다. 구리로 된 전선은 파운드당 8,000원에 설치할 수 있다. 이 전선은 추정수명이 20년이고, 이때 구리를 처분하여 생기는 수익은 철거비용으로 사용된다. 전선의 전력손실은 전선의 단면적(A)에 반비례한다. 전선의 저항은 1 ft당 1 inch^{2}에 대해 0.8145×10^{-5} ohms이다. 동력비용은 kWh당 50원이며, 이자율은 6%이고, 구리의 밀도는 555l b/ft^{3}이다. 주어진 자료로 전선의 최적 단면적(A)을 계산하라.

단면적 최적화 설계 모형화

송전선의 전선 저항은 송전에서 전력손실을 일으키는 최대 요인이다. 전기 전선의 저항은 그 길이에 비례하고 단면적에 반비례한다.

$$R = \rho(L/A)$$

여기서, R = 전선의 저항, L = 전선의 길이, A = 전선의 단면적, ρ = 전선 물질의 저항률이다. 미국의 전력분야에서는 보통 L은 feet로, A는 전선의 지름단위인 cmils로, ρ는 ohm-cmils/ft로 표시한다. cmil은 1 mil의 지름을 갖는 원의 면적이다. 1 mil은 0.001 inch이다. $inch^2$으로 표시되는 전선의 단면적은 cmils에 0.7854×10^{-6}을 곱하면 된다.

$$1 \text{ linear mil} = 0.001 \text{ inch} = 0.0254 \text{ millimeter.}$$

$$1 \text{ circular mil} = \text{직경이 1 linear mil인 원의 면적}$$

$$= 0.5^2\pi \text{ mils}^2 = 0.7854 \times 10^{-6} \text{ in}^2.$$

$$1 \text{ in}^2 = 1/(0.7854 \times 10^{-6}) = 1.27324 \times 10^{-6} \text{ cmil.}$$

SI(the official designation for the System International d' unites system of units) 단위에서 L은 미터로, A는 제곱미터로, ρ는 ohm-meters로 표시한다. 따라서 구리 전선의 ρ는 $1.7241 \times 10^{-8}\,\Omega - \text{meter}$이다. ρ를 SI단위로 표시하면 다음과 같다.

$$\rho = R \cdot A/L = 1.7241 \times 10^{-8}\,\Omega(1 \text{ meter})^2/1 \text{ meter}$$

$$= 1.7241 \times 10^{-8}\,\Omega(39.37 \text{ in})^2/3.2808 \text{ ft}$$

$$= 0.8145421 \times 10^{-5}\,\omega\text{in}^2/\text{ft}$$

전류가 회로를 통과할 때 전력이 저항을 극복한다. 전기분야의 단위인 kWh는 전력량에 이 전력이 지속된 시간을 곱한 것이다. 전류(I)가 안정하다면 T시간 동안 전선을 통과한 량(또는 에너지 손실로 알려진 열로 바뀐 량)은 다음과 같이 계산된다.

$$\text{전력} = I^2RT/1000 \text{ kWh}$$

여기서 I = 전류(amperes), R = 저항(ohms), T = 경과시간.

전선의 단면적을 결정하는 이 고전적 최소비용 문제는 비용함수 중에 증가하는 요소와 감소하는 요소가 포함되어 있다. 저항은 전선의 굵기에 반비례하므로 전선 굵기가 증가하면 에너지 손실은 줄어든다. 저항 때문에 발생하는 전선의 에너지 손실(kWh)은 다음과 같이 계산된다.

$$\text{에너지손실(kWh)} = \frac{i^2R}{1000A}T = \frac{(5000)^2(0.008145)}{1000A}(24 \times 365)$$

$$= \frac{1{,}783{,}755}{A}\text{kWh}$$

전기저항은 단면적(A)에 반비례하므로 특정한 전선의 연간 총에너지손실비용은 다음과 같이 계산된다.

$$\text{에너지손실비용} = \frac{1{,}783{,}755}{A}(50) = \frac{89{,}187{,}750}{A}$$

전선의 굵기를 늘리면 전선에 들어가는 재료비가 증가한다. 먼저 파운드당 전선의 재료비용을 계산한다. 단면적이 in^2으로 측정되므로 재료의 무게를 구하기 전에 총길이를 ft에서 inches로 바꾸어야한다.

$$\text{재료의 무게(lbs)} = \frac{(1000)(12)(555)\text{A}}{12^3} = 3854(A)$$
$$\text{총재료비용} = 3{,}854(A)(8{,}000) = 30{,}832{,}000(A)$$

여기서 전선의 설치비용과 에너지 손실비용 간에 상반관계가 있음을 알 수 있다. 즉, 전선 굵기를 늘리면 재료비는 올라가지만 전력손실비용은 내려간다. 반대로 전선 굵기를 줄이면 재료비는 내려가지만 전력손실비용은 올라간다.

설치되는 전선은 수명이 20년이므로 재료비용을 돈의 시간적 가치를 고려하여 연간비용으로 나누어야 한다. 이때 재료비를 단순히 20으로 나누어 평균비용을 구하면 장기적인 투자사업에 적합한 분석법이 아니다. 따라서 다음과 같이 이자율이 6%일 때 현재일시금을 20년간 연간등가비용을 구하는 공식을 사용하여 연간비용을 계산한다.

$$\text{현재일시금의 연간등가 계산공식} = \frac{i(1+i)^N}{(1+i)^N - 1} = \frac{.06(1+.06)^{20}}{(1+.06)^{20} - 1} = 0.872$$
$$\text{재료비의 연간등가비용} = 30{,}832{,}000\,A \times 0.872 = 2{,}688{,}550\,A$$

설계변수(A)의 함수로서 총연간등가비용은 다음과 같이 재료비용과 운영비용의 합으로 계산된다.

$$\text{총연간등가비용} = AE(6\%) = 30{,}832{,}000\,A + \frac{89{,}187{,}750}{A}$$

최적화 문제 풀기

총연간등가비용의 최소치를 찾기 위해 위 식의 1차 도함수 값이 0이 되게 하는 A를 찾는다.

$$\frac{dAE(6\%)}{dA} = 30{,}832{,}000\text{ A} - \frac{89{,}187{,}750}{A^2} = 0$$
$$A^* = \sqrt{\frac{89{,}187{,}750}{30{,}832{,}000}} = 5.7569$$

단면적이 5.7596일 때 총연간등가비용은 30,970,032원으로 최소가 된다. 그림 5-20은 이 최적화 설계 문제의 총비용함수를 보여주고 있다. 이 문제도 Excel의 '해 찾기'로 최적해를 구할 수 있다. 그림 5-21은 단면적 A를 설계변수로, 총비용함수를 목적함수로, 단면적 A는 0보다 커야 하는 제한조건으로 하여 '해 찾기'로 구하는 모습이다.

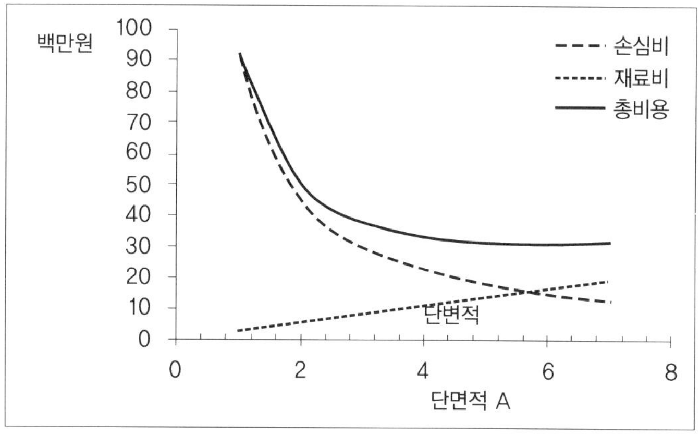

그림 5-20 ■ 단면적에 따라 변하는 비용함수

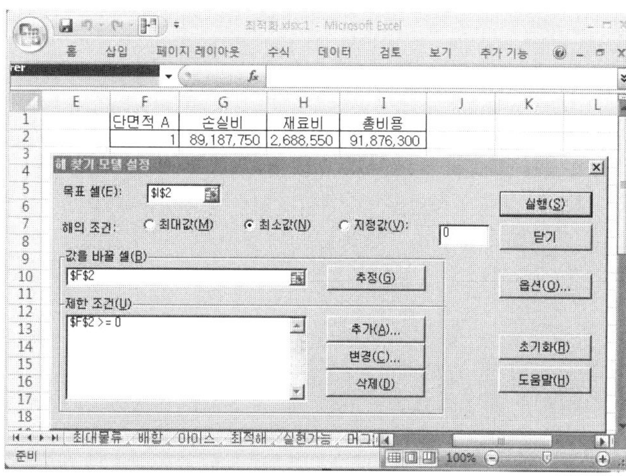

그림 5-21 ■ 단면적에 따라 변하는 비용함수

연습문제

1. 지름이 10 cm이고 높이가 5 cm인 원통형 제품과 지름이 5 cm이고 높이가 10 cm인 원통형 제품을 포개지 않고 한 상자에 나란히 세워서 넣어 포장하려고 한다.

(1) 포장비용을 줄이려면 포장용 재료의 사용을 최소화시켜야 한다. 상자의 표면적이 최소가 되게 상자의 크기를 설계하시오.

(2) 포장된 제품의 수송비는 수송하는 물건의 부피에 비례하여 결정된다. 수송비용을 줄이려면 상자의 부피를 최소화시켜야 한다. 상자의 부피가 최소가 되게 상자의 크기를 설계하시오.

2. 다음 LP문제의 최적해를 구하시오.

최소화 $Z = 4000X + 5500Y + 3500Z$

제약조건 $100X + 300Y + 200Z \geq 1800$

$150X + 180Y + 100Z \geq 1200$

$300Y + 200Z \geq 3000$

$X, Y, Z \geq 0$ 그리고 정수

3. 위일타이어(주)는 타이어용 고무를 생산하는 회사이다. 타이어용 고무는 고무원료에 기름과 탄소를 배합하여 생산한다. 기름의 가격은 120원/kg, 고무원료의 가격은 350원/kg, 탄소의 가격은 600원/kg이다. 타이어 고무는 장력, 탄성, 강도가 적정하여야한다. 타이어 1개 생산에 투입되는 기름량을 X, 고무원료량을 Y, 탄소량을 Z라고 하면, 배합에 따라 결정되는 각 특성치는 다음과 같이 결정되는 것으로 분석되었다.

특성치	특성치 결정함수	하한값	상한값
장력	$100-.1X-.001Y^2$	12	없음
탄성	$18+.35Y-.04X-.002Y^2$	16	없음
강도	$35+.1Y+.06X-.4Z+.001XY+.005X^2+.001Z^2$	25	35

타이어 1개에 고무원료가 최소 15 kg이상 20 kg이하 포함되어야 하며, 타이어 1개의 무게는 25~26 kg이어야 한다. 최소비용으로 규격에 맞는 타이어를 만들기 위해 최적 원료를 배합량을 결정하시오.(소수점이하 두자리로 표시)

4. (주)위일시스템은 세 개의 공장에서 생산된 제품을 전국의 물류창고로 수송하고 있다. 다음 자료는 공장과 창고 간의 단위당 수송비용과 각 공장의 공급가능량과 각 창고의 필요량을 표시한 것이다. 최소비용의 수송계획을 세우시오.

창고 공급	서울	대전	광주	창원	공급량
공장A	6	9	7	5	60
공장B	9	3	12	7	30
공장C	15	6	10	3	70
수요량	40	30	60	50	

창고 공급	서울	대전	광주	창원	공급량
공장A					60
공장B					30
공장C					70
수요량	40	30	60	50	

5. 도로공사는 명절에 서울에서 부산으로 가능한 최대로 귀성객을 보내려고 한다. 다음 네트워크는 서울에서 부산으로 갈 수 있는 도로망이다. 숫자는 시간당 자동차 최대통과가능량이다. 어떤 경로로 자동차를 통과시키는 것이 최대량의 자동차를 보낼 수 있겠는가? 시간당 최대 통과대수는? 서울방향으로 우회하는 경로는 고려하지 않는다.

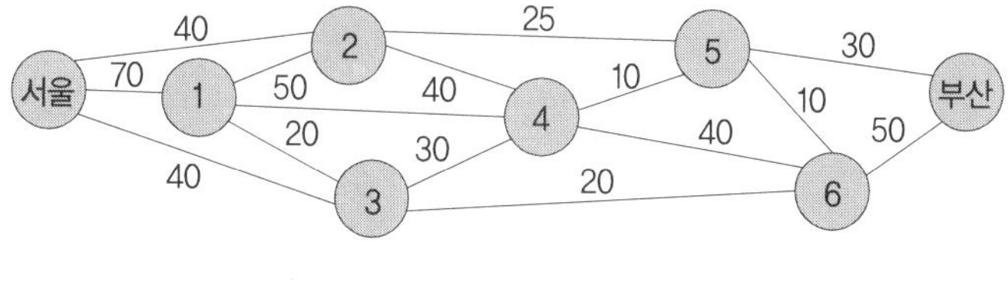

6. 창원(1)에서 부산(10)으로 가는 도로망이다. 가지 위의 숫자는 소요시간이다. 창원에서 부산으로 최소 시간에 주파할 수 있는 경로를 구하시오. 또 최소 주파시간은 얼마인가? 창원쪽으로 역주행은 고려하지 않는다.

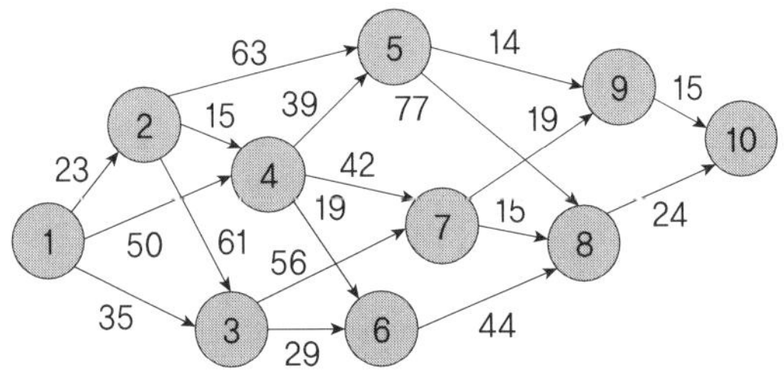

참고문헌

이경우, 김병재, 이태희, 황농문, 한송엽, *공학문제해결입문*, 서울: 시그마프레스, 2007.

조문수, 임태진, 박태형, 윤석훈, 공학설계입문, 제2판, 서울:아이티씨, 2007.

박광태, 김민철, *Excel 활용 의사결정*, 서울: 박영사, 1999.

김성문, 문상호, 서동원, 장우진, 경영과학, 제9판, 서울: 시그마프레스, 2007.

김진욱, 김규태, 김지수, 문일경, 박연홍, 박주철, 오현승, 유일근, 이병남, 최성호, 편영식, *현대 공업경제학*, 서울: 경문사, 2000.

06

보고서 작성과 공학윤리

아무리 좋은 설계를 하였다하더라도 그 내용이 설계 요청자나 독자에게 잘 전달되지 못하면 무의미하게 된다. 서로 의사소통이 잘 이루어져 설계목적을 제대로 알리고, 설계 프로세스나 결과를 올바로 전하는 것이 무엇보다도 중요하다. 이런 의미에서 설계보고서의 작성과 발표는 설계과제의 필수적인 부분이다. 공학자가 산업계에서 성공적으로 활동하기 위해서는 자신의 생각을 정확히 글로 표현하고 자신의 의사를 효과적으로 전달 할 수 있는 능력배양이 필요하다.

이 장에서는 먼저 공학설계 제안서, 기술보고서, 발표자료 등 보고서 형식의 도큐먼트에 대하여 기술적 의사소통을 위한 몇 가지 공통된 사항을 소개하고 공학자가 지켜야 할 공학윤리에 대하여 토론한다.

6.1 보고서 작성

6.1.1 글쓰기의 개요 및 필요성

말할 것 없이 과학기술을 전파하고 발전시키는 데는 의사소통기술이 중요하다. 그래서 글쓰기와 발표력을 한국공학인증 프로그램(ABEEK)에 필수로 규정하고 있는 것이다. 우리는 이미 제2장 공학설계 단계(프로세스) 과정에서 우리들의 생각을 지원할 수 있는 도구들을 설명하였다. 마찬가지로, 글쓰기도 또한 분석적 사고 프로세스이다. 글쓰기는 엉켜진 생각을 정리해주는 묘한 힘이 있다. 글쓰기를 통해 명쾌한 사고 능력이 생기게 되고, 이것이 연구 능력과도 직결되어 결국 자기 계발에 도움이 된다. 실제로 글을 잘 쓰는 사람이 성공할 확률이 높다는 통계가 나와 있다. 미국의 한 학자가 20개 연구기관에서 일하는 과학자와 엔지니어 2백 65명을 대상으로 설문조사를 한 바에 따르면, “쓰기 능력이 자신의 개인적 경력과 출세에 아주 영향을 많이 주었다”고 동그라미를 친 응답자가 절반이나 되었다 한다. 특히 매니저는 그렇다고 응답한 비율이 71%에 달한다. “자신의 생각을 명쾌하고 논리적으로 표현할 수 있는 젊은 엔지니어는 졸업 후 5년 안에 매니저가 될 수 있다.” “형편없는 제안서와 보고서로는 연구비와 고객을 얻을 수 없다.” “커뮤니케이션의 질은 아이디어의 습득에 매우 강한 영향을 미친다.” 등이 설문에서 나온 내용이다. 이 과학자와 엔지니어들은 적어도 자신의 시간 중 1/3을 쓰기, 읽기, 편집, 프레젠테이션 준비 등 쓰기와 관련된 일에 소모했다고 한다(신동호「글 잘쓰는 과학자가 성공할 확률 높다」)[1]. 그러고 보면, 갈릴레이나 다윈, 프로이트, 제임스 왓슨, 스티븐 호킹 같은 위대한 과학자들이 또한 훌륭한 작가였다는 사실이 이런 설문 내용들을 반증한다. 1995년 Wall Street Journal은 설문조사를 통해 사업상 가장 민감한 보고서 작성의 문제는 아래와 같다고 보고하고 있다[2].

❶ 서투른 구성
❷ 철자표기법
❸ 문법과 구두점
❹ 단어의 오용
❺ 군더더기 말, 중복표현
❻ 애매한 표현
❼ 긴 문단
❽ 긴 문장
❾ 수동태 형태의 문장 ("나는 . . . 을 추천한다." 대신 ". . . 이 추천되다")
❿ 부적절한 어조

보고서 작성에 있어서도 이와 같은 문제점들을 피해야 한다. 그렇다면 좋은 글을 쓰기 위해서는 구체적으로 어떻게 해야 하는지 다음 절에서는 특히 기술문서 작성(technical writing)에 대하여 살펴본다.

6.1.2 기술문서의 작성방법

잘 작성되고 구성된 보고서는 설계의 개념을 올바로 이해하고 수행 할 수 있도록 유도한다. 그러나 서툴게 작성된 보고서는 설계개념 자체가 우수하다 하더라도 오히려 역효과를 가져 올 수 있다. 최근 Thomas Pearsall은 기술 문서작성(technical writing) 7원칙과 그 개념들을 소개한 바 있다[3]. 이들을 종합하여 효과적인 기술보고서를 작성하는데 고려하여야 할 일반적인 가이드라인을 정리하면 다음과 같다.

목적을 확실히 한다

무엇을 위한 설계인지, 또 이를 실행되기 위해서 해결되어야 할 문제가 무엇이며 수행되어야 할 과제가 무엇인지 보고서의 목적을 가능한 한 두 문장으로 간결하며, 논리적으로 표현하여야 한다. 작성자가 자신의 보고서가 어떤 목적으로 기술되어야 할지를 모른다면 작성자 스스로 곧 보고서에 대하여 아무것도 모른다는 것과 같다. 보통 보고서의 목적은 서론부에서 다루게 된다.

독자의 눈높이를 고려 한다

작성된 보고서의 내용을 독자에게 올바르게 전달하기 위해서는 독자의 이해수준, 기술수준에 맞추어 작성해야 한다. 물건을 설계하고 제작하는 공학자와 이를 사용하는 일반 사용자 사이에는 전문지식과 사용하는 전문용어에 있어서 큰 차이가 있다. 우리가 흔히 제품사용 설명서나 설치매뉴얼을 읽으면서도 완전히 이해 못하고 곤란을 겪는 일은 바로 이 때문이다. 일반 사용자가 컴퓨터 하드웨어, 소프트웨어의 설치매뉴얼이나 사용설명서를 이해 못하는 것은 초등학생에게 만유인력을 설명하면서 운동량보존법칙이나 벡터방정식을 운운하는 것과 같다. 우리가 보고서 등 기술문서를 작성할 때는 독자가 이를 읽고 행동한다는 관점에서 독자의 눈높이에서서 독자가 무엇을 이해해야하고 무엇을 알아야 할 것인가를 알기 쉽고 명확하게 기술해야 한다.

전달내용을 체계화 한다

보고서의 작성 목적과 독자가 정해지면, 전달할 내용을 선택하고 체계화하여 보고서에서 다뤄야 할 중점사항과 서론 및 결론에서 논의해야 할 사항들의 전체적인 줄거리(skeleton)를 작성한다.

서론부

서론부는 독자가 보고서의 나머지 부분을 계속적으로 읽어 나갈 수 있도록 충분한 관심을 유발시켜야함을 염두하여 작성한다. 보통 서론부에서 다루어져야 할 내용은 다음과 같다.

❶ 보고서의 목적, 상황적 배경
❷ 문제 해결에 있어서 어려운 점이나 문제점
❸ 문제 해결의 제안 등

본론부

본론부에서는 독자로 하여금 이 설계가 무엇이며, 왜 이런 방법을 택해야 하고, 어떻게 진행되는지를 이해할 수 있도록 토론내용, 적절한 자료, 도면, 표 또는 그래프를 이용하여 명확하고도 충분히 구체적으로 기술한다.

결론부

한편 결론부에서는 서론부에서 다루어진 보고서의 목적, 목표를 위하여 본론에서 언급한 방법론에 대한 평가결과, 만족도, 달성도, 실현 가능성 여부, 실시에 따른 위험요소,

문제점 향후해결과제 등을 논리적인 방법으로 기술한다.

정보를 체계화하는 데에는 다양한 방법이 있겠지만 전체적인 개관이나 개념에서 세부사항으로 진행해 가는 연역법과, 이와는 반대 순서로 기술해 나가는 귀납법이 대표적이다. 그 외에 설계과정의 흐름을 잘 설명하기 위하여 설계 사건들을 시간 순으로 배열해 가는 방법과 장치나 시스템을 중심으로 묘사해가는 방법도 있을 수 있으나 특기할 만한 경우가 아니면 피하는 것이 좋다. 결국 문서구성의 핵심 요소는 독자에게 가장 잘 전달되도록 목적과 독자에 맞는 내용으로 조직화하고 체계화하는 일이다. 정리하기가 용이한 방법으로 필요한 모든 정보를 포함하며 주도면밀하고 논리적인 구성이 되도록 한다.

정확하고 분명하게 쓴다

문서 구성에 대한 구체안이 정해지면 우선 초고를 작성하게 된다. 초고로도 충분한 수준이라면 별개이지만 실제의 경우 보고서를 완성할 때까지 많은 양의 수정보완과 편집, 재작성이 요구된다. 효과적인 의사전달과 좋은 문서 작성을 위하여 검토해야 할 사항을 열거하면 다음과 같다.

❶ 애매모호하지 않고 명확하며 전달하고자 하는 사항이 쉽게 인식되는가?
❷ 사용된 문법, 철자, 맞춤법은 올바로 사용되었는가?
❸ 불필요하게 복잡하지는 않고 핵심적인 문장의 길이가 적당한가?
❹ 문장들이 의미 있게 그리고 논리적으로 연결되어 있는가?
❺ 연구, 분석, 종합, 시험 결과 등 보고서에 기술된 사항들이 정확하고 정밀하며 확실한가?
❻ 보고서 전체에 걸쳐 일관된 통일성이 있는가?

독자에 초점을 두고 중요한 정보가 되는 내용을, 알기 쉽고 논리적이며, 간결하되 명확하게 기술한다는 이른바 기술문서 작성 3법칙으로 요약할 수 있다. 일찍이 윌리엄 스트렁크(William, Jr. Strunk)는 그의 강의록 The Elements of Style에서 "글은 짧고 간결하게, 두개의 문장을 붙여서 길게 쓰지 말고, 수동형은 피하고, 불필요한 단어는 무조건 빼라."고 강조한다[4].

철자 맞춤법에 대해서는 문서작성 소프트웨어의 편집기를 이용하면 웬만한 오류는 쉽게 수정할 수 있다. 그러나 규칙성이 있는 것 외에는 모든 철자와 오류가 수정될 수 없다. 그래서 결국 작성자가 원고로부터 직접 철자와 단어를 하나하나 검토해 나가야 하는데 이것이 생각보다 쉽지 않다. 우리가 문서를 작성하고 나서 다시 읽을 때마다 오류를 발견하게 되는 것은 읽어가는 속도 보다 생각이 미리 앞서가 있어서 오류가 있어도 이를 간과하기 때문이다. 따라서 가능하다면 다른 동료로부터 자신의 원고를 검토해 받는 것도 효과적이다.

페이지 설계를 잘한다

그저 사무적이고 따분한 문서가 아니라, 독자로 하여금 전달내용들을 흥미를 가지고 끝까지 살펴볼 수 있도록 하기 위하여, 유능한 공학자들은 보고서를 작성할 때에도 페이지 설계 수단을 현명하게 사용한다. 예를 들면, 장, 절, 소절의 설정과 전환이 적절한지를 검토하고, 보고서의 체계적 구조는 유지하되 효과적인 의사전달을 위해 장, 절의 내용파악이 쉬운 표제를 골라 쓴다. 또한 여러 소절로 구성된 긴 절은 독자들이 혼동 없이 따라갈 수 있도록 궁리한다. 중요한 정보나 핵심 어구들을 강조하는 데는 구별된 폰트를 선택하여 독자들을 환기시킨다. 표, 그림, 그래프가 적절한 위치에 와 있는지? 이들의 캡션과 부연설명이 적절히 부여되었는지? 적절한 여백은 두었는지를 꼼꼼히 검토하여 개념이나 설계 선택의 요소들을 자연스럽게 강화하고 보강하여 독자에게 올바로 전달하도록 한다.

시각적적으로 생각한다

설계보고서 하면 본질적으로 우선 설계도, 회로도, 조립도와 같은 시각화된 도표들을 연상하게 된다. 설계는 보통 스케치부터 시작하여 이를 실현하기 위한 목적나무(objective trees), 형태도표(morphological charts), 작업분해구조(work breakdown structure) 등과 같은 시각적 기법을 갖는다. 설계자에게 이러한 시각적 접근 방법들이 문제를 정의하고 정리하는데 도움을 주는 것과 같이, 정보의 시각적 표현을 현명하게 사용함으로써 독자들이 이해하는데 도움을 준다. 이들은 이미 이 책에서 토의된 설계 도구들로부터 상세도 혹은 조립도, 순서도(flowchart)나, 표, 사진, 그래프, 만화에 이른다. 특히 표는 중요한 사실과 데이터에 주의를 집중할 기회를 준다. 표, 그림, 그래프가 잘 표현되어 있으며, 목적에 맞고, 효과적으로 융합되어 있는지? 독자가 쉽게 핵심을 파악할 수 있도록 주어진 정보들을 시각적 도구로 정리할 수 있는지? 또 될 수 있다면 어떻게 구성되어야 하는지를 꼼꼼히 검토할 필요가 있다. 다행히 현재 엄청난 시각적 기능과 능력을 갖춘 문서 작성, 프레젠테이션, 그래픽스 소프트웨어가 출현되어 있어 이들 도구를 적절히 이용하기만 해도 얼마든지 시각적인 보고서 작성이 가능하다.

▌윤리적으로 쓴다

설계자들은 그들에게 주어진 설계를 위하여 시간과 노력, 그리고 그 가치에 자신을 투자한다. 그러므로 설계결과 혹은 다른 기술적 결과들에 대해 유리한 것은 보여주고 불리한 데이터나 문제들은 빼고 발표하고 싶은 유혹에 빠지기 쉽다. 설계자들은 이런 유혹에서 벗어나, 완전하고 정확한 사실들을 발표해야 한다. 이는 모든 결과, 심지어 불리한 시험 결과까지도 발표되고 토론되어야 함을 의미한다. 윤리적인 발표는 설계의 한계를 정직하고 직접적으로 묘사한다. 더 나아가, 이전 연구자들이나 다른 사람들의 공로를 인정하는 것 또한 중요하다. 예를 들면 이 소절의 일부는 Dym과 Little의 Engineering Design 6장[5]에서 인용되었음을 밝힌다.

윤리는 개인과 단체 모두에 대한 행동 원칙이며, 공학자의 의무중 하나가 윤리규정을 준수하는 것임을 간과해서는 안 된다. 보다 상세한 사항은 6.3절을 참조하기 바란다.

6.1.3 설계 보고서의 실제

설계보고서 또는 기술보고서의 목적은 설계나 과제의 내용을 이해 당사자에게 수용하도록 하는 것이며 관련 독자와 커뮤니케이션 하는 것이다. 이 절에서는 우리가 앞서 살펴본 기술문서 작성법을 활용하여 설계결과와 과제결과에 대한 체계화된 보고서를 어떻게 만드는가를 배우도록 하는데 의의가 있다. 설계 및 기술보고서에 포함되는 전형적인 구성 예를 Gerard Voland[2]가 소개한 내용을 바탕으로 정리하면 다음과 같다.

❶ 제목
❷ 차례
❸ 그림 목록 및 표 목록
❹ 기호설명

❺ 초록(또는 요약문)

초록 또는 요약문은 독자로 하여금 보고서에서 가장 중요한 사항들을 전체적으로 훑어보게 한다. 예를 들어 해결해야 할 문제점, 개발된 최종 설계안, 결론, 최종 행동을 위한 충고 등. 초록은 매우 간결하고 직접적이어야 하므로 두서너 문장으로 제한된다. 종종 초록은 출판물 정보 기록에 나타나는데, 이를 이용해 보고서 전체 내용에 관심을 갖는 사람에게 정보를 제공한다.

❻ 서론

서론은 설계목적, 설계 범위 및 고찰 배경을 기술하는 기회를 제공하며, 해결해야 할 문제점을 간결하게 서술하고, 설계방법론 등 최적 목표 측면에서 사용자의 필요사항을 요약한다.

❼ 본론부

본론부는 보고서의 핵심이 되는 부분으로 이론전개, 설계 진행절차 및 방법론, 관련 배경 정보, 최종 결과, 최종 설계안, 고찰 및 토의 등에 대하여 충분한 자료와 확실한 근거를 토대로 논리적으로 작성한다.

- 관련 배경 정보

  보고서 작성자는 독자에게 아래 사항들에 대한 구체적인 설명을 제공해야 한다.

  - 설계안이 사용될 환경
  - 설계 내역과 구속조건
  - 개발 분야의 선행기술 (예, 특허/기성품)과 수행되어야 할 작업의 다른 측면.

  위 정보는 표 또는 그래프를 이용하여 명확하고 간결하게 요약해야 한다.

- 설계 진행절차 및 방법

  최종 설계안을 개발하는데 따른 진행절차는 독자가 향후에 일을 수행함에 있어 매뉴얼이 될 정도로 충분히 구체적으로 기술해야 한다. 모든 가정과 결정사항이 포함되며, 적당한 차트와 그래프, 표를 사용한다. 또한 개발된 각각의 대안들에 대한 방법을 정리한다. 독자가 각 설계가 무엇이며, 어떻게 작동하는지를 이해할 수 있도록 충분히 구체적으로 설명한다. 이때 너무 상세하거나 기술적인 자료들은 보통 보고서의 끝에 부록으로 첨부할 수 있다.

- 최종 설계안

  최종 설계안은 독자가 제안된 안의 장점과 단점을 모두 인식할 수 있도록 충분히 구체적으로 설명되어야 한다. 최종 설계의 상세 도면은 첨부에 포함할 수 있다. 또한 최종안을 선택하기까지 사용된 비교 및 진단평가도 요약하여 포함시키도록 한다. 최종안을 개발하고 선택하게 한 결정이 보고서 내에 명확하게 기술되도록 한다. 또한 최종안에 대한 다양한 그룹(예, 사용자, 재료 및 부품 공급자, 제조자, 마케팅 전문가, 금융 관리자)의 반응을 정리한 피드백 표는 이곳에 포함시킨다. 최종적으로 설계수행 시 경제적 평가에 대한 구체적 사항도 포함된다.

❽ 결론

최종 설계안을 전재로 했던 최초의 목표를 만족시키는지에 대해 언급한다. 실제적으로 다음과 같은 질문에 대해 답하는 형식을 가지는 것이 좋다. 최종안이 사용자의 요구를 만족시키는가? 왜 그런가? 또는 왜 그렇지 않은가? 적절한 자료와 논리적인 이유와 보고서에 언급된 주장을 통해 작성자의 주장을 정당화 한다. 또한 최종안을 실행하는데 따른 위험요소를 정의한다 (실행에 따른 실패 가능성에 대해서도). 보고서에서 주장한 사항들을 방어적인 자세 대신 작성자의 평가진단과 결론에 정직한 자세를 가지도록 한다.

⑨ 향후 해결 과제

제안된 최종안에 있어서 앞으로 더 수행되어야 할 일이나 될 수 있는 일을 제안한다. 예를 들면 "이 과제를 한 학기 더 수행한다면 무엇을 할 것인가?" 라는 질문에 대해 생각해 본다.

⑩ 감사의 글

설계 및 보고서작성과 관련하여 시험, 분석, 자료제공, 재정지원 등 여러 가지 형태로 도움을 받은 개인 또는 단체에게 감사를 표한다.

⑪ 참고문헌

설계와 보고서를 작성하는데 사용된 참고문헌 및 참고자료의 출처를 모두 나열한다. 보통 참고문헌의 정리방법은 다음과 같다.

단행본: 저자, 책명, 출판사, 출판장소(출판년도)

논문(저널): 저자, "논문명", 발표지명, 권, 호(출판년도), 페이지

⑫ 부록

보고서 본문에 삽입하기에는 전체적인 흐름을 방해하는 추가적인 기술자료, 논문 기사, 특허정보, 시장조사 자료, 통신내역 등을 부록에 포함시킨다.

이상은 설계보고서의 구조를 보인 하나의 예이다. 따라서 보고서의 목적을 훼손시키지 않는 범위에서 위에서 언급한 형식에 변화를 줄 수 있다. 예를 들면 진도 보고서는 과제 진행 중에 작성되므로 최종 보고서와는 달라질 수 있다. 위와 같은 형식으로 초고가 작성되면 팀의 관리자(학내 과제인 경우 지도교수)에게 초고 검토를 부탁하고, 이를 개정하고 수정하여 최종판 보고서가 완성되며 이윽고 관계자에게 제공된다.

6.2 프레젠테이션

대부분 설계 프로젝트들은 의뢰자와 사용자, 기술적 검토자들에게 이해와 수용, 또는 평가를 위하여 발표가 요구된다. 발표는 기술 문서보다도 더 직접적이어서 발표자가 정해진 시간에 효율적으로 자신의 의사를 전달하기 위해서는 발표내용을 청중에 맞게 준비하고 적절한 보조 자료들을 개발하며, 발표 연습을 필요로 한다. Dym과 Little은 다음과 같은 사항들을 발표시 검토사항으로 소개하고 있다[5].

6.2.1 청중 알기

설계 브리핑과 결과발표는 다양한 유형의 청중들을 대상으로 한다. 따라서 Pearsall이 기술 문서작성 7 원칙의 검토에서 지적한 것과 같이 청중의 기술적 수준과 관심도, 이해정도 등과 같은 다양한 요인을 고려해야 한다.

일단 청중이 결정되면 발표자는 발표를 청중에게 맞출 수 있다. 다른 전달 매체들과 같이 발표도 적절히 체계화되고 구조화되어야 한다. 첫 번째 단계는 대략개요를 명확히 하는 것이고, 두 번째는 상세개요를 만드는 것이다. 세 번째는 시각 자료나 물리적 모형들과 같은 적절한 보조 자료들을 준비하는 것이다.

6.2.2 발표 개요

6.1.2절에서 살펴본 기술문서 작성에서와 같이 발표는 분명한 구조를 가져야 한다. 발표 구조와 조직은 논리적이고 이해할 수 있어야 하며, 보충 문답과 토론을 준비하도록 유도한다. 그리고 설계 발표는 영화나 소설이 아니기 때문에 "놀라운 결말(surprise ending)"을 가져서는 안 된다. 보통 발표 개요에는 다음과 같은 요소들을이 포함된다.

❶ 청중, 프로젝트, 설계자, 혹은 조직을 식별하는 제목 슬라이드

❷ 청중에게 발표의 방향을 보여주는 발표의 개요

❸ 필요한 경우, 설계 문제의 기술문과 프로젝트를 이해하면서 기술문이 변경된 경우에 이에 대한 지적

❹ 문제에 대한 배경 자료와 연구를 통하여 개발된 자료들

❺ 목적 나무의 최상위 수준이나 상위 수준에 반영되어 있는 요청자와 사용자들의 핵심 목적들

❻ 기본기능들에 초점을 맞추어 설계가 수행해야 할 기능들
❼ 설계 대안, 특히 평가 단계에서 고려되어야 하는 것들
❽ 결과와 깊은 관련이 있는 핵심 측정기준과 목적을 포함하여, 평가 절차와 결과들의 중요 부분
❽ 선택된 설계와 선택된 이유의 설명
❾ 다른 대안에 비해 우수성이 강조되는 설계 특성 또는 참신성
❿ 필요한 경우, 기술 전문가들을 위하한 개념검증시험
⓫ 시제품 실험, 제품을 개발하고 전시할 수 있다는 가정 하에, 비디오테이프나 사진들이 적절한 경우도 있음
⓬ 해야 할 후속 작업들의 식별을 포함한 결론

대화나 발표에서 언제나 이러한 모든 요소들을 다뤄야 하는 것은 아니다. 시간적 여유와 청중에 따라, 이들 중 일부를 제한하거나 뺄 필요가 있다. 이런 결정은 또한 적어도 부분적으로는 청중의 특성 따른다. 이와 같이 일단 개요의 개략이 명확하게 되면, 다음으로 발표의 상세 개요를 개발해야 한다.

6.2.3 발표장소와 발표도구

발표자가 청중을 알 필요가 있듯이, 발표시간을 파악하고, 발표할 환경을 알기 위한 노력 또한 필요하다. 발표 계획의 초기 단계에서 발표자는 이용 가능한 발표기구들(예를 들어, 프로젝터, 슬라이드, OHP, 컴퓨터)과 발표하는 장소의 전체적인 환경을 알아야 한다. 이는 장소의 크기, 용량, 조명, 좌석과 다른 인자들을 포함한다. 특별한 기도와 장치가 이용 가능하다하더라도, 예를 들면, 슬라이드 발표를 보조하기 위해서 투명 필름(포일)과 같은 대체품을 준비하는 것이 현명하다. 시각용 기구에 관하여 신경 쓸 사항은 다음과 같다.

❶ 너무 많은 슬라이드와 그래프 사용을 피한다. 합리적으로 다룰 수 있는 슬라이드의 추정치는 분당 1-2 매이다. 너무 많은 슬라이드가 준비되면 슬라이드를 끝까지 마치기 위해 발표를 서두를 수밖에 없다. 이는 조금 적은 수의 슬라이드를 현명하게 사용하는 것보다 훨씬 나쁜 발표를 만든다.
❷ 제목 슬라이드에서 발표자와 팀의 소개를 잊지 않는다. 또 과제에 대한 간단한 설명과 설계 요청자에게 감사를 표하는 좋은 기회가 된다. 발표 경험이 부족한 사람은 종종 제목 슬라이드를 급히 넘기는 경향이 있어 이런 소개를 할 기회를 놓친다.

❸ 뒤죽박죽되는 것을 경계한다. 슬라이드는 핵심 요점들을 강조하기 위해 사용되어야 하며 발표자는 슬라이드에서 요점들을 전개할 수 있어야 한다.

❹ 요점들을 분명하게, 직접적으로, 간단하게 한다. 너무 눈부시거나 겉이 번드르르한 슬라이드는 발표에서 주의를 다른 데로 돌리는 경향이 있다.

❺ 색상을 능숙하게 사용한다. 현재의 컴퓨터 기본 패키지는 많은 색상과 폰트를 지원하지만 디폴트가 종종 가장 적절하다. 또한, 전문적인 발표에서는 기묘하거나 대립된 색상의 사용을 피한다.

❻ 설계 프로세스의 결과들을 묘사하기 위해 완성된 설계 도구들(예를 들면 목적나무, 큰 형태도표)을 다시 보이기보다는 대신 결과들에 선택된 요점들을 강조한다. 이는 더 상세한 정보를 위해 청중이 최종보고서를 참조하게 하는 것이 더 의미 있는 경우 이다.

연설자가 발표를 하는 동안 청중들은 시각 자료를 읽는 경향이 있음을 상기해야 한다. 그러므로 발표자는 슬라이드를 읽거나 그런 슬라이드를 인용할 필요가 없다.

마지막으로, 설계도면들이 재생되어 제시된다면, 청중의 규모와 거리를 주의 깊게 고려해야 한다. 많은 선 그림은 큰 발표에서 전시되거나 보고 해석하기 어렵다.

6.2.4 연습은 완전함을 만든다

발표 전문가나 연설가들은 상당한 경험을 갖고 있기 때문에 대개 효과적으로 진행한다. 그들은 많은 연설과 발표를 했고 그 결과 그들에게 잘 맞는 양식과 접근방법들을 알고 있다. 반면 보통 공학설계자들은 그렇지 못하다. 그러나 충분한 발표 연습을 하면 어느 정도 자신감을 얻게 된다. 효과를 높이기 위해, 발표자들은 일반적으로 자신이 발표할 부분을 혼자 연습한 다음, 적어도 이 주제에 친숙하지 않는 몇 사람을 포함하는 다른 사람들 앞에서도 연습할 필요가 있다.

효과적인 발표의 또 다른 중요한 요소들은 발표자가 청중에게 자연스런 단어와 문구를 사용하는 것이다. 우리들 각자는 일반적으로 우리에게 편한 일상적인 언어 양식이 있다. 그렇지만 결국 우리는 연설 형식을 개발하는 동안 청중에게 그들의 언어로 연설하기를 원하고, 전문적인 어조를 유지하기를 원한다는 것을 명심해야 한다. 따라서 발표자는 혼자 연습할 때, 새로운 연설 형태를 구분하고 채택하는 수단으로서, 주요 요점들을 여러 다른 방법들로 말해보는 것이 유익하다. 그리고 나서, 잘 맞는 새로운 양식을 발견하면, 우리 자신의 것이 될 때까지 충분히 자주 반복해야 한다.

혼자이든 다른 사람들과 함께이든, 연습 과정은 시간을 정하고 실제 환경에 가능하면 가까운 조건에서 해야 한다. 경험이 없는 발표자들은 보통 너무 빠르거나 느리지 않게 정확한 속도를 유지해야 하는 문제점을 갖고 있다. 그러므로 발표 시간을 재는 것(심지어 발표자 앞에 시계를 두더라도)은 매우 도움이 된다. 만약 슬라이드(혹은 OHP, 컴퓨터)가 발표에서 사용된다면 연습에서도 슬라이드(혹은 OHP, 컴퓨터)를 사용해야 한다.

발표자는 있을지도 모르는 질문들을 어떻게 다룰 것인지를 사전에 정해둬야 한다. 발표 중에 제기되는 질문들을 다루는 방법이 몇몇 있다. 즉, 질문을 발표의 끝으로 미루기, 바로 대답하기, 발표 사실을 분명하게 하기 위해 발표 중 질문을 제한하는 것 등이다. 발표와 청중의 특성에 따라 어느 방법이 가장 적절한지 결정해야 하겠지만, 발표를 시작할 때 청중에게 질문 방법을 알려야 한다. 질문에 응할 때는, 발표자가 질문을 반복하는 것이 특히 청중이 많을 때나 질문이 분명하지 않을 때 바람직하다. 발표자나 팀 리더는 질문에 대한 답변을 적합한 팀 구성원에게 맡겨야 한다. 만약 질문이 분명하지 않으면 발표자나 팀은 답하기 전에 이를 분명히 하도록 노력해야 한다. 그리고 발표자는 발표 연습과 함께, 제기될 수 있는 질문들을 취급하는 연습해야 한다.

발표 도중 질문들을 준비하는 방법들이 있다. 이들은 다음과 같은 사항을 포함한다.

❶ 제기될 수 있는 질문들의 목록을 만들어서 그것들을 준비한다.
❷ 제기될 수 있는 문제들에 대한 보조 자료들(예를 들어, 설명용 예비 슬라이드, 컴퓨터 결과들, 통계 도표들)을 준비한다.
❸ "모른다." 또는 "고려하지 않았다."와 같이 말할 수 있도록 준비한다. 이것은 매우 중요하다. 마치 아는 것 같이 행동하는 것은 발표자의(그리고 팀의) 신용을 악화시키고 매우 당황스러운 상황을 초래한다.

발표와 프로젝트의 특성에 따라 팀 구성원 모두가 발표해야하는 경우도 있다. 이때 발표자 선정에 있어서 주의사항은 발표 순서이다. 발표 내용과 순서를 정하는 것은 발표를 둘러싼 환경에 따르겠지만 전체적인 설계과정을 올바르게 전달하기 위해서는 발표 순서를 주의 깊게 고려하고 신중하게 정해야 한다.

이 외에도 일반적으로 발표할 때에 신경을 써야 할 사항은 다음과 같다.

발표에 임하는 마음가짐

❶ 주역은 어디까지나 발표자 자신이다.
❷ 마음으로 울어나는 정열과 열의로 호소한다.
❸ 기본적인 매너를 몸에 익힌다.
❹ 청중의 반응에 민감해야 한다.
❺ 긴장하면 안 된다고 생각하면 안 된다.

❻ 발표 위치와 몸동작에 주의한다.

❼ 발표는 항상 당당한 자세로 한다.

▌말할 때의 자세

❶ 청중 모두에게 들릴 정도의 목소리를 낸다.

❷ 올바른 발음이 되도록 신경 쓴다.

❸ 상대가 이해하기 쉬운 말을 쓴다.

❹ 귀에 거슬리거나 부정적으로 얘기는 버릇을 삼가 한다.

❺ 단조로운 얘기 진행 방식이 되지 않도록 주의한다.

❻ 적절한 예를 들어 청중의 이미지 전개를 돕는다.

❼ 몸짓, 표정 등 적절한 보디 랭귀지를 사용한다.

6.3 공학윤리

6.3.1 공학자와 공학윤리

공학은 인류의 물질문명 발전을 선도하면서 인류역사상 유례없는 물질적 삶의 질 향상을 이루었다. 그러나 기술의 발달에 따라 사회적 욕구를 충족하기 위하여 개발된 물질이나 시스템이 뜻하지 않은 인간관계의 파괴와 생명, 자유, 재산의 손실 등 사회적 문제를 초래하거나, 심각한 환경파괴로 인한 위기상황을 불러오기도 한다. 즉 기술문명이 발전할수록 물질적인 풍요는 늘어나지만 정작 우리의 삶은 점점 불안하고 위태롭고 피폐해지는 상황이 전개되고 있다. 성수대교와 삼풍백화점의 붕괴, 대구지하철 참사 등 믿었던 공학적 시설에서의 대형사고는 이미 수많은 무고한 목숨을 앗아갔다.

이와 더불어 일상적으로 일어나는 교통사고와 환경오염, 식품 및 약품의 위해성, 핵발전소의 방사능누출, 화학공장의 폭발위험, 유전자조작에 의한 생태계교란 등은 끊임없이 우리의 삶을 위협하고 있다. 기술문명으로부터 유발된 생태위기, 안전위기, 윤리위기 등 우리의 삶에서의 희생이 이제 그것으로 인해 누린 풍요보다 더 큰 것이 아닌가 생각된다.

공학은 인간에게 유익하게 또는 해롭게도 사용될 수 있는 것으로 그 자체로는 특별한 의미를 갖지 못하며, 오로지 인간의 삶의 질을 높일 수 있는 원리인 윤리를 기반으로 해야만 온전하게 그 역할을 다할 수 있는 것이다. 윤리가 바탕이 되지 않는 공학은 다만 하나의 재능에 불과할 뿐, 오히려 인류를 물질적으로, 정신적으로 해칠수도 있는 무서운 해악으로 돌변할 수도 있기 때문이다.

더불어 최근 공학분야의 새로운 윤리문제로 대두되고 있는 것으로서 논문날조와 표절이 있다. 막대한 부와 명예의 유혹에 굴복하여 윤리를 도외시하는 이러한 행위는 공학발전을 저해함은 물론 엄청난 사회적 문제들을 야기하는 것으로 공학인들이 반드시 경계하여야 할 것이다.

아래에서 실제 공학현장에서 발생한 두 가지 사례를 살펴보면서, 이러한 공학윤리의 문제점을 고찰하고 그 중요성과 필요성에 대하여 생각해보기로 한다.

사례 1 우주왕복선 챌린저호 사건

❶ 사건의 개요

- 누가: NASA
- 언제: 1986년 1월 28일

- 어디서: 미국 플로리다 케네디우주센터
- 무엇을: 우주왕복선 챌린저호
- 어떻게: 발사후 73초만에 공중폭발로 승무원 전원사망
- 파급효과: 미국 우주탐사의 급제동. NASA에 대한 치명적 불신초래.

❷ 사건분석

Q: 누구도 믿어 의심치 않던 NASA의 의사결정과정에 무슨 문제가 있었는가?

A: 부품공급업체, 실무설계자, 최종의사결정과정의 윤리의식 부재의 종합적 결과였다.

- 챌린저호의 주엔진에 장착되는 두 개의 고체로켓부스터의 연결고리에 대한 설계결함이 원인.
- 설계담당자의 수차에 걸친 경고에도 불구하고 차기사업을 수주하기위한 부품납품회사 경영진의 지속적 결함 은폐.
- 발사당일 평소와는 다른 저온환경에서의 발사위험에 대하여 설계담당자가 우주센터에 요청한 최종경고마저 무시되고 발사 강행.
- NASA의 우주탐사 계속예산을 확보하기 위해 위험을 무릅쓸 수 밖에 없었던 정치적인 요인도 큼.
- 정치적, 경제적 논리에 맞서 끝까지 공학자의 양심을 주장한 사람은 결국 하나도 없었음.

사례 2 물리학계 유기물의 초전도 임계온도 117°K의 고온 기록 조사

❶ 사건의 개요

- **누가:** Bell Laboratories 초전도 연구팀
- **언제:** 1998~2001, 2002년에 조작 발각
- **어디서:** Bell Laboratories
- **무엇을:** 유기물의 초전도현상과 관련된 사상 초유의 대규모 논문 날조
- **어떻게:** 총 63편의 논문 날조(Nature 7편, Science 9편 등)
  그 결과로 Nobel 물리학상 후보에 거론됨.
- **파급효과:** 세계 각국에서 100여개의 팀이 100억원 이상의 연구비를 투입하여 재현연구를 수행하였으나 동 현상의 재현은 끝내 허사로 끝남.

❷ 사건분석

Q: 3년간 대규모 날조를 자행하였음에도 불구하고 누구도 몰랐단 말인가?

A: 공동연구자, 상사, 조직, 논문편집위원, 학회의 총체적 부실이었다.

- **공동연구자의 확인:** 20여명이나 되는 공동연구자 중 어느 누구도 연구의 전모를 모르고 있었음. 그리고 초전도 현상을 실제로 눈으로 확인한 사람조차 단 한 명도 없었음.
- **상사의 감독:** 동료간에 대등한 관계로 연구를 수행하므로 불신을 전제로 의문을 제기하거나 체크를 할 수 없었음.

- **조직:** Bell Lab.은 세계최고의 연구소라는 자부심 뒤에 자리잡고 있는 오만감과 수익이 되는 일이라면 뭐든 좋다는 인식, 그리고 남보다 한발 앞서 결과를 발표해야한다는 강박관념이 동반작용하였음.
- **논문편집위원:** 위원중 한 명이 의문을 제기하였음에도 불구하고 편집부가 무시하고 출판을 강행하였음.
- **학회:** 연구자간의 인간관계, 직속상관인 초전도분야 대가들의 인맥, 그리고 세계최고 수준의 Bell Lab의 명성에 가려 정상적인 논문검증을 등한히 하였음.

6.3.2 공학윤리헌장

공학자들은 대학에서 주로 자기 전공과목을 배우고, 졸업한 후에도 대개 자기전공에 파묻혀 일하게 된다. 철학, 역사학 같은 일반교양 과목을 배우기도하고 스스로 독서 등을 통하여 자아를 형성해가지는 하지만, 자기가 하는 일이 사회에 어떤 영향을 미치며 공학자로서 사회적 책임은 무엇인가 고민하고 답을 도출하여 사회적 책임을 다하는 성숙한 소양을 쌓기에는 미흡한 것이 사실이다.

따라서 공학자가 될 공과대학 학생들은 과학기술정보와 사회문제를 직접적으로 다루는 공학윤리를 체계적으로 배워 공학자로서의 사회적 책임을 충분히 인식할 수 있어야 한다.

우리 공학인에게 과학기술정보란 무엇이며 어떤방향으로 나가는 것이 바람직한지, 공학자는 이 사회에서 특수한 신분을 가진 구성원으로서 어떤 권리를 가지고 있으며, 어떠한 책임과 의무를 지고 있는지를 항상 깨우치고 명심하기 위한 사회적 방안의 하나로써 각 공학분야별로 공학윤리헌장이 제정되어 예방윤리로서의 그 역할을 하고 있다. 아래에 공학자를 위한 공학윤리헌장의 한 예와 공과대학 공학도를 위한 공학윤리헌장의 한 예를 보인다.

▌공학자 윤리헌장

현대적 국가발전에 미치는 공학자의 역할의 중요성에 비추어 우리들 공학자는 우리들의 행동의 지침이 될 윤리요강을 아래와 같이 제정하고 힘써 지킴으로써 조국의 근대화에 이바지할 것을 깊이 명심한다.

❶ 우리들 공학자는 모든 일을 최대한 성실하고 공정하게 처리하여야 한다.

❷ 우리들 공학자는 항시 전문가로서 권위를 유지하도록 노력하며, 자기가 소속하는 직장 또는 단체의 명예를 앙양하여야 한다.

❸ 우리들 공학자는 법률과 공공복리에 반하는 어떠한 직분에도 종사하여서는 안되며, 의아스러운 기업에 자기의 명칭을 빌려주는 것을 거절하여야 한다.

❹ 우리들 공학자는 의뢰인이나 고용주로부터 취득하거나 또는 그로 인하여 얻어진 기술자료나 정보에 대하여는 비밀을 지켜야 한다. 또한 타인의 자료정보를 인용할 때는 그 출처를 밝혀야 한다.

❺ 우리들 공학자는 과장 및 무한한 비권위적 또는 현혹적 선전을 삼가하여야 하며, 또 이를 제지하여야 한다.

❻ 우리들 공학자는 어떠한 연구가 그 의뢰자에게 이익이 되지 않음을 아는 경우에는 이를 미리 알리지 아니하고는 어떠한 보수를 위한 연구도 담당하지 않는다.

❼ 우리들 공학자는 조국의 과학기술의 발전을 위하여 최대한으로 봉사정신을 발휘하여야 하며, 또한 이를 위한 응분의 물질적 협조를 아껴서는 안된다.

공과대학 윤리헌장

우리들 공과대학 학생은 21세기가 요구하는 도덕적이면서 창의적인 엘리트공학자가 되어 국가 및 사회의 발전에 이바지하는 사람이 될 수 있도록 아래의 행동강령을 지키고자 결의한다.

❶ 공과대학 공학도로서의 인격과 품위를 지킨다.
❷ 수업에 방해가 되거나 수업을 거부하는 행위를 하지 않는다.
❸ 시험에서의 부정행위 및 과제물 작성 등에 있어 표절 등을 절대 하지 않는다.
❹ 학교와 학과의 행사에 적극적으로 참여한다.
❺ 학우들끼리 서로 도움이 되는 사람이 된다.
❻ 학교와 학과의 각종 시설물을 깨끗이 사용한다.
❼ 사회질서를 지키고 에너지 절약에 솔선수범 한다.
❽ 졸업 후 국가발전에 기여 할 수 있도록 프로그램 학습성과 달성에 힘쓴다.
❾ 미래사회의 선도자로서 성실하고 정직한 인재가 되기 위해 노력한다.

6.3.3 공학윤리문제의 설정과 해결

공학윤리을 윤리공학이라고 말하기도 한다. 이것은 공학윤리문제 해결 절차가 공학문제 해결절차와 동일하기 때문이다. 즉 공학윤리문제가 발생하면 문제를 구체적으로 설정하고 이를 여러 분석기법을 이용하여 분석하고 종합하는 과정이 동일하기 때문이다. 특히 종합하는 과정은 공학문제든 윤리문제든 모두 정답을 내는 것이 아니라, 여러 가지 적절한 해결책들을 제시하고 이 해결책들에 대한 우선순위를 부여한 후 최선의 해결책을 선택하는 것이다.

공학윤리문제 해결의 첫 단계인 공학윤리문제를 설정하기 위해서는 우선적으로 문제자체의 상황을 분명히 이해해야 한다. 이를 위해 공학윤리 문제와 관련된 사실들의 명백성을 점검하는 사실적 쟁점, 문제상황과 관련된 용어들을 분명히 정의하는 개념적 쟁점, 그리고 도덕적 문제를 해결하기 위한 도덕적 쟁점들이 고려된다. 이어서 공학윤리 문제을 분석, 종합하는 각종 기법을 통해 최선책, 차선책 또는 쌍방의 이해관계를 절충하여 중도입장을 취하는 창조적 중도해결책을 찾아낸다.

공학윤리문제 설정

❶ 어떠한 공학윤리문제와 관련된 권리 혹은 의무를 결정할 때, 관련사실들의 명백성(진리성)이 요구되는 사실적 쟁점들을 점검해야한다.

❷ 가장 기본적인 개념들(예를 들면, 뇌물, 안전, 공공 등)의 의미나 정의를 결정하거나 그것들이 특정한 상황에서 어떻게 적용될 것인가 하는 문제들인 개념적 쟁점들이 점검되어야 한다.

❸ 공학윤리문제에 존재하는 도덕적 쟁점들을 설정한다. 도덕적 쟁점의 예로서 뇌물수수가 비윤리적인 이유, 위험이 수반된 공학적 실험이나 절차에서 준수되었어야 할 원칙들이 불분명하게 결정된 이유 등이다.

사실적 쟁점

❶ 고려된 사실들은 누구에게도 분명해야 하며, 문제와 관련된 사실에만 초점이 맞추어져야 한다.

❷ 도덕적 쟁점으로 보이는 불일치는 종종 관련된 사실들의 연관성 차이로부터 발생될 때가 많다.

❸ 윤리적 문제는 공학적 문제에 비해 주관적이며, 바람직한 해결책을 찾기 위해서는 논쟁이 필요함을 인식해야 한다. 논쟁은 어떠한 윤리적인 가치에 관한 불일치보다도 주로 사실적 문제를 결정짓는 것에 대해 이루어진다.

개념적 쟁점

❶ 공공, 안전, 복지, 이해충돌, 뇌물, 기업비밀 등 공학윤리에 자주 등장하는 핵심용어에 대하여 그 공학적 상황에 적합한 정의가 이루어져야 한다.

❷ 가치를 명백하고 완전하게 설명할 수 있는 용어는 없다. 따라서 논의를 통해 그 특정한 상황에 기반을 두고 보다 더 적절하게 정의함으로서 개념적 쟁점들에 대해 바람직하게 해결할 수 있다.

도덕적 쟁점

❶ 공학적 문제에서 도덕적 문제와 쟁점들을 인식할 수 있으며, 논증들을 이해하고 비판적으로 다룰 수 있는 소양을 갖추어야 한다.

❷ 쟁점들에 대한 대안적 응답들을 상상해내고 실천적 어려움들을 창조적으로 해결할 수 있는 상상력이 있어야 한다.

❸ 실제적인 어려움과 미묘함에 대한 민감성이 있어야 한다. 즉 도덕적 판단이나 결정을 행함에 있어 어느정도의 불확실성을 기꺼이 인내하는 것을 포함한다.

❹ 본인이 전문직적인 삶과 개인적 확신들의 통일이 중요함을 자각해야 한다. 즉 각 개인의 도덕적 성실성을 유지해야 한다.

창조적 해결책

❶ **최선의 해결책:** 의무윤리를 적용하는 경우이다. 예를 들면 공공의 건강과 안전을 보호하는 것은 고용주에 대한 자신의 의무보다도 우선하는 것이다. 이것은 의무윤리상 최선책이자 가장 쉬운 선택이다

❷ **최악의 해결책:** 보통 차선책이라 하나, 사실상 최악이며 모험과 고통을 감당해야 하는 방책이다. 숱한 경고에도 불구하고 챌린저호 발사결정을 내린 경영진의 예에서와 같이 최악의 악수가 될 수도 있다.

❸ **창조적 중도해결책:** 최선과 최악의 중간에 위치하며 양측의 지지자 모두가 수용할 수 있는 근거, 화해, 또는 양보가 필요한 창조적 중도 입장을 찾는 것이다. 일반적으로 많은 대화와 인내가 요구되는 대단히 어려운 과정이다.

6.3.4 컴퓨터 · 정보통신과 공학윤리

컴퓨터의 보편화는 그 편리함에도 불구하고 사람들의 사고를 수평적으로 변화시킴으로써 인간으로서 서로 지켜야 할 예의를 망각하거나 개인주의적으로 흘러 타인에게 손해를 끼치는 행위도 주저하지 않는 경우도 많이 발생하고 있다.

컴퓨터와 프라이버시

❶ 컴퓨터에 관련된 프라이버시는 공적인 목적이나 상품거래를 위하여 제공한 정보를 제 삼자에게 알릴 것인가의 여부를 정보제공자 스스로 결정할 수 있는 권리를 뜻한다. 그러나 인터넷의 발달로 개인의 정보가 본인의 동의없이 제 삼자에게 쉽게 노출되거나, 아예 윤리의식이 없이 개인정보를 사고파는 경우도 늘고 있다.

❷ 소비자 프라이버시: 소비자로 등록된 개인정보 데이터들이 소비자의 동의없이

지나치게 다른 사람에게 공유됨을 말한다. 이는 상거래만이 아니라 법률, 의료, 사회복지 등 수많은 영역에까지 폭넓게 보호되어야 한다.

❸ 고용인의 프라이버시: 고용인의 개인정보를 지나치게 수집하여 프라이버시를 침해하는 경우이다. 고용인의 작업습관이나 생산활동을 카메라 등으로 모니터하여 고용주의 이익을 위하여 사용하는 것에 대하여 고용인은 저항할 권리가 있다.

❹ 개인정보를 보관하는 데이터베이스의 프라이버시 보호 지침으로서 아래와 같은 사항을 고려하여야 한다.

- 개인정보를 수집하여 저장하는 데이터베이스시스템의 존재를 공식적으로 알려야 한다.
- 개인정보가 수집되는 개인이나 법적 대리인의 동의를 받고 정보를 수집해야 한다.
- 개인정보는 정보가 수집되는 사람의 동의없이 제 삼자와 공유해서는 안된다.
- 수집된 개인정보는 저장기간이 제한되어야 하며, 각 개인들이 자기의 정보를 열람하고 잘못을 수정할 수 있도록 해야 한다.

컴퓨터와 지적소유권

❶ 컴퓨터관련 소프트웨어 산업은 부가가치가 매우 높은 성장산업이나, 손쉬운 불법복제 문제로 인해 많은 타격을 받고 있고, 각종 불법행위에 대응하는 소프트웨어 저작권 보호책들이 속속 나오고 있다.

❷ 그러나 과도한 정책은 모든 사용자와 온라인서비스 제공자들을 잠재적 지적재산권 침해사범으로 만들 수 있으며, 급속히 발전하는 IT기술 및 콘텐츠 산업과 법제도 간 괴리를 심화시키기도 한다.

❸ 특히 파일공유 사이트를 통한 불법소프트웨어 복제 문제들을 해결하기 위해서는 단속 위주의 저작권 보호보다는 학교교육 및 사회교육을 통하여 사용자 모두에게 지적재산권에 대한 바른 인식을 확립해야 한다.

컴퓨터의 남용

❶ 컴퓨터의 남용은 인터넷을 통해서 사회적으로 비난받을 수 있는 행위를 하는 것으로 해킹과 바이러스 유포, 악성댓글, 음란물 유포 등의 비윤리적인 행위들이 이에 해당한다.

❷ 악의적인 공격에 의한 서버의 다운 등 심각한 문제를 야기하는 사이버상의 비윤리적 행위도 엄연한 범죄행위로 처벌을 받아 마땅함을 인식해야 한다.

❸ 해킹과 바이러스로 인해서 도덕적으로 심각하게 영향을 미치는 행위의 특징은 다음과 같다.

- 단순한 부주의나 무시에서부터 의도적인 위해행위에까지 이른다.
- 실제로 입은 손해의 정도가 매우 다양하다.
- 복구의 난이도와 소요비용의 정도가 매우 다양하다.

6.3.5 공학자로서 올바른 자세의 핵심

현대 과학기술은 일상생활뿐만 아니라 사고방식까지도 바꾸어 놓을 정도로 인간사회에 지대한 영향을 주고있다. 인간의 복지를 증진시키기위해 이루어지진 공학적 결정이 사회에 미치는 책임을 무시할 수 없으며, 정직은 공학에서 매우 중요한 소양이다.

정직의 중요성

❶ 최근 증가하는 사건들 중에는 가공 식품에 의한 피해, 안전사고, 기술공해, 교통사고, 재산손실 등과 같이 공학과 관련된 것들이 많다. 이러한 점을 고려하여 정직의 중요성을 인간존중의 관점과 공리주의적인 관점에서 살펴서 도덕적 지침을 마련하여야 한다.

❷ 공학자는 기술적인 결정에 있어서 그 대상이 되는 사람들이 의사결정에 참여하기 어려운 경우가 많다. 따라서 인간존중의 차원에서 공공의 안전이나 건강 및 복지가 위협을 받거나 환경을 저해할 요소가 있는 경우는 그 요소를 공개하거나 고객 또는 고용주에게 알려주어야 한다.

❸ 공학자들은 각자가 얻은 공학적인 데이터들을 주고받으면서 하나의 종합적인 산물을 완성하게 된다. 여기서 공학자가 정직하게 일하지 않으면 원하는 결과를 얻을 수 없거나 큰 재앙을 초래할 수 있음을 명심해야 한다.

연구에서의 정직성

❶ 연구결과를 발표할 때는 얻어진 실험결과의 재현성을 기본으로 생각해야 한다. 그래야 연구자가 제출한 연구결과를 인정받을 수 있다. 즉 연구가 충실하고 정직하게 이루어져야 한다는 것을 의미한다.

❷ 탁월한 업적에 대한 욕심과 조급함으로 진실성이 결여된 과학적 부정행위에는 손질, 날조, 변조 및 표절이 있다.

❸ 손질이란 연구결과가 매우 정확한 것처럼 보이려고 들쑥날쑥한 데이터를 가지런히 하여 부드럽게 만드는 것이다.

❹ 날조 및 변조는 연구 데이터의 전부 또는 일부를 실험을 수행한 사실이 없으면서 적당히 만들어 제출하는 것을 말한다.

❺ 표절은 다른 사람의 말이나 아이디어 등과 같은 지적자산을 자신의 것으로 속여 넘기려는 의도를 가지고 이용하는 행위로 통상 정의한다.

❻ 공동연구에 의한 중복저작권이 남발되거나 공정하지 못할 경우 도덕적 측면에서 사기가 될 수 있다.

고객에 대한 정직

❶ 공학자들도 변호사나 의사와 마찬가지로 고객을 상대로 한 전문직업인으로서의 비밀을 지켜야 할 의무가 있다.

❷ 공학자가 고객의 비밀을 임의로 유용하게 되는 경우는 비밀을 지키기로 약속되지 않았을 경우와 공공을 위해야 하는 상위의 의무로 인해 필요한 경우 두 가지가 있다.

❸ 고객이나 고용주의 권익보다 그 위에 공공의 권익이 우선한다는 것이 공학윤리상의 일반적인 견해이다. 그러나 고객이 자기 재산상의 이유로 공공에 피해를 줄 수 있는 비밀의 유지를 요구하는 경우와, 공학자가 개인의 재정적인 이익을 위해 비밀을 지키지 않는 경우처럼 결정이 어려운 상황이 많이 있을 수 있다.

공공에 대한 정보공개

❶ 기술적인 정보를 알지 못하여 사람들이 해를 입는다면 그것은 전문공학자들의 무책임이라 할 수 있다.

❷ 공학자가 가진 기술적인 정보를 공공에게 정직하게 그리고 자세하게 알리지 않는 것은 인간존중의 윤리적 관점에서 볼 때 도덕적 행위에 심각한 결함이 있다고 할 수 있다.

❸ 경우에 따라서는 기술의 소비자들이 그 기술을 모르는 상태에서는 무리하게 사용하지 못하도록 하는 데 적극적이어야 한다.

이해충돌과 공학자

❶ 공적인 이익과 사적인 이익 간의 갈등을 겪는 일, 즉 이해관계 충돌의 상황에서 공학자는 반드시 충직한 대행자 또는 수탁자로서 행동해야 한다.

❷ 공학자는 자재 공급자나 장비 공급자로부터 자기들의 제품을 써달라고 주는 재정적인 또는 여타의 대가를 받아서는 안된다.

❸ 공학자가 고객이나 고용주와 관계하는 다른 사람들로부터 직접이든 간접이든 맡은 일과 관련된 커미션이나 수당을 받아서는 안된다.

6.3.6 안전과 공학윤리

위험의 발생

❶ 공학자가 수행하는 일 중에는 위험이 필연적으로 발생하는 경우가 많지만, 시스템의 각 요소들이 상호작용으로 인하여 복잡하게 서로 밀접한 관련을 가지므로 위험의 원인요소를 찾아내기가 힘들다.

❷ 공학적 산물에는 필연적으로 위험요인이 존재하며, 공학자들은 항상 새로운 기술적 도전을 해야 하므로 위험요소는 더욱 증가할 수 밖에 없다.

위험과 안전의 판단

❶ 위험이란 해의 크기와 가능성을 동시에 고려해야 하는 산물이다. 그러므로 발생가능성이 높은 비교적 가벼운 해가 발생가능성이 훨씬 적은 비교적 큰 해보다 더 위험할 수도 있다.

❷ 안전이란 위험요소가 전혀 없는 경우에 대해서만 국한되는 개념이 아니고 주관적인 개념으로 보아야 한다.

❸ 공학자가 어떤 장치를 설계할 때 일반적으로 실제 사용할 때의 작동에 대한 예측을 함께 고려한다. 그러나 때로는 이 예측을 벗어나 의도된 관리나 작동과는 다른 변칙적 운용으로 심각한 위험을 초래할 경우도 고려하여야 한다.

일반인 입장에의 위험

❶ 일반인은 공학에 관한 전문지식이 부족하기 때문에 공학으로 인한 사망이나 상해의 가능성을 예측하기가 쉽지 않다.

❷ 위험에 대한 과대평가와 과소평가는 대개 편견이나 고정관념으로 흐를 수 있고 이런 가운데 이루어지는 위험에 대한 최초의 예측은 대체로 틀린 경우가 많다.

❸ 일반인의 입장에서 감수할 만한 위험이란 충분히 제공된 정보를 토대로 하여 자유롭게 동의하거나 적절하게 보상되거나 공평하게 분배되는 위험이다.

위험에 대한 공학자의 책임

❶ 널리 인정된 공학적 규범에 부합하지 않거나 공공의 건강과 복지에 해가 될 수 있는 계획이나 명세서를 작성하거나 여기에 서명하여서는 안된다.

❷ 만약 공공의 안전이나 건강, 재산, 복지가 위험에 처하는 상황에서 자신의 전문직업적 판단이 어떤 권위에 눌리게 되면, 공학자는 고용주나 의뢰인 또는 권위를 가진 적절한 다른 사람들에게 알릴 의무가 있다.

6.3.7 직업환경과 공학자

공학자는 업무특성상 대체로 조직의 일원으로 활동하고 있으므로 독자적인 판단으로 업무를 수행하지 못하고 상관의 운용방침에 따라 전문적인 역량을 나타내는 직업적 특성이 있다. 따라서 공학자는 공학윤리에 어긋나는 경영자의 지시가 있을 경우에 대하여 어떤 행동을 하여야 할지를 대비할 필요가 있다.

직업환경의 법적 변화

❶ 경영자와의 의견충돌에 있어서 고용인이 행할 수 있는 방안에는 내부고발이라는 방법을 사용할 수밖에 없으며, 이때 내부고발자를 보호하기 위한 법적조치가 강화되고 있다.

❷ 기업의 이익을 위한 행위에서 불법적인 지시를 강압적으로 따르게 되었더라도 개인이 법적인 책임을 져야 한다는 새로운 사례도 나오고 있다.

경영자와의 관계

❶ 많은 경영자들은 공학적 경험을 가지지 못하여 공학자의 윤리적인 문제를 구체적으로 알지 못한다. 경영자의 입장에서는 도덕적 원리보다는 편의성을 고려하게 되므로 공학자가 직면하는 윤리적인 쟁점들이 경영자와 충돌하기 쉽고, 대개의 경우 의사결정권을 경영자가 가지게 된다.

❷ 공학적 고려사항이 우선되어야 하는 상황과 경영적 고려사항이 우선되어야 하는 상황을 구별할 수 있는 방안을 찾기 위해 항상 노력하여야 한다.

공학적 결정과 경영학적 결정

❶ **적절한 공학적 결정:** 제품의 안전이나 품질과 같이 공학적 전문지식이 요구되거나 공공의 건강과 안전을 위해서 전문공학자 윤리헌장에서 제시하는 윤리기준에 따라 공학자가 결정하여야 하는 경우이다.

❶ **적절한 경영학적 결정:** 경영적 고려사항인 비용, 일정, 판매 등이 우선하거나 고용인의 복리 후생과 같이 조직의 부와 관계가 깊은 경우와 공학자의 전문직 윤리헌장이나 윤리적인 기준을 고려하지 않아도 되는 경우에는 경영자가 결정하여야 한다.

6.3.8 공학자와 환경문제

공학자가 적극적인 관심을 기울여야 하는 환경오염으로는 대기오염, 수질오염, 토양오염 등이 있다.

환경에 관한 법

❶ **자연환경보호법:** 2004년 공포, 자연환경보전, 자연환경의 지속 가능한 이용, 생태, 자연경관 등의 정의와 보호에 관한 법률

❷ **대기환경보전법:** 1990년 공포, 대기오염물질, 온실가스, 특정대기유해물질, 대기오염 방지시설, 배출가스 저감장치 등에 정의와 관련규정에 관한 법률

❸ **수질환경보전법:** 2005년 공포, 수질오염원, 특정수질유해물질, 폐수배출시설, 상수원보호 등에 관한 정의와 관련규정에 관한 법률

❹ **토양환경보전법:** 1995년 공포, 토양오염, 토양오염관리대상시설, 토양정화 등에 관한 정의와 관련규정에 관한 법률

❺ **환경정책기본법:** 1990년 공포, 자연환경, 생활환경, 환경훼손, 환경보전, 환경용량 등에 관한 정의와 관련규정에 관한 법률

❻ **친환경적 산업구조로의 전환촉진에 관한 법:** 1995년 공포, 청정생산기술, 환경설비, 환경경영, 생태산업단지 등에 관한 정의와 관련규정에 관한 법률

환경에 관한 국제적 활동

❶ **로마클럽 (Club of Rome)** 1968년 서유럽의 재계, 학계 지도급 인사들인 로마에 모여서 천연자원의 고갈, 공해에 의한 환경오염, 개발도상국의 인구증가 등 인류의 위기와 그 타개책을 모색하고 널리 홍보하는 것을 주된 활동으로 한다.

❷ **그린라운드 (Green Round)** 1994년 기업활동 전반에 대한 환경 보전 활동들을 무역규제에 포함시키자는 내용이다. 이는 국제적인 시대적 흐름으로서 엄격한 환경정책의 실현을 통한 환경이 질을 높일 수 있는 기업 활동이 되어야 한다.

❸ **국제연합 환경개발회의** 1992년 UN이 주최한 환경개발회의로서 환경적으로 건전하고 지속 가능한 개발이 가능하도록 자연 자원과 환경을 이용하되, 환경파괴적 발전모델을 대신하는 미래 세대를 위한 삶의 조건까지 고려한 모델을 제안하였다.

❹ **기후변화협약** 1992년 국제연합 환경개발회의에서 150여개국이 서명함으로서 채택되었고, 1997년 온실가스 배출감축 목표를 권고하는 교토의정서가 채택되었다.

6.4 지식재산권

6.4.1 지식재산권의 개요 및 중요성

지식재산권 개요

❶ 지식재산권의 필요성

- 지식재산권은 사람이 저마다 가지고 있는 지적 창작능력을 발휘할 수 있도록 법률로서 보호함을 말한다. 사람은 자기가 가진 특별한 지적재능을 무척 중요시하고 타인과 구별되는 가장 큰 차이점으로 여긴다.
- 특정 지적 재능을 가진 사람이 창작해낸 결과물을 타인이 그대로 흉내내어 유포시킨다면 신뢰감과 창작의욕을 훼손하게되고 결과적으로 기술, 문화 등의 발전에 국가적 손실을 입게 된다.
- 따라서 국가가 개입하여 새로운 발명을 한 사람에게 그 발명을 공개해주는 대가로 일정기간의 독점권을 부여하는 것이 지식재산권이다.

❷ 지식재산권의 성격

- 지식재산권의 특징은 그 권리자에게 배타적 독점권을 인정하고 있다는데 있으며, 그 성격에 대한 많은 논의가 이어져 왔다.
- 지식재산권에 대한 시대적, 국가적 견해는 일치하지 않는 것이 일반적이다. 모든 국가는 자국의 이익을 위해 경제, 사회, 문화 등의 전통을 세워가고 법규정을 이에 맞추어가고 있는 실정이다.
- 최근 개인 대 개인, 기업 대 기업 및 국가 간의 이해 대립이 급증하고 있고, 지식재산권제도에 관한 현대적인 해석을 어떻게 해야 하는가에 대해서도 갈등이 커지고 있다.

❸ 법적 근거

- **민법과의 관계** 민법과 차이가 나는 지식재산권 특유의 부분에 대해서는 지식재산권법에 규율하고 나머지 공통부분에 대하여는 민법 등의 관련 규정을 적용하게 된다.
- **형법과의 관계** 지식재산권을 침해하는 행위를 범죄로 규정하고 있으며, 이에 대해 형법 총칙의 규정이 적용된다.

- **행정법과의 관계** 특허의 출원, 심사, 등록이라는 절차는 행정절차의 일종으로 보며, 각 절차에 대하여 특별히 규정이 되어있지 않은 경우에는 행정법 일반원칙이 적용된다.
- **독점규제 및 공정거래에 관한 법률과의 관계** 지식재산권의 독점적 지위는 독점규제 및 공정거래와 상호 모순 관계에 있으나, 지식재산권에 관해서는 독점규제 및 공정거래에 관한 법률을 적용하지 않는다.
- **부정경쟁방지법과의 관계** 비록 지적재산권으로 권리화 되지 못한 경우라도 경제적인 활동상에서 보호의 대상으로 함으로서 부정경쟁에 의한 불합리한 경제활동을 방지하기 위한 제도이다.

지식재산권의 종류

❶ 산업재산권(Industrial Property Right)

- **특허권(Patent):** 보호대상은 발명, 발명의 방법, 물건을 생산하는 방법, 물질의 발명에 대하여 보호한다. 20년간 인정한다.
- **실용신안권(Utility Model):** 보호대상은 고안을 말하며, 10년간 인정한다.
- **상표권(Trademark):** 상품의 표지인 상표를 보호한다.
- **디자인권(Design):** 보호대상인 디자인이라 함은 물품의 형상, 모양, 색채 또는 이들을 결합한 것을 말한다.

❷ 저작권(Copyright)

- 보호대상은 저작물로서, 인간의 사상 또는 감정을 표현한 창작물을 말한다.
- 저작물의 창작성이란 완전한 의미의 독창성을 말하는 것이 아니며, 저작자 나름의 정신적 노력의 소산으로서의 특성이 부여되어 있고 다른 저작자의 기존작품과 구별될 수 있을 정도를 말한다.

❸ 신지식재산권(New Intellectual Right)

산업의 형태가 다양화되고 발전함에 따라 기존의 산업재산권 및 저작권으로는 보호하기가 애매한 대상에 대하여 별도의 법률로서 보호하고 있는 지식재산권을 의미한다. 예를 들면,

- 반도체집적회로 배치설계권
- 부정경쟁방지법과 영업비밀(Know-how)
- 컴퓨터프로그램 보호법

지식재산권의 국제적 동향과 중요성

❶ UR/TRIPs협정

1990년대 이후 모든 지적재산권 관련 국제무역질서를 규율하는 다자간 조약이며 저작권, 상표, 지리적 표시, 디자인, 특허, IC, 영업비밀 및 반경쟁적 행위의 통제에 관하여 규정하고 있다.

❷ FTA와 지식재산권

FTA의 협상 안건에 지식재산권이 포함되는 것은 이제 일반적이며, 특히 지식재산권이 상대적으로 앞서 있는 국가와의 FTA에 있어서는 지식재산권과 관련된 이해관계의 대립은 첨예하다.

❸ 지식재산권의 중요성

- 선진기술 도입수단으로서의 지식재산권
- 국제통상문제에 있어서의 지식재산권
- 국가 신성장 동력으로서의 지식재산권

6.4.2 특허 및 실용신안

개요

❶ 특허의 중요성

- **지식정보화사회의 고도화** 지식재산권은 현대 지식정보화사회의 핵심 콘텐츠가 된다. 기업과 국가의 경쟁력은 전 구성원에게 이러한 지식이 빠르고 정확하게 공유될 수 있도록 해주는 지식공유 인프라와 더불어, 보다 우수한 지식 콘텐츠를 얼마나 많이 보유하고 있느냐에 달려있는 시대가 된 것이다.
- **특허의 경제적 가치**
  - 라이센스 로얄티: 특허건자는 특허발명을 제3자에게 라이센스해주고 그 대가로 기술사용료(royalty)를 지불받는다.
  - 권리침해로 인한 손해배상: 제3자가 정당한 권리없이 특허발명의 보호범위에 속하는 실시를 하게 되면 특허권침해가 된다. 특허권자는 특허권침해로 인하여 발생한 손해를 배상받을 수 있고, 때로는 손해배상액이 상상을 초월하기도 한다.

❷ 특허제도의 원리

- **권리주의** 발명자는 법으로부터 특허를 받는다.

- **심사주의** 산업상 이용가능성, 신규성, 진보성 등의 소위 실질적 특허요건의 판단에 대하여 심사가 행해진 후 특허여부가 결정된다.
- **선출원주의** 동일한 발명에 대한 특허출원이 경합되고 있는 경우 제일 먼저 제출한 발명자에게 권리를 부여하는 제도이다.
- **출원공개주의** 심사기간이 길어지다보면 발명의 공포가 늦어짐으로서 동일기술에 대한 중복연구와 중복투자로 인한 손실이 발생할 수 있다. 이를 방지하기위해 발명내용을 특허출원일로부터 공개하는 제도를 채택하고 있다.
- **등록주의** 특허원부라고 하는 공적 장부에 특허권의 권리변동사항 등을 등재함과 동시에 외부에 공시시킴으로서 비로소 특허권이 발생한다.

특허요건

특허출원 발명이 특허를 받을 수 있기 위해서는 일정한 요건을 갖추어야 하며 다음과 같은 판단절차를 거친다.

❶ 자연법칙을 이용한 기술적 사상인가?
❷ 산업상 이용할 수 있는 것인가?
❸ 출원전에 그 기술사상이 없었는가?
❹ 기술자 연구자가 용이하게 발명할 수 없는 것인가?
❺ 불특허사유에 해당되지 아니한 것인가?
❻ 명세서에 발명이 구체적으로 기재되고 청구범위는 명확한가?
❼ 다른 사람보다 먼저 출원했는가?

특허출원

❶ 특허명세서 구성

- 발명의 명칭
- 발명의 상세한 설명
- 기술분야
- 배경기술
- 발명의 내용
- 해결하고자 하는 과제
- 과제 해결 수단
- 효과
- 발명의 실시를 위한 구체적인 내용

❷ 특허명세서 작성 원칙

- 문장의 구성은 간결, 명료하게 할 것
- 표현의 내용은 논리적으로 할 것
- 기술 내용은 명확하고 상세하게 할 것

❸ 특허청구범위의 작성

- 특허청구범위는 연구개발한 성과(발명)를 공개하는 대가로 발명자가 독점하는 권리범위의 경계를 명확하게 알려주는 역할을 함으로써 권리자와 제3자의 법적 안정성을 도모한다.
- 발명의 보호범위는 청구범위에 기재된 사항을 중심으로 결정해야 한다. 즉 청구범위의 기재와 상세한 설명의 기재가 모순일 경우 청구범위가 우선한다.
- 특허청구범위의 해석을 위하여 보충적으로 상세한 설명 또는 도면을 참작하여야 한다. 즉 청구범위에 기재되어 있더라도 상세한 설명에 의해 뒷받침되지 않으면 보호되지 않는다.
- 특허소송이 벌어졌을 경우 출원인이 심사과정에서 수행한 행위와 모순되는 주장을 하여서는 안된다.

❹ 실용신안제도

특허제도를 보완할 목적으로 만들어졌으며, 기본발명을 소화, 흡수하는 과정에서 이룩된 소위 개량발명 또는 소발명을 실용신안으로 출원등록하여 독점배타적인 권리를 향유할 수 있도록 한 것이다.

특허심사 및 심판

❶ 특허심사 절차 및 관련제도

- 특허심사의 분류
  - 출원된 특허의 심사: 특허법에서 정한 일정한 양식이나 절차에 부합하는 적법한 출원인지 여부를 심사한다.
  - 특허이의신청의 심사: 특허부여후 일정기간 제3자에게 부여된 특허권에 대한 취소를 요구할 수 있는 기회를 부여한다.
  - 특허권존속기간 연장등록 출원에 대한 심사
- 특허심사의 절차
  - 방식심사
  - IPC (국제특허분류) 부여
  - 출원공개
  - 심사청구
  - 실체심사 착수
  - 거절이유통지

- 의견서/보정서
- 특허결정
- 재심사
- 거절결정

❷ 특허심판 절차 및 관련제도

특허심판이란 산업재산권에 대하여 1) 심사관이 행한 처분(거절결정 등)에 불복하거나 또는, 2) 그 처분에 의해 부여된 산업재산권에 관한 분쟁(특허무효, 권리범위확인 분쟁 등)을 해결하기 위한 특별행정심판을 말한다.

특허권 및 침해

❶ 특허권 효력

- 특허권자는 업으로서 그 특허발명을 실시할 권리를 독점하며, 이러한 특허권은 양도 또는 처분행위가 가능한 개인의 무체재산권으로서 물권에 준하는 성격을 지니고 있다.
- **적극적 효력:** 독점적 실시권
- **소극적 효력:** 배타적 금지권
- **특허권 효력의 제한:** 지역적 제한, 특허권 존속기간의 만료, 특허청구범위에 기재되지 않은 내용, 공익적 산업정책적 제한 등이 있다.

❷ 실시권

- 특허권자가 특허발명을 실시하기 위한 자본이나 시설을 갖추지 못한 경우, 자기의 특허발명을 실시할 수 있는 능력이 있는 자에게 실시권(라이센스)을 설정해 주는 것을 말한다.
- **전용실시권:** 타인의 특허권을 일정범위 내에서 독점적으로 실시할 수 있는 권리이며, 특허권자라도 전용실시권자의 권리범위 내에서 실시하면 전용실시권을 침해하는 것이 된다.
- **통상실시권:** 당해 특허발명을 실시할 수 있는 권리이지만 독점성과 배타성이 보장되지 않는다는 점에서 전용실시권과 구분된다.

❸ 특허권의 침해 및 대응방법

- 특허권 침해: 제3자가 정당한 권한 없이 타인의 권리(특허권 또는 전용실시권)로 되어있는 발명을 업으로 실시하는 경우를 말한다.
- 침해에 대한 구제수단
  - 침해금지: 예방청구권

  특허권자(전용실시권자 포함)는 자기의 권리를 침해한 자 또는 침해할 우려가 있는 자에 대하여 그 침해의 금지 또는 예방을 청구할 수 있다.

- 손해배상청구권

특허권의 침해로 인하여 특허권자가 손해를 입은 경우 민법상 일반법리에 기초하여 손해배상을 청구할 수 있다.

- 신용회복청구권

특허권자는 특허권의 침해로 업무상의 신용이 실추된 때에는 법원에 신용회복 조치를 청구할 수 있으며, 법원은 신용회복을 위하여 손해배상을 포함하는 필요한 조치를 해야한다.

- 부당이득반환청구권

일반 민법상의 법리를 특허권 침해에 적용하여 제3자가 특허권을 침해하여 얻은 이익을 특허권자에게 반환하게 할 수 있다.

- 경고장 발송

침해에 대한 구제수단을 사용하기 전에 내용증명으로 경고장을 발송하여 화해적 해결을 유도하거나, 침해의 고의성을 입증하는 자료로 활용할 수 있다.

- 형사적 구제

특허권자의 고소에 의해 형사적 벌칙을 가하는 경우이다.

❹ 특허침해 추궁에 대한 대응수단

일차적으로 자신의 특허권에 설정되어 있는 기술이 아닌 다른 기술을 실시하고자 하는 사람은 자신의 실시가 특허침해에 해당되는 경우를 대비하여 항상 실시기술의 분야에서 특허공보를 주의깊게 살펴 특허침해 가능성을 배제하여야 한다.

6.4.3 디자인권

개요

❶ 디자인의 개념

디자인이란 "물품(물품의 부분 및 글자체를 포함)의 형상, 모양, 색채 또는 이들을 결합한 것으로서 시각을 통하여 미감을 일으키게 하는 것"을 말한다. 즉 디자인은 물품에 구현되는 형상, 모양, 색채 등의 형태로서 소위 "물품의 미적외관"이라 정의할 수 있다.

❷ 타 제도와의 비교

- **물품의 불가분성** 디자인보호법상 디자인은 원칙적으로 물품과 불가분의 관계라 할 수 있다.

- **거래상 특징** 물품의 미적외관에 대한 권리이므로 특허와 달리 기술적 사상이 아니어서 모방이 용이하고 거래상 수명이 짧은 특성을 가지고 있으며, 도면에 의한 보호대상 특정의 결과로 그 권리범위가 상대적으로 협소하다.
- **사익중시특성** 특허권은 공익적 성격이 중시되나, 디자인권은 사익을 중시하는 특징이 있다.

디자인의 성립요건

❶ 물품성

- **독립성** 디자인보호법상 물품은 상거래사회에서 독립하여 거래될 수 있고, 소유권의 객체로서 지배와 이동이 가능한 것이어야 한다.
- **유체성** 디자인보호법상 물품은 유체물로서 공간상에 일정한 형상을 가지는 존재이어야 한다. 따라서 기체, 액체, 열, 빛과 같이 형체가 없는 무체물은 인정되지 않는다.
- **동산성** 디자인보호법상 물품은 유체물 중에서도 동산이어야 한다. 단 부동산 중에서도 공중전화부스나 조립가옥 등 대량생산 및 운반이 가능한 경우는 예외이다.
- **구체성** 디자인보호법상 물품은 일정한 형태를 가지는 구체적인 물품이어야 한다.

❷ 형태성

- **형상** 물품이 공간을 점유하는 윤곽을 말하며 모든 물품은 반드시 형상을 수반하므로 형상이 없는 디자인은 생각할 수 없다.
- **모양** 물품의 외관을 나타내는 선도, 색구분 또는 색흐림을 말한다.
- **색채** 물체에 반사되는 빛이 망막을 자극하는 물체의 성질로서 디자인보호법상 색채는 투명색과 금속색을 포함한다.

❸ 시각성

시각성이란 물품에 구체화된 형태의 외관을 시각 이외의 오감을 제외하고, 육안으로만 식별할 수 있고, 외부에서 파악할 수 있는 것을 말한다. 시각에 의하여 파악되는 것만이 디자인이 될 수 있으므로 시각 이외의 감각을 통한 인식의 경우에는 디자인보호법의 대상이 되지 아니한다.

❹ 심미성

심미성이란 미감을 일으키게 하는 것을 말한다. 디자인의 심미성은 그 판단이 주관적이므로 그 종류나 고저의 문제가 아닌 미적가치의 유무만이 문제가 된다.

디자인 등록요건

❶ 실체적 등록요건

- **공업상 이용가능성** 공업적 생산방법에 의하여 동일물품이 양산가능한 것을 말한다. 따라서 자연물, 순수미술품 등 공업적 양산이 불가능하거나, 디자인 표현이 구체적이지 아니하여 공업상 이용이 불가능한 경우는 해당이 되지않는다.
- **신규성** 디자인이 객관적 창작성을 가지는 것을 말한다. 구체적으로는 공지, 공연실시, 반포된 간행물 게재 또는 전기통신회선을 통하여 공중이 이용이 가능하게 된 디자인에 대하여 특정인에게 독점권을 부여하는 것은 디자인보호의 취지에 맞지 않기 때문이다.
- **창작 비용이성** 그 디자인이 속하는 분야에서 통상적인 지식을 가진 자가 공지된 디자인의 결합에 의하거나 국내 주지형태로부터 용이하게 창작 가능한 디자인에 대하여는 디자인등록을 받을 수 없다는 것을 의미한다.
- **선출원주의** 동일 또는 유사한 디자인에 대하여 2 이상의 디자인등록출원이 경합한 경우에는 먼저 출원한 자에게 디자인등록을 인정해 줌을 말한다.

❷ 절차적 등록요건

- **1디자인 1출원주의** 디자인등록출원은 1디자인마다 출원으로 하여야 하며, 1디자인이란 1물품의 1형태를 말한다.
- **물품명의 정당한 기재** 디자인의 대상이 되는 물품의 병칭은 산업자원부령이 정하는 물품의 구분에 따라 지정하여 출원하여야 한다.
- **복수디자인 등록출원** 디자인무심사등록출원할 수 있는 디자인에 대하여는 20 이내의 디자인을 1디자인등록 출원으로 할 수 있다.
- **한 벌 물품의 디자인제도** 소정의 한 벌의 물품을 구성하는 물품의 디자인이 그 한 벌 물품 전체로서 통일성이 있는 때에 1 디자인으로 디자인등록출원을 인정하고 등록 받을 수 있는 제도를 말한다.
- **유사 디자인제도** 자기의 등록디자인이나 디자인등록출원한 디자인에만 유사한 디자인에 대하여, 유사디자인만으로 디자인등록을 받을 수 있는 제도이다. 디지인권은 유사범위까지 미치나 이는 추상적, 관념적 범위이므로 유사디자인제도를 통하여 미리 유사범위를 확인함으로써 침해를 미연에 방지하고 침해시 신속한 구제를 도모하기 위한 제도이다.
- **무심사등록제도** 등록요건 중 일부 실체적 요건에 대한 심사없이 등록시켜주는 제도로서, 유행성이 강한 일부 품목(제조식품, 의류, 사무용품, 직물 등)에 대하여 선행디자인의 검색없이 신속하게 권리화를 도모하기 위함이다.

디자인 출원 및 심사

❶ 디자인등록 출원 절차

- 출원서 작성
- 도면
  - 출원디자인의 내용을 일정한 도법에 따라 표현한 필수의 첨부서류이다.
  - 디자인의 대상이 되는 물품, 디자인의 설명, 창작내용의 요점을 기재한다.

❷ 심사절차

- 제출서류의 중대한 하자를 점검하여 출원일의 인정 및 출원서류 등의 불수리여부를 결정한다.
- 실체심사중 거절사유가 발견될 때에는 거절이유를 통보하고 기간을 정하여 의견서를 제출할 기회를 준다.

6.4.4 상표권

개요

❶ 상표의 개념

상표는 크게 사회통념에 의거한 상표와 상표법상 보호대상의 상표로 구분되며, 여기서 사회통념에 의거한 상표란 자기의 상품과 타인의 상품을 구분할 수 있는 표지로 상표에 사용되는 일체의 수단을 총칭하는 개념이다.

❷ 상표의 기능

상표의 기능이라 함은 상표를 상품에 사용할 때 상표사용자에게 어떻게 작용하고 해당 상표를 접하는 수요자에게 어떻게 인식되느냐의 문제를 말한다. 상표의 기능은 거래사회에서 상표가 상품에 대해 실제로 사용됨에 따라 발휘되며, 사용기간, 범위, 빈도 등이 증대될수록 강화되는 특징이 있으며, 각 시대의 거래사회 실정에 따라 변화하고 발전한다.

❸ 기타표장

- **서비스표** 서비스업을 영위하는 자가 자기의 서비스업을 타인의 서비스업과 식별되도록 하기 위하여 사용하는 표장을 말한다. 이는 당해 서비스업의 품질보증 및 광고기능을 행하므로 거래사회에서 현실적으로 발휘하고 있는 기능을 법적으로 보호해 준다.
- **단체표장** 상품을 생산, 제조, 가공, 증명 또는 판매하는 것 등을 업으로 영위하는

자나 서비스업을 영위하는 자가 공동으로 설립한 법인이 사용하기 위한 표장을 말한다.

- **지리적 표시** 상품의 특정 품질, 명성 또는 그 밖의 특성이 본질적으로 특성 지역에서 비롯된 경우에 그 지역에서 생산, 제조 또는 가공된 상품임을 나타내는 표시를 말하며, 단체표장제도에 의하여 보호되고 있다.
- **업무표장** 영리를 목적으로 하지 아니하는 업무를 영위하는 자가 그 업무를 표상하기 위하여 사용하는 표장을 말한다. YMCA, 한국 보이스카우트 등이며, 등록을 통한 보호를 인정하고 있다.
- **입체상표** 상품의 형상이나 상품 포장의 형상 등과 같은 입체적 형상을 상표의 구성요소로 하는 상표를 말한다.
- **색채상표** 기호, 문자, 도형, 색채, 홀로그램, 동작 또는 이들에 색채를 결합 내지 조합한 상표를 말하며, 과거에는 색채만으로 구성된 상표는 등록을 받을 수 없었으나, 최근에는 색채만으로 구성된 상표도 인정된다.
- **기타상표** 최근에는 색채뿐만 아니라 소리나 냄새도 상표로 보호하자는 논의가 활발히 진행되고 있으며, 이에 따른 법 개정이 진행 중이다. 예를 들어 인텔사 광고에 나오는 음원이나 MS사의 윈도우 부팅시에 나오는 음원들은 이미 각 사의 제품을 상징하는 것으로 소비자에게 인식되어 있으며, 이러한 음원을 상표로 보호할 필요가 인정되고 있다.

상표의 등록요건

❶ 등록을 받을 수 없는 상표

- **보통명칭상표** 그 상품의 보통명칭을 보통으로 사용하는 방법으로 표시한 표장만으로 된 상표는 등록을 받을 수 없다. 예를 들면, 호두과자, 아스피린 등이다.
- **관용상품** 관용상표는 특정종류의 상품에 관하여 동업자들에 의하여 관용적으로 사용되는 상표로서 특정인을 위한 상표로 등록될 수 없다. 예를 들면, LAN, NET, Napoleon 등이다.
- **성질표시표장** 상품의 산지, 품질, 원재료, 효능, 용도, 형상, 생산방법 등을 보통으로 사용하는 방법으로 표시한 표장만으로는 상표로 등록될 수 없다. 예를 들면, 안경나라, 초당두부 등이다.
- **현저한 지리적 명칭** 현저한 지리적 명칭, 그 약어 또는 지도만으로 된 상표는 등록될 수 없다. 예를 들면, 종로학원, 장충동왕족발, JAVA, 이동막걸리 등이다.
- **흔한 성 또는 명칭** 흔히 있는 성 또는 명칭을 보통으로 사용하는 방법으로 표시

한 표장만으로 된 상표는 등록될 수 없다. 예를 들면, 윤씨농방, LEE, PRESIDENT 등이다.

- 기타 상품의 식별력이 없는 상표, 일반적인 구호, 표어, 인사말, 유행어, 사람, 동식물, 어떤 업무와 관련된 상품인지 식별이 어려운 표장은 상표로 등록될 수 없다. 예를 들면, CO-LAN, 해동검도 등이다.

6.4.5 저작권

개요

❶ 저작권의 개념

- 저작권이란 인간의 사상 또는 감정을 표현한 창작물에 대하여 주어진 독점적 권리를 말한다.
- 저작권 보호를 받는 저작물은 크게 소설, 연극, 미술, 영화, 음악, 건축 디자인 등 일반 저작물과 특수한 기능저작물인 프로그램저작물로 구분된다. 전자는 문화관광부 관할의 "저작권법"에 의해 보호받으며, 후자는 정보통신부 관할의 "컴퓨터 프로그램보호법"에 의해서 보호받는다.
- 저작권법은 저작자의 권리를 보호하는 것이지만, 동시에 저작물의 원활한 이용을 활성화하고 궁극적으로는 문화의 발전을 지향하고 있다. 이와 같이 저작권은 제한된 권리이며, 저작권의 행사는 반드시 공공정책과 부합하는 방향이어야 한다.

❷ 보호대상 제외 저작물

- **아이디어** 저작권은 "표현(expression)"은 보호하고, "아이디어(idea)"는 보호하지 않는다. 아이디어란 창작활동의 가장 기초역할을 하는 것으로 만인의 공유로 남겨두어 다양한 창작활동을 가능하게 해야 하기 때문이다. 미술의 색상, 원근법 등과 음악의 리듬과 성조, 화성 등은 저작권의 보호대상이 아니다. 그 밖에 퀴즈쇼의 진행방식, 작동원리, 장부의 기재양식 등도 마찬가지다.
- **관공문서** 헌법, 법률, 고시, 공고, 법원판결, 명령 등에 해당하는 것으로, 사회 공공성이 강한 것으로서 정책적으로 저작권법의 보호 테두리 밖에 두고 누구나 자유롭게 이용할 수 있도록 하고 있다.
- **시사보도** 단순한 사실의 전달에 불과한 시사보도는 보호대상이 될 수 없다. 단 단순시사보도가 아닌 통상의 신문기사는 저작권이 있음을 주의해야 한다.

❸ 저작권의 발생

저작권은 저작물이 창작된 때부터 발생하며, 어떠한 절차나 형식적 요건을 필요로 하지 않는다. 저작물이 되기 위해서는 우선 창작성(originality)이 있어야 하는데, 여기서 창작성이란 특허에서 요건으로 하는 신규성이나 진보성과 같은 고도의 창작성을 요구하지는 않으며, 자신의 감정이나 사상을 표현한 것으로서 타인의 창작물을 베끼지 않고 독자적으로 창작한 것이면 된다.

❹ 저작권의 보호기간

저작권의 존속기간은 저작자의 생존동안과 사후 50년간 보호된다. 사후 50년에 대한 보호는 저작자뿐만 아니라, 그 가족이 저작재산권으로부터 이익을 받게 하기 위한 정책적 고려다. 컴퓨터프로그램의 경우는 공표된 다음 연도부터 50년간으로 정하고 있다.

❺ 저작권의 국제적 보호

우리 저작권법은 외국인 저작물에 대하여 상호주의를 규정하고 있다. 저작권 보호에 관한 기본조약인 베른조약에서는 이러한 상호주의를 천명하고 있는데 현재 150개국 이상이 이 조약에 가입하고 있다.

저작자

❶ 저작자

저작자란 저작물을 실제로 창작한 사람을 말한다. 따라서 소설을 창작함에 있어서 아이디어나 동기, 힌트 등을 제공한 자는 저작자가 아니다. 또한 창작을 의뢰한 자도 원칙적으로 저작자가 될 수 없다. 다른 사람이 대작(代作)한 경우에는 직접 저작물을 제작한 자가 아닌 저작명의자를 저작자로 인정한다.

❷ 공동저작자와 결합저작물의 저작자

- **공동저작자** 2인 이상의 소설가가 함께 창작한 소설에 대한 저작권은 참여한 소설가 모두에게 귀속된다. 이를 공동저작권이라 하며 그것을 분리하여 개별적으로 사용할 수 없으며 저작권 이용 허락이나 양도의 경우에는 반드시 다른 저작자의 동의가 필요하다.
- **결합저작물** 공동으로 저작하였더라도 각자의 기여분이 분리되어 이용될 수 있는 저작물을 말하며, 이 경우 다른 저작자의 동의 없이도 자신이 창작한 부분을 자유롭게 이용할 수 있다.

❸ 업무상 저작물의 저작자

회사에 소속된 종업원이 직무상 발명을 하거나 창작을 하고 그 권리를 회사가 승계한 경우에는 회사 내부의 직무발명에 대한 보상규정에 따라 합리적인 보상을 해 주도록 하고 있다.

저작권의 종류

❶ 저작인격권

창작자의 정신적 재화인 저작물에 대하여 저작자가 갖는 인격적인 권리로서 경제적 이익을 추구하는 저작재산권과 구별되는 개념이다. 타인에게 양도할 수 없으며 저작자 사망과 동시에 소멸된다.

- **공표권** 저작자가 저작물을 공표할 것인지, 아니면 공표하지 아니할 것인지를 결정할 수 있는 권리를 말한다. 공표하지 않겠다는 의사를 어기고 저작물을 무단으로 공표하게 되면 공표권을 침해하게 된다.
- **성명표시권** 저작물을 공표함에 있어서 저작자의 성명을 원작품이나 복제물에 표시할 권리를 말한다. 따라서 저작권자의 허락 없이 실명으로 기재된 것을 이명으로 바꾸거나 삭제하게 되면 성명표시권을 침해하는 것이 된다.
- **동일성 유지권** 저작물의 제호, 내용, 형식을 동일성을 원형 그대로 유지한 권리를 말한다.

❷ 저작재산권

- **복제권** 저작자가 자신의 저작물을 복제할 수 있는 권리를 말하며, 타인이 허락 없이 복제하는 것을 금지할 수 있는 권리를 말한다.
- **배포권** 음악과 같은 저작물의 원본 또는 그 복제물을 공중에게 대가를 받거나 받지 아니하고 양도 또는 대여하는 것을 말한다. 그런데 저작물이 한번 판매되고 난 후에는 저작자는 그 구매된 저작물의 배포에 대하여 더 이상 권리를 행사할 수 없다.
- **2차적 저작물의 작성권** 저작자는 자신의 저작물을 번역, 편곡, 변형, 각색, 영상제작 등의 방법으로 2차적 저작물을 작성할 권리를 가진다. 예를 들면 소설 "해리포터"의 영화제작자는 원작자로부터 권한을 얻어야 한다.
- **공연권** 저작자는 자신의 저작물을 공연할 권리를 가지는데, 공연이란 저작물을 상연, 연주, 가창, 상영 등 일반공중에게 공개하거나 이의 복제물을 재생하여 공개하는 것을 말한다.
- **공중송신권** 저작물을 공중이 수신하거나 접근하게 할 목적으로 무선 또는 유선통신의 방법에 의하여 전송하거나 방송함을 말한다.

- **전시권** 저작자는 미술저작물 등의 원작품이나 그 복제물을 전시할 권리를 가지는데, 전시권의 적용대상에는 미술저작물, 사진저작물, 건축저작물이 포함된다.

❸ 저작인접권

- 저작인접권이란 실연자, 음반제작자 및 방송사업자에게 부여되는 저작권에 유사한 권리를 말한다.
- 배우, 가수, 연주자, 연출자 등 실연자와 음반제작자 및 방송사업자는 저작물의 직접적인 창작자는 아니지만, 저작물의 해석자 내지는 전달자로서 창작에 준하는 활동을 통해 저작물의 가치를 증진시킨다.
- 이러한 저작인접권자는 복제권, 보상청구권, 배포권, 전송권, 방송권 등을 갖는다.

저작권의 제한

❶ 저작권의 자유이용

저작권법은 저작물과 관련된 권리의 보호뿐만 아니라 그 공정하고 원활한 이용도 함께 도모함을 목적으로 한다. 따라서 저작권을 무제한으로 보호하기만 할 수는 없는 것이다. 다음은 저작권을 자유로이 이용할 수 있는 경우이다.

- **교육을 위한 목적** 교육기관에서 교육목적으로 필요하다고 인정되는 경우에는 공표된 저작물의 전부 또는 일부분을 복제, 공연, 방송 또는 전송할 수 있다.
- **개인적 목적으로 이용** 개인적으로 가정 또는 한정된 범위 안에서 이용하는 경우 그 이용자는 이를 복제할 수 있다. 이를 "사적 복제"라 하며 저작권자의 허락 없이 복제할 수 있다.
- **공표된 저작물의 인용** 공표된 저작물은 보도, 비평, 교육, 연구 등을 위하여 정당한 범위 안에서 공정한 관행에 합치되게 이를 인용할 수 있다.
- **입학시험 또는 기타형식의 검정목적** 영리목적이 아닌 입학시험 그 밖의 학식 및 기능에 관한 시험 또는 검정을 위하여 필요한 경우에 저작물을 복제, 배포할 수 있다.
- **프로그램기능의 조사, 연구, 시험 목적의 복제** 프로그램의 기초를 이루는 아이디어 및 원리를 분석하고 습득하기 위하여 프로그램의 기능을 조사, 연구, 시험 목적으로 복제할 수 있다.
- 백업목적

❷ 법정허락

다른 사람의 저작물을 이용하기 위해서는 통상 저작권자의 허락을 얻어야 하지만 상당한 노력을 기울였음에도 권리자를 알 수 없거나 권리자의 소재를 파악할 수 없는 경우 등 일정한 경우에는 법으로써 그 이용을 허락하는 제도가 있는데, 이를 법정 허락제도라고 한다.

❸ 카피레프트운동과 오픈소스운동

- 저작권에 의한 정보 독점이 심화되자 카피라이트(copyright)에 반대하여 이용자의 권익을 옹호하는 움직임이 있는데 이를 카피레프트(copyleft)운동이라고 한다.
- 카피레프트운동이 구체적으로 나타난 형태가 바로 오픈소스 S/W운동이며, 리눅스의 개발이 그 대표적인 예이다.

저작권의 침해와 구제

❶ 저작권 침해 판단의 조건

- 원고가 유효한 저작권을 가지고 있을 것
- 저작권 침해를 의심받는 자의 저작물이 원 저작물에 의거하여 제작되었을 것
- 침해를 의심받는 저작물과 원 저작물이 동일하거나 실질적으로 유사한 것(substantial similarity)를 입증할 수 있을 것

❷ 침해로 간주되는 행위

- **침해물건의 수입행위** 외국에서 작성된 불법복제물이 국내로 수입되어 저작권 침해행위가 마치 국내에서 일어난 것과 동일한 효력이 발생한다면 이러한 수입행위를 저작권 침해행위로 간주하고 수입업자를 처벌한다.
- **기술적 보호조치** 복제에 매우 취약한 디지털 저작물을 보호하기 위한 암호화기법, 디지털워터마킹, DRM 등의 접근제한시스템에 의한 기술적 보호조치에 대한 법적 보호의 필요성이 주장되고 있다. 다만 전통적으로 인정되어 온 저작물에 대한 일반인의 접근마저 차단된다는 점에서 입법취지에 맞지 않는다는 비판도 있다.
- **권리관리정보의 제거행위** 저작물의 이용방법 등을 식별하고 이미 행하여진 불법복제를 추적하기 위해 "권리관리정보" 체계를 개발하여 이를 저작물에 부착하는데, 대표적인 것으로 워터마킹 기술이 있다. 저작권법은 이러한 권리관리정보를 고의로 제거, 변경 또는 허위로 부가하는 행위도 저작권 침해행위로 간주하고 있다.
- **저작인격권의 침해로 간주되는 행위** 저작자의 명예를 훼손하는 방법으로 그 저작물을 이용하는 행위를 말한다. 예를 들면 예술적 가치가 높은 누드화를 복제하여 스트립쇼 극장의 간판으로 사용하는 행위 등이다.

❸ 저작권 침해에 대한 구제

- **침해정지 및 예방청구** 침해행위의 정지 및 예상되는 침해의 예방을 법원을 통해 청구할 수 있다.

- **가처분신청** 현존하는 침해의 정지나 곧 예견되는 침해를 예방하기 위해서는 신속한 조치가 필요한데, 이를 위해서 손해배상청구나 침해정지청구 등 본안소송의 제기에 앞서 법원에 가처분신청을 해 두는 것이 좋다. 가처분결정은 2주정도로 신속하게 처리되며 침해자는 형사처벌 등이 두려워 먼저 합의를 제안해 오는 경우가 많다.
- 복제물의 폐기조치 등 청구
- **손해배상 청구** 손해액에 대한 물질적 청구, 부당이득의 환수와 함께 저작인격권 침해에 대한 위자료도 함께 청구할 수 있다.
- **명예회복 등 청구** 저작인격권을 침해한 자에 대하여 손해배상과 함께 명예회복을 위한 조치(신문지상의 사과문 게재)를 청구할 수 있다.
- **형사처벌** 지적재산권을 침해한 자는 5년 이하의 징역 또는 5000만원 이하의 벌금에 처한다. 단, 저작권 침해에 대한 형벌은 친고죄에 해당하므로 저작권자 등의 고소가 있어야 기소가 될 수 있다. 따라서 저작권 분쟁의 대부분은 합의를 통해 해결하는 경우가 많다.

저작권의 특수문제

❶ 소리바다 사건

소리바다 사건은 음악파일을 무단복제, 전송한 개인이용자에게 직접 책임을 묻지 않고, 대신에 P2P 사업자인 소리바다에게 일정한 책임을 물은 사건이다. 이 사건을 맡은 민사법원은 서버운영중단 가처분을, 형사법원은 복제를 한 이용자의 책임으로, 서로 다른 판결을 내려 저작권법 문제가 혼란에 빠지게 되었다. 최근 대법원의 항소심에서 소리바다의 복제행위 방조에 대한 일부책임이 있음을 판시하였다.

❷ UCC와 저작권 문제

- 최근 인터넷에 봇물처럼 쏟아져 나오는 UCC(User Created Contents)의 약 80% 이상은 타인의 저작물의 전부 또는 일부를 그대로 인용한 경우가 많기 때문에 저작권 침해에 해당될 가능성이 매우 높다.
- 타인의 저작물을 패러디하여 제작한 콘텐츠에 대한 저작권 침해여부가 문제된다. 새로운 장르의 창작물로 보는 시각도 있지만 원작에 대한 심한 침해행위에 대해서 적절한 법적 근거가 필요하기도 하다.
- 기존의 방송물, 음악 등을 편집, 편곡, 변형, 각색 등을 하여 어느 정도 창작성을 가미한 UCC, 소위 2차적 저작물을 법적으로 어떻게 취급할 것인가가 문제되며, 저작물 활용에 대한 새로운 패러다임의 전환이 절실히 요구되고 있다.

- 이러한 문제의 해결책으로 최근 "CCL(Creative Common License, 저작물이용허락표시)"가 제시되고 있다. CCL은 저작자가 자신의 저작물에 대한 이용방법 및 조건을 표시하여 이용자들이 그 방법과 조건 내에서 자유롭게 저작물을 이용할 수 있도록 하는 방법을 말한다.

❸ 데이타베이스 문제

어느 누구도 독점할 수 없고 공중에 공개되어 있는 정보들을 수집, 가공, 저장하여 편리하게 정보를 추출할 수 있게 만든 데이터베이스는 그 자체로 상당한 경제적 가치를 갖는다. 그런데 DB를 제작하기까지는 상당히 많은 비용과 노력 및 시간의 투자를 필요로 하는 반면, 디지털 기술은 그것을 저렴한 비용으로 복제, 배포하거나 활용할 수 있으므로 DB제작자에게 막대한 피해를 입히거나 개발의욕을 상실케 할 수 있다. 우리나라 저작권법은 창작성이 없는 데이터베이스에 대해서도 별도의 제한적 보호체계를 제공하고 있다.

❹ 초상권과 퍼블리시티권

- **퍼블리시티권(right of publicity)** 성명이나 초상 등을 상업적으로 이용할 수 있는 권리를 말한다. 퍼블리시티권의 요건으로서는 1) 유명인일 것, 2) "성명과 초상 등"에 관한 것일 것, 3) 재산적 가치가 있을 것 등이 된다.
- **초상권** 사람은 누구나 자신의 얼굴 기타 사회통념상 특정인임을 식별할 수 있는 신체적 특징에 관하여 함부로 촬영 또는 그림 묘사되거나 공표되지 아니하며 영리적으로 이용당하지 않을 권리를 가지는데, 이를 초상권이라고 하며 헌법적으로 보장되는 권리이다. 초상권은 인격적 권리이고 자신의 신체적 특징에 관하여 촬영 등을 거절하거나 초상의 이용을 거절할 수 있는 권리이다. 배타적 재산권으로서 양도성이 인정되는 퍼블리시티권과는 달리, 초상권과 프라이버시권은 권리자의 인신전속적 권리로서 양도가 되지 않는다.
- **음성권** 타인 목소리의 모든 모방에 대해서 법적 책임을 부여할 수는 없지만 유명 개그맨이나 가수의 특색 있는 목소리를 흉내 내어 이를 상업적으로 이용할 경우에는 저작권 침해 또는 퍼블리시티권 침해를 구성할 수 있다.

❺ 링크와 저작권

- **단순링크** 단순한 링크행위는 자신의 웹페이지에서 다른 웹페이지로 이동하게 해 줄 뿐이므로 저작권법상의 복제권, 전송권 등의 침해를 수반하지 않는다.
- **직접링크** 직접링크는 다른 웹사이트의 초기화면이나 메인화면으로 연결하지 않고 홈페이지의 구성상 하위에 있는 세부적인 페이지를 직접 연결하는 것을 말

한다. 직접링크가 문제가 되었던 사례를 살펴보면 대개 초기 홈페이지에 게재된 광고배너를 통해 얻을 수 있는 타인의 수익을 직접링크를 통해 무임승차를 하는 경우가 있으며, 이는 민법상 불법행위책임의 문제가 발생할 수 있다.

- **프레이밍** 자신의 메뉴화면을 그대로 둔 채로 브라우징 프레임에 타인의 웹페이지를 불러오고 마치 그 내용이 자신의 홈페이지의 일부인 것처럼 오인시켜 타인의 경제적 이익을 가로채는 경우이다. 이는 불법행위책임이나 부정경쟁방지법상 책임을 질 수 있다.

6.4.6 신지식재산권

개요

전통적으로 인간의 지적 창작물은 문화 발달을 목적으로 하는 저작권과 산업 발달을 목적으로 하는 산업재산권으로 대별되었으나, 과학기술의 발전으로 새로운 형태의 지적 창작물이 등장하게 되었다. 신지식권이란 이러한 전통적인 저작권과 산업재산권을 제외하고, 경제적 가치를 지니는 인간의 지적 창작물을 총칭하며 다음과 같은 것들이 범주에 들어간다.

- 반도체 집적회로 배치설계
- 컴퓨터프로그램
- 데이터베이스
- 온라인디지털콘텐츠
- 영업비밀
- 인터넷 도메인네임
- 전통지식 및 기능
- 식물 신품종

컴퓨터프로그램

❶ 보호대상

- 보호대상으로서의 프로그램의 요건 중에서 중요한 것은 프로그램이 "아이디어(idea)"가 아니라 "표현(expression)"이라는 것이다. 창작행위의 소재가 되는 사상이나 감정, 즉 "아이디어"는 만민의 공유에 속하므로 이에 대하여는 독점권을 인정하지 않는다.
- 저작자가 프로그램으로 달성하려고 하는 목적 및 기능은 프로그램보호법의 보

호대상이 아닌 아이디어에 해당하는 것으로 보고, 그 목적 및 기능을 달성하기 위한 프로그램 중에서 저작자의 개성이 나타난 부분만을 프로그램보호법의 보호대상인 표현으로 보고 있다.

❷ 프로그램저작권의 발생

- **무방식주의** 컴퓨터프로그램저작권은 컴퓨터프로그램을 창작한 때 자동 발생한다. 프로그램저작권 발생을 위한 어떠한 절차나 형식을 필요로 하지 않는다. 이를 "무방식주의"라고 한다. 특허의 경우 특허요건을 충족하여 특허청에 등록되어야 비로소 권리가 발생하는 것과 다르다.
- **프로그램저작권의 귀속** 프로그램저작권은 프로그램저작자에게 원시적으로 귀속된다. 국가, 법인, 단체의 기획하에 법인 등의 업무에 종사하는 자가 업무상 창작한 프로그램은 계약이나 근무규칙 등에 달리 정함이 없는 한 그 법인 등을 당해 프로그램의 저작자로 한다.
- 저작권적 보호와 특허권적 보호의 비교

	저작권적 보호방식	특허권적 보호방식
관련법	컴퓨터프로그램보호법	특허법
발생 권리	프로그램저작권	특허권
보호 대상	표현(프로그램저작물)	아이디어(발명)
권리발생요건	무방식주의(창작시 권리발생)	방식주의(특허등록시 권리 발생)
보호기간	창작한 다음 년도부터 50년	특허출원일로부터 20년
지역적 범위	국내법 및 조약에 의해 외국에도 효력이 있음	국내에서만 효력이 있음

❸ 프로그램저작권의 내용

- **저작재산권** 프로그램저작권자는 저작재산권으로서 자신의 소유한 프로그램을 복제, 개작, 번역, 배포, 발행 및 전송할 권리를 가진다.
- **저작인격권** 프로그램저작권자는 저작인격권으로서 자신의 소유한 프로그램에 대해 공표권, 성명표시권, 동일성유지권을 독점한다.

❹ 프로그램저작권 보호의 제한

- **시간적 제한** 프로그램저작권은 공표된 다음 연도부터 50년까지 보호를 받는다.
- **프로그램사용자에 의한 백업용 복제** 프로그램의 복제물을 정당한 권원에 의하여 소지, 사용하는 자는 그 복제물의 멸실, 훼손 또는 변질 등에 대비하기 위하여 필요한 범위 안에서 당해 복제물을 복제할 수 있다.

- 공익상의 제한
  - 재판 또는 수사 목적의 복제
  - 교육기관의 수업과정 제공 목적의 복제 또는 베포
  - 교과용 도서의 게재 목적의 복제
  - 비영리 개인 목적의 복제
  - 교육기관의 입학시험, 학식 및 기능에 관한 시험
  - 프로그램의 아이디어 및 원리확인을 위한 조사, 연구, 시험목적의 복제
- 프로그램코드역분석

  정당한 권원에 의하여 프로그램을 사용하는 자가 호환에 필요한 정보를 쉽게 얻을 수 없고 그 획득이 불가피한 경우 당해 프로그램의 호환에 필요한 부분에 한하여 프로그램저작권자의 허락을 받지 아니하고 프로그램코드역분석을 할 수 있다.

❺ 침해의 유형 및 구제방법

- 침해의 유형
  - 직접침해: 정당한 권원없이 타인의 프로그램을 복제, 개작, 번역, 배포, 발행, 전송하는 행위, 허위로 프로그램 등록, 복제물 제출, 이전 등록 등이다.
  - 간접침해: 국내 배포 목적으로 불법복제물을 수입하는 경우
  - 기술적 보호조치의 침해: 암호화 등의 기술적 보호조치를 무력화하는 등의 행위
- 침해에 대한 구제방법
  - 침해의 정지 또는 예방의 청구
  - 손해배상청구권
  - 피해자의 고소에 따른 형사적 구제

❻ 프로그램보호법의 주요제도

- **분쟁조정제도:** 3인의 조정위원회. 신속, 전문성, 저렴한 비용, 영업비밀보장
- **알선(간이한 조정) 제도:** 1인의 알선위원
- 프로그램등록제도
- **소프트웨어임치제도:** 저작권자가 사용자를 위하여 소스코드 및 기술정보 등을 임치기관에 임치해 두고, 저작권자가 파산, 폐업, 자영재해 등으로 계속하여 유지보수를 할 수 없게 된 경우 사용자가 안정적, 계속적으로 저작권자의 소프트웨어를 사용할 수 있도록 하는 제도이다.
- **소프트웨어감정제도:** 프로그램보호위원회

영업비밀

❶ 보호대상

영업비밀은 영업상의 이익 또는 사실상의 자산으로 이해되고 있으며, 영업비밀의 재산적 가치는 인정하지만 공개의 대가로 배타적 권리를 부여하는 제도가 아니며, 물권 또는 산업재산권과 같은 권리성은 인정하지 않는다.

❷ 침해행위의 유형

- 영업비밀을 부정취득, 사용, 공개하는 행위
- 부정취득된 영업비밀을 악의/중과실로 취득/사용/공개하는 행위
- 선의취득후 악의, 중과실에 의한 사용/공개행위
- 영업비밀의 부정공개/사용하는 행위

반도체배치설계

❶ 보호대상

반도체집적회로의 배치설계에 관한 법률이 제정되어 있고, 배치설계권은 특허권과 저작권의 중간성격을 가지고 있다.

❷ 배치설계권의 발생

- 배치설계권은 창작성이 있는 배치설계를 설정등록함으로써 발생한다.
- 배치설계 제작자의 지적 노력의 결과로서 통상적이 아닌 특성이 나타나 있어서 기존의 제작물과 구별될 수 있는 배치설계를 제작한 것이어야 한다.

❸ 배치설계권의 효력

- 배치설계권자 또는 그로부터 권리를 승계한 자는 설정등록된 배치설계에 대하여 영리목적으로 이용하는 권리를 독점한다.
- 배치설계권도 다른 지식재산권과 동일하게 공유, 양도설정, 질권설정, 전용 또는 통상 이용권의 설정이 가능하다.
- 배치설계권의 존속기간은 설정등록일로부터 10년이 원칙이다.

연습문제

1. 기술문서 작성에 있어서 독자의 눈높이를 어떻게 가늠할 것인지 방법을 설명하시오.
2. 안전과 환경을 고려한 설계과제를 생각하고, 테마가 결정 되면 그 결정이유를 기술문서 작성 3법칙에 맞게 설명하시오.
3. PET병을 이용한 물 로켓의 설계보고서를 작성하시오.
4. 초등학생을 상대로 문제 3의 설계보고를 위한 구두 발표자료를 작성하시오.
5. 설계보고서 또는 구두발표에서 설계노트는 공학설계 활동에서 매우 중요하다. 설계노트 작성시 고려되어야 할 사항을 열거하시오.
6. 스티븐 호킹의 '시간의 역사'는 베스트셀러로 알려져 있다. 이 책이 베스트셀러가 된 이유를 5가지 이상 나열하고 발표하시오.
7. 본인이 학생장이라고 생각하고 학과에서 실시하는 신입생 MT계획서를 작성하시오.
8. 동급생이 자기 집을 쉽게 찾을 수 있도록 약도를 A4용지 1장에 그리시오.
9. 구두 발표 때 청중이 경청하게 만드는 요소를 생각하고 열거하시오.
10. 자기의 의사소통 능력이 어떤 수준에 있는지 점검하고 정리하시오.
11. 4층 건물 옥상에서 계란 떨어트리기 대회가 있다고 하자. 이때 땅 바닥에 떨어져도 계란이 깨지지 않는 계란보호기구를 고안하고 스케치하시오.
12. 다음의 사례에 대하여 공학윤리 측면에서 토론해보자
    - 납품업자의 골프 초대
    - 소프트웨어의 불법복제 문제
    - 공학자의 허위문서위조
    - 자동차 생산비용의 삭감과 안전문제
13. 다음의 사례에 대하여 지식재산권 측면에서 토론해보자
    - 지식재산권의 종류와 각각의 특징
    - 특허제도의 목적과 특허권 침해
    - 퍼블리시권과 초상권의 개념차이
    - UCC에서 발생될 수 있는 저작권 문제
    - 소리바다 사건에서 소리바다사의 책임을 인정한 근거
    - 신지식재산권의 종류와 의의

참고문헌

1. 신동호, "글 잘쓰는 과학자가 성공할 확률 높다," 과학동아, 2002 년 2 월호, (2002). 또는 박강 외 4인 공저, 공학문제 해결의 길라잡이 창의공학, 도서출판 인터비젼, (2008).
2. Gerard Voland, Engineering By Design, Pearson Prentice Hall, (2004). 또는 전영록 외 5인 공역, 공학문제 해결을 위한 공학설계, 도서출판 인터비젼, (2008).
3. Thomas E Pearsall, The Elements of Technical Writing, Allyn & Bacon, (2001).
4. William, Jr. Strunk, E. B. White, and Charles Osgood, The Elements of Style, Allyn & Bacon, (2000).
5. C.I. Dym and P. Little, Engineering Design, John Wiley & Sons, Inc., (2004). 또는 조문수 외 3인 공역, 프로젝트 기반의 공학설계입문, 아이티시, (2007).
6. 배원병, 김종식, 윤순현, 임오강, **공학윤리**, (주)북스힐, 서울, 2006
7. 이경우, 김병재, 이태희, 황농문, 한송엽, **공학문제해결입문**, 시그마프레스, 서울, 2006
8. 특허청 정보기획팀, **지식재산권 입문**, 성민, 서울, 2007

07

공학설계의 분야별 활용사례

7.1 마그너스 효과를 이용한 풍력 추진 장치

7.1.1 풍력 추진장치 제작 프로젝트 개요

지구온난화 및 환경오염을 유발하는 석탄, 휘발유 등 기존 동력추진장치와 달리 가장 근본적인 새로운 대체 에너지원 중의 하나인 자연의 바람을 이용하여 추진력을 얻어 움직이는 추진장치를 설계 · 제작하고자 한다. 이러한 추진 장치는 유체역학적으로 Magnus효과로 설명되는 양력으로 추진력을 얻으며, 이를 통해 공학자는 항공, 조선, 자동차 등 많은 분야의 발전을 가져온 유체역학의 기초를 이해할 수 있다.

7.1.2 프로젝트 과제

Magnus효과를 고려한 회전실린더를 이용한 추진장치를 설계 · 제작 한다. 바람과 회전하는 원형실린더로 추진되는 추진장치는 유체역학의 기초인 Bernoulli 방정식과 Magnus효과의 원리가 적용된다.

본 프로젝트에서는 원형실린더의 지름과 회전수를 변화시켜 이에 따른 양력의 변화와 추진장치의 추진속도변화를 관찰한다. 또한 추진장치가 최대의 추력을 얻기 위한 최적설계 방법을 도출하고 설계, 제작한다. 여기에서는 창원대학교 메카트로닉스공학부 윤정호, 강원태 군의 공학설계의 예를 정리하여 소개한다.

7.1.3 소요 재료 및 공구

구분	내용 및 규격
재료	원형 실린더 (55Φ, 85Φ), 모터, 에폭시, 글라스판, 송수신기, 변속기, 목재, 선풍기 등
공구	전동 드릴, 드라이버, 커터 칼, 플라이어, 연마지 등

7.1.4 아이디어 탐색 I: 풍력 추진장치의 원리

$$\frac{p}{\rho g} + \frac{1}{2g}v^2 + z = const \quad : \text{베르누이 방정식}$$

단, ρ, v, p, g, z는 각각 유체의 밀도, 속도, 압력, 중력가속도, 실린더의 위치

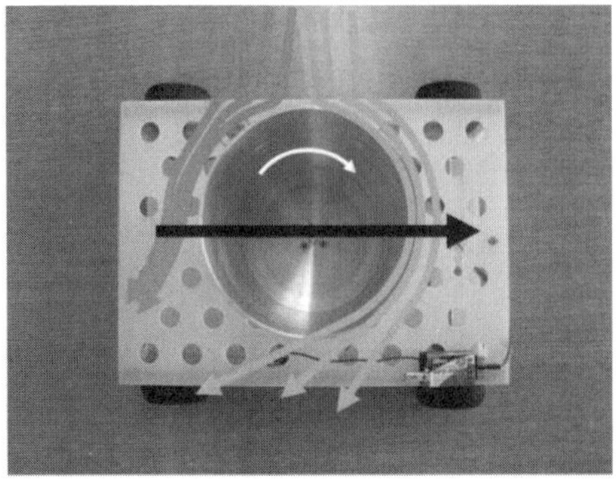

공기의 흐름이 회전방향과 같은 쪽에서는
속도가 빨라짐 ➡ 압력감소
반대로 느린 맞은편 ➡ 압력증가

그림 7-1 ▪ Magnus 효과

베르누이 방정식에 의하면, 실린더 위에서 불어오는 유동의 방향과 실린더의 회전 방향이 같은 쪽에서는 유동의 속도가 빨라져서 압력이 낮아지고 상대적으로 실린더 회전방향과 반대인 곳에서는 유동의 속도가 느려져서압력이 높아지게 된다. 이로 인해 압력이 높은 곳에서 낮은 곳으로 힘이 발생한다. 이를 Magnus 효과라 한다.

7.1.5 아이디어 탐색 2: 풍력 추진장치설계시의 고려사항

- 추진 장치의 추진에서 바퀴의 마찰력을 최소화 하기 위해 차축과 베어링을 이용한 바퀴를 제작한다.
- 모터의 회전에 따른 진동 감소를 위해 부드럽고 신축성 있는 소재(예, 스폰지)로 된 바퀴를 사용한다.
- 차체의 저항력을 최소화 하기 위해 가볍고 튼튼한 소재를 사용한다.
- 저항력을 줄이기 위해 차체의 형상이나 구조를 유선형으로 제작하거나, 차체에 구멍을 뚫어서 이동시에 공기의 흐름을 유연하게 한다.
- 모터의 회전에 간섭을 주지 않게 실린더의 편심을 정확히 조절한다.
- 모터의 회전수를 조절 하기 위해 변속기, 송수신기와 호환이 되는 모터를 선정한다.

7.1.6 풍력 추진장치의 설계

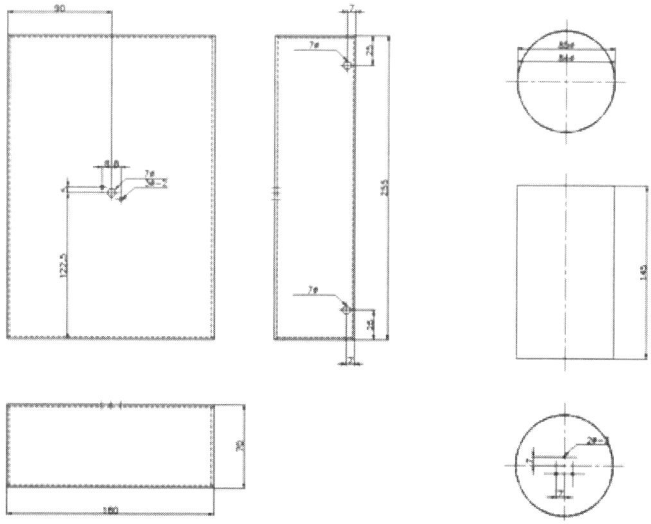

〈2D 설계도면〉

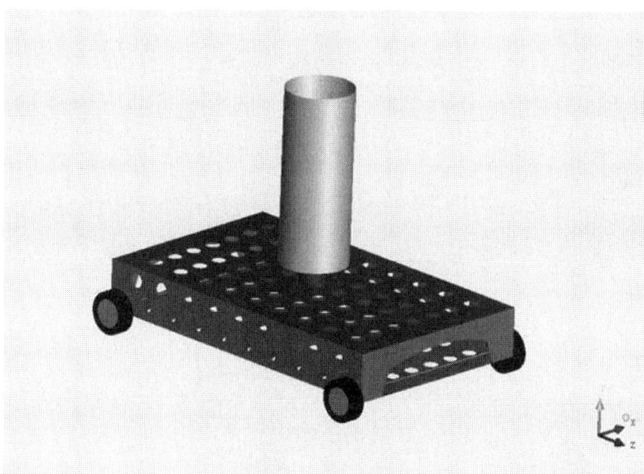

〈3D 모델링〉

그림 7-2 ▪ 풍력 추진장치의 설계

7.1.7 풍력 추진장치의 제작

가. 제작 순서 설명

❶ 차체 만들기

에폭시, 글라스판을 이용하여 사각박스형태의 차체모형을 만든다. 차체의 안정성 을 높이기 위해 모서리 이음새 안쪽 부분에는 나무 막대를 덧대어 부착함으로 안 정성을 높인다. 차체 중량의 감소를 위해 불필요한 부분의 영역을 제거 한다.

에폭시 글라스판의 절단은 실톱을 이용, 구멍뚫기 작업은 전동드릴을 이용한다(그림 7-3).

❷ 회전 모터 부착

고속으로 회전하는 모터는 차체 상판의 정중앙에 위치하도록 한 뒤 차체와 단단히 결합시킨다(그림 7-5).

❸ 수신기 및 전기 배선 연결

차체 안쪽 부분에 각 부품을 부착시키기 위해 탈부착 가능한 벨크로테이프(찍찍이)를 사용한다. 각 배선에 탈착이 쉬운 전용 잭을 부착하여 연결한다(그림 7-6).

❹ 회전 실린더 부착

알루미늄 소재로 가공된 실린더는 고속으로 회전하기 때문에 모터의 회전에 방해가 되지 않게 중심을 잘 맞추어 부착한다. 이는 고속으로 회전하는 실린더의 균형이 맞지 않을 경우 심한 진동을 유발한다(그림 7-7, 그림 7-8).

❺ 바퀴 부착

차체에 연결된 차축에 바퀴를 부착한다. 바퀴가 원활한 회전을 하기 위해 베어링을 사용하고 특별한 고정 장치를 사용하여 장착한다(그림 7-9).

❻ 기타 작업

차체의 모서리 부분에 미관을 좋게하고 안전사고 예방을 위해 연마지를 사용해서 마감손질을 한다(완성도: 그림 7-10).

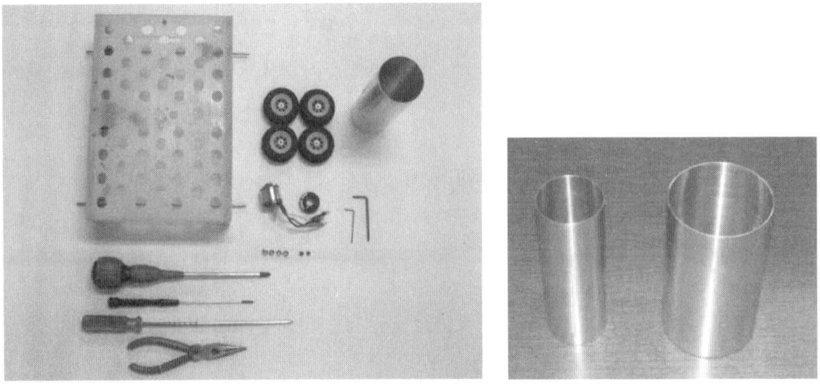

그림 7–3 ▪ 차체 및 부품

나. 제작 순서 그림

그림 7-4 ▪ 모터 속도제어용 송수신기

그림 7-5 ▪ 회전 모터의 부착

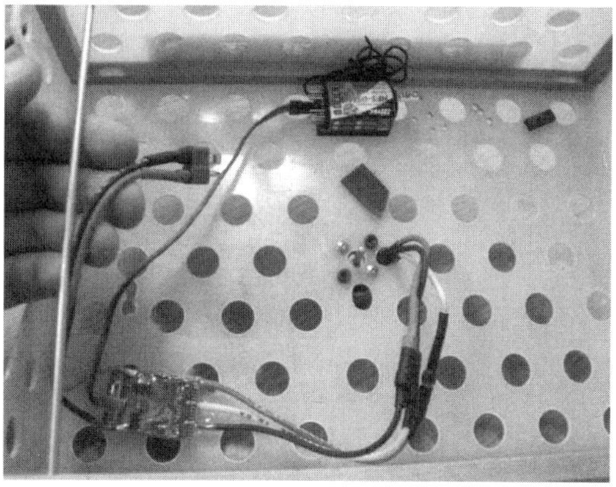

그림 7-6 ▪ 수신기와 변속기의 배선 연결

그림 7-7 ■ 회전 모터위 실린더 부착

그림 7-8 ■ 모터에 실린더 부착 (위에서 본 모습)

그림 7-9 ■ 차체에 바퀴 부착

그림 7-10 ▪ 완성된 모습

7.1.8 풍력 추진장치의 테스트

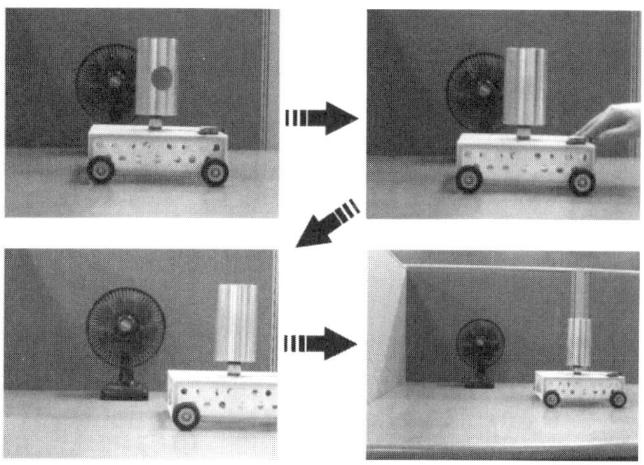

그림 7-9 ▪ 원형실린더를 이용한 풍력추진장치 테스트

완성된 추진장치를 선풍기(또는 송풍기)를 이용하여 주행 테스트를 한다(그림 7-11). 우선 추진장치의 원형 실린더를 회전시킨다. 송신 컨트롤러를 이용하여 적절한 실린더의 회전속도를 맞춘다. 반복 작업을 통하여 적절한 작동 상태를 확인한 후 추진기가 움직이지 않게 손으로 잡고 선풍기를 작동시켜 테스트 준비를 완료한다. 손을 떼어 추진기가 움직인 거리와 시간을 측정하여 속도를 측정 하고, 원형 실린더의 크기를 바꾸어서 같은 방법으로 실험 한다.

7.1.9 프로젝트 활동 정리

테스트 결과 같은 크기의 실린더의 경우에는 실린더의 회전 속도가 빠를수록 추진 장치의 속도가 증가함을 보였다. 이는 회전하는 실린더표면에 발생하는 공기 흐름의 속도차가 커지면서 그에 따라 압력차도 커져서 양력이 발생하기 때문이다. 원형실린더의 직경 변화에 따른 추진 속도는 동일한 rpm에서 직경이 커질수록 실린더 주위의 유동 속도가 증가하여 실린더 양단에 발생하는 압력차가 커진다.

7.1.10 관련 지식

가. Magnus 효과

Magnus효과는 공이나 원기둥이 회전하면서 유체 속을 지나갈 때, 회전방향과 유동방향이 일치하는 쪽으로 힘을 받는 현상으로 1852년에 독일의 학자 Magnus가 처음 발견하였다. 즉, 베르누이 정리에 따라 회전하는 물체의 표면 속도 방향과 바람의 유속 방향이 일치하는 쪽에서는 유체의 속도가 더울 빨라지고 압력이 감소하며, 반대쪽에서는 유속이 느려지고 압력이 증가하기 때문에 그림 7-12와 같이 압력에 의한 힘이 화살표방향으로 일어난다.

$$\frac{p}{\rho g} + \frac{1}{2g}v^2 + z = const \quad \text{: 베르누이 방정식}$$

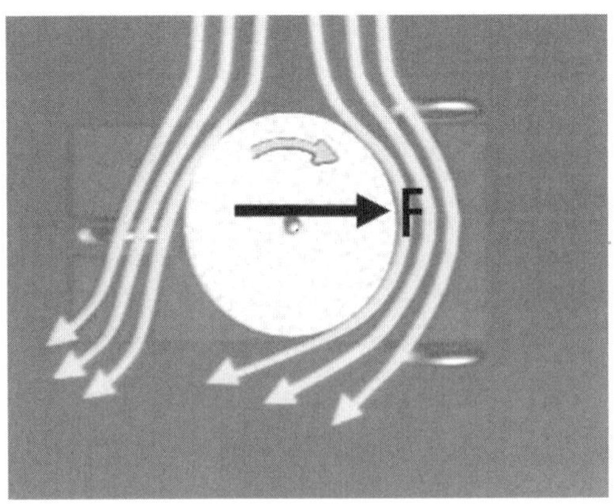

그림 7-12 ▪ 회전하는 실린더의 Magnus효과

예를 들면, 그림 7-13과 같이 축구선수가 회전을 걸어 찬 공이[1] 회전을 건 방향으로 볼이 휘게 되는 원리나, 야구에서 투수가 공을 던질 때 회전을 가하여 공의 진로를 컨

트롤하는 것도 Magnus효과를 이용한 것이다. 유동중에 실린더를 회전시키면 비행의 날개에서와 같이 실린더에 양력이 발생하게 된다.

그림 7-13 ▪ Magnus효과에 의해 휘어져 날아가는 축구공

Magnus효과를 이용한 추진장치로는 Flettner Rotor 추진선이 있다 (그림 7-14)[2]. 이 추진선은 1924년 독일에서 건조되었으며, 배를 지나는 어떠한 바람에 대하여서도 추력을 발생하는 회전 수직 실린더를 이용하였다. 실제로 보급은 되지 않았으나, 최근 유류 값 등 에너지비용이 급증하고 있는 가운데, 기존 동력선과 달리 자연의 에너지인 바람을 이용하여 추진력을 얻는 Flettner rotor 추진선은 신재생에너지 활용이란 점에서 개발을 서둘러야 할 흥미로운 장치이다.

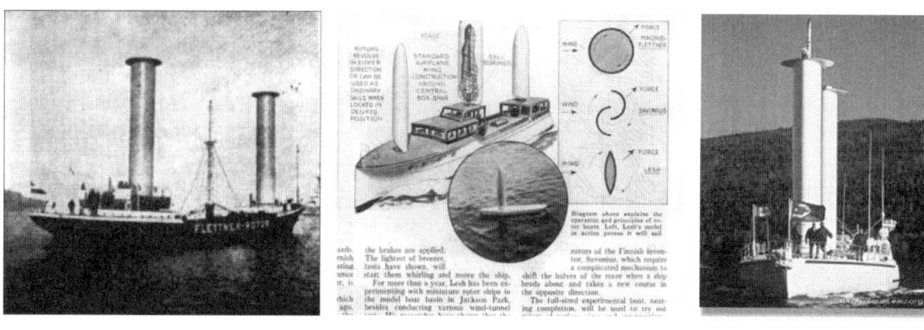

그림 7-14 ▪ Flettner rotor 추진선

7.2 컴퓨터 냉각 시스템의 설계

(본 종합설계 과제는 2007년 지방대학혁신역량강화(NURI)사업 '스마트부품소재인력양성사업단'의 캡스톤디자인 지원에 의하여 창원대학교 나노신소재공학부 이명환, 이성찬, 조형준, 박진동 학생에 의하여 진행되었습니다.)

7.2.1 목적 및 필요성

최근 컴퓨터가 고성능화, 소형화되어감에 따라 작은 공간에 더 많은 기능을 하는 소자들이 집적되게 되어 컴퓨터 동작 과정에서 더 많은 내부열이 발생하게 되었다. 그 결과 컴퓨터 동작의 안정성이 떨어지고 내구성과 성능이 떨어지거나 나쁜 경우에는 컴퓨터가 갑자기 꺼지는 문제가 간혹 발생하기도 한다. 이러한 문제를 극복하기 위하여 컴퓨터 내부에는 여러 개의 방열 장치와 냉각 팬이 컴퓨터를 냉각시키고 있으며 컴퓨터의 중요한 부품의 온도를 모니터하는 장치를 따라 설치하기도 한다. 이러한 컴퓨터 냉각장치의 효율을 향상 시키고 안정적인 컴퓨터 성능을 구현하기 위한 방법들을 모색한다.

그림 7-15에 나타내어진 바와 같이 컴퓨터 메인 보드는 North bridge, South bridge 쪽에 많은 열이 발생하여 방열 판이 설치되어 있다. 그리고 그림 7-15은 CPU를 설치하기 전의 메인 보드 모습이기 때문에 CPU위의 냉각 팬이 보이지 않지만 CPU 소켓에 CPU를 설치하고 그 위에 냉각 팬을 직접 붙여 열이 많이 발생하는 CPU를 냉각 시켜준다.

그림 7-15 ■ 컴퓨터 메인 보드 장치

이러한 일반적인 컴퓨터 냉각 장치의 효율을 높여주고자 최근에 많은 시도들이 있는데 수냉식 쿨러와 펠티어(열전)소자 쿨러가 일반적인 방법으로 활용되고 있다.

	수냉식 쿨러	펠티어소자(열전소자) 쿨러
장점	안정적인 온도유지 반영구적 수명	안정적인 온도유지 공간 활용 용이
단점	비싼 가격 누수의 위험성	방열면의 고온 처리방법 미비 높은 유지비

수냉식 쿨러는 냉각수를 열이 발생하는 장치에 흘려주는 방법으로 효율적으로 냉각을 시켜주기 때문에 안정적인 온도 유지가 가능하고 반영구적인 수명을 가지고 있으나 물을 순환시키기 위한 장치를 설치하고 외부에서 물을 공급하기 위한 장치를 만들어 주어야하기 때문에 가격이 비싸지고 편리성이 빨리 떨어진다. 특히 문제가 되는 것은 사용 중에 여러 가지 이유로 누수가 되면 컴퓨터에 치명적인 손상을 일으킬 수 있기 때문에 성능이 좋더라도 위험을 감수하여 사용하여야 하는 문제를 가지고 있다.

그림 7-16 ▪ 수냉식 냉각장치의 예

이에 비해 열전소자를 활용하는 펠티어(Peltier) 소자를 이용한 쿨러 장치는 작은 공간에 펠티어 소자를 설치하고 전원만 연결하면 되기 때문에 공간 활용이 용이하며 안정적인 온도를 유지할 수 있다는 장점을 가지고 있다. 열전 펠티어 소자는 반도체 재료를 이용한 소자로서 열전 재료(the-rmoelectric material)은 전기를 가해주면 직접 열을 흡수하거나 방출할 수 있는 재료를 뜻하며 화장품 냉장고, 간이 발전 장치 등의 다양한 응용에 활용되고 있는 재료이다. 그러나 펠티어 소자 냉각은 방열 면과의 접촉이나 고온 처리 방법이 미비하여 아직 성능이 충분하지 않으며 높은 유지비가 든다는 단점을 가지고 있다.

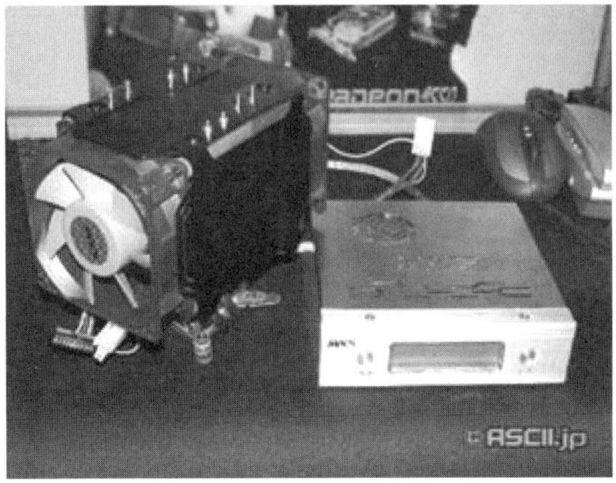

그림 7-17 ▪ 펠티어 소자 활용 사례

7.2.2 설계 및 개선 방안

본 설계에서는 기존에 방열판으로 일반적으로 사용되는 알루미늄 대신에 열전도율이 높은 구리를 이용하여 방열판을 제조하여 컴퓨터의 냉각 효율을 개선하고 그 결과를 확인하고자 한다. 알루미늄과 구리의 물성의 차이는 아래와 같다.

7.2.3 알루미늄

전기비저항 26.50 nΩm (20°C)

열전도율 237 W/mK (300 K)

열팽창계수 23.1 μm/mK (25°C)

7.2.4 구리

전기비저항 16.78 nΩm (20°C)

열전도율 401 W/mK (300 K)

열팽창계수 16.5 μm/mK (25°C)

구리는 알루미늄에 비하여 열전도율도 두 배 가까이 높으며 열팽창계수도 낮기 때문에 방열판 장치로 사용하기에 적합하다.

구리 방열판을 제작하기 전에 우선 현재 사용되고 있는 알루미늄 방열판에 대하여 살펴보았다. 알루미늄 소재의 55 × 38 × 22 mm^3 규격의 격자 형태 방열판의 모습을 아래에 보여준다.

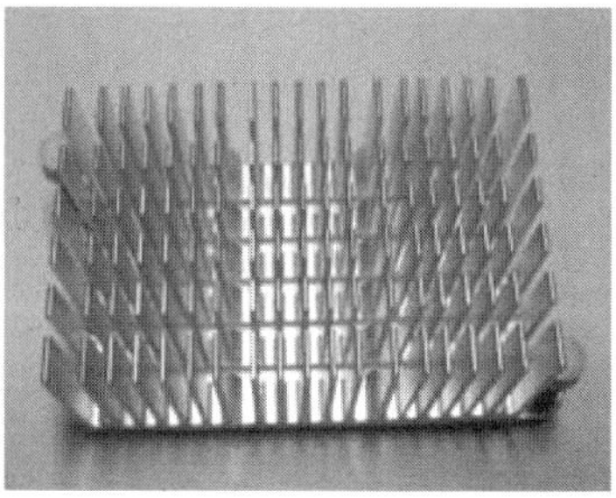

방열판 전면 모습

방열판 후면 모습

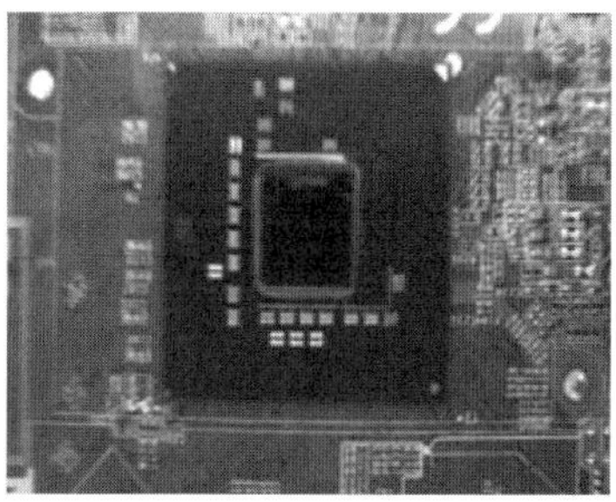

코어 전면 모습

방열판 장착 후 모습

구리 소재 방열판을 40 × 40 × 18 mm^3 규격으로 제조하였으며 방열판과 소자 사이에 열전고 테이프를 이용하여 접촉하는 방법 대신에 열전도 그리스를 사용하였다. 그리고 방열판의 디자인을 직선형에서 파이프 라인을 결합하여 냉각 팬 가까이에 두어 냉각 효율을 높이고자 하였다.

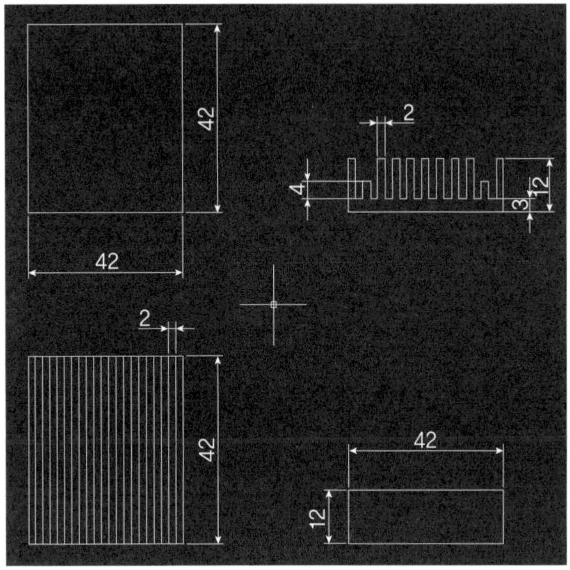

AUTOCAD 설계

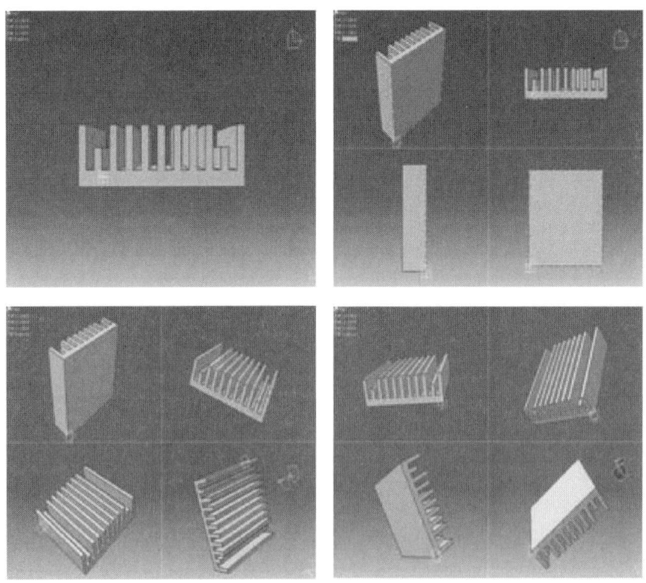

CATIA5 설계 (3D)

7.2.5 개선 결과

기존의 디자인

개선된 디자인

개선 제품 장착 후 모습

구동 장면

7.2.6 성능 확인

제조된 구리 소재 방열판의 성능을 확인하기 위하여 실제 컴퓨터 사용 환경에서 테스트를 실시하였다.

7.2.7 시험 환경

- CPU-INTEL P4 DUAL CORE (1.6 GHz X 2)
- M/B-MSI P35 NEO
- VGA-GEFORCE 8600 GT
- RAM-DIGIX DDR2 6400 1 GB X2
- HDD-SAMSUNG SPINPOINT 80 GB
- POWER-OCEN 500 W
- 최근 가장 많이 사용 중인 표준 PC부품으로 구성
- 모든 부품은 무상 A/S 3년 보증 제품으로 구성
- 안정한 테스트 환경을 위해 500 W 전원 공급장치 채택

7.2.8 시험 결과

CPU 과부하 테스트

시험 시 실내 온도 21.7°C

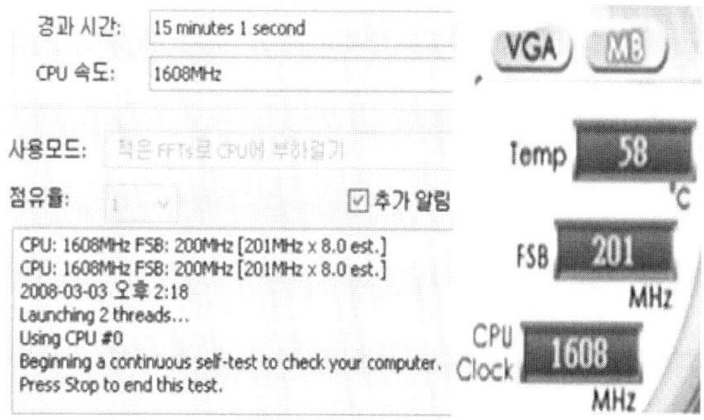

기존 제품의 CPU 과부하 시험 결과

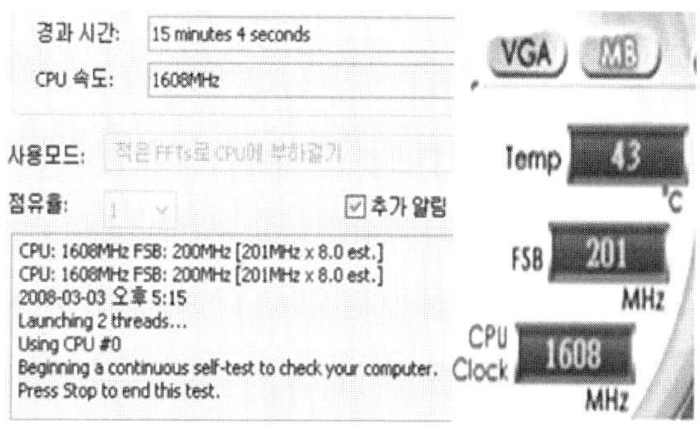

개선품의 CPU 과부하 테스트 결과

온도가 58°C에서 43°C로 떨어져 많은 성능의 향상이 있었다.

메모리(RAM) 과부하 테스트

시험 시 실내 온도 21.7°C

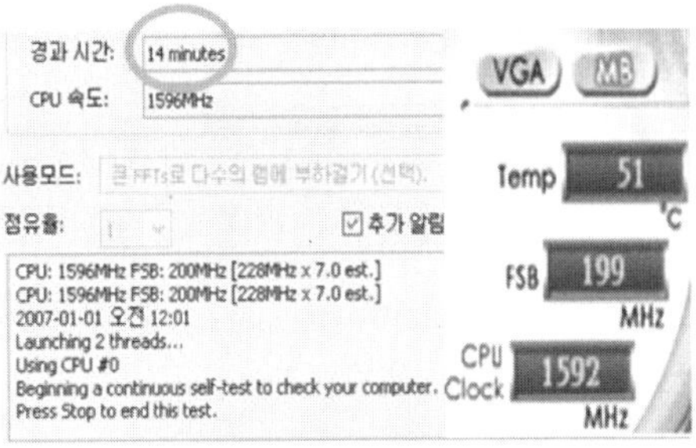

기존품의 메모리 과부하 테스트 결과

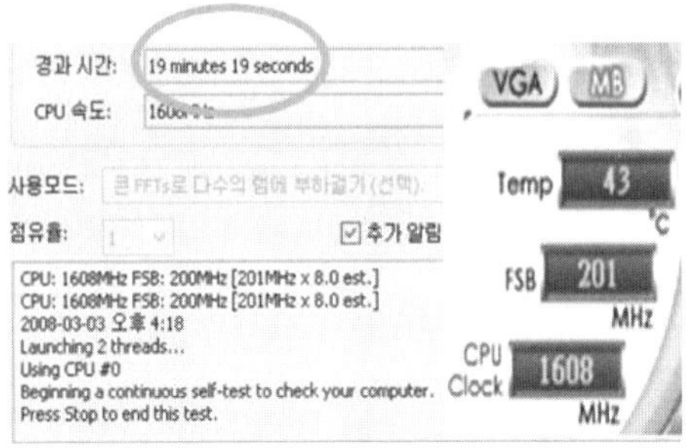

개선품의 메모리 과부하 테스트 결과

메모리 과부하 테스트 중 50°C 이상으로 온도가 올라갈 때 시스템 클럭의 성능 저하 확인

7.2.9 설계 기대효과

이상의 설계 결과 방열판을 구리 재료로 바꾸고 약간의 디자인 변경을 통하여 적은 비용으로 효율의 증대 효과를 볼 수 있었고 기기의 내구성 및 안정성이 보장되었다. 그 결과 컴퓨터 사용 중에 생기는 추가 A/S 비용의 감소 효과와 컴퓨터 사용 중의 컴퓨터 다운에 대한 심리적인 안정성을 증대할 수 있을 것으로 기대된다.

7.2.10 비용 계산

본 설계 과정에서 사용한 알루미늄 방열판과 구리 방열판의 가격을 비교하여 보았다. 본 설계 과정에서는 적은 개수의 방열판을 주문 제작하여 가격이 많이 비쌌는데 구리 방열판은 3개를 전반 가공을 이용하여 제작하는데 22만원이 들었다. 그러나 구리 방열판의 경우도 대량 생산이 가능하다면 가격을 크게 낮출 수 있을 것으로 기대된다.

7.2.11 문제점 및 해결 방안

❶ 구리 방열판 디자인 설계 상 전문성이 부족하여 어려움이 많았다.
❷ 구리 방열판과 파이프 라인의 용접 고정시 급격한 산화 현상 발생
❸ 구리의 산화 억제를 위한 방법이 모색되어야 한다
❹ 공랭 방식의 한계로 성능 개선에 제한이 있었다.
❺ 구리 재료를 이용하여 방열판의 대량 생산을 위한 공정에 대한 설계 필요

7.3 모바일 기기용 스타일러스 펜 개발

이 종합설계과제는 지방대학혁신역량강화(NURI) 경남제조IT혁신전문인력양성사업단(MIRAE)의 2007년 캡스톤디자인사업의 지원을 받아 창원대학교 산업시스템공학과의 김진욱 교수의 지도 하에 최수연, 김상운, 강영애 학생이 수행한 것입니다.

7.3.1 프로젝트 개요

최근 휴대폰, PDA, 휴대용 게임기, 타블렛 PC 등, 모바일 기기의 사용이 증가하면서 스타일러스 펜 또는 터치 펜의 사용빈도가 늘고 있다. 모바일 기기의 휴대시 스타일러스 펜은 본체에 내장되어있거나 고리를 걸어 매달아 두는 방식이 일반적이다. 본체 내장형은 고리 부착형에 비해 펜이 외부로 드러나지 않아 깔끔하게 정리된 인상을 주지만 소형화 추세의 기기를 슬림화하는 데는 방해가 된다. 최근에는 펜이 모바일기기의 안테나 역할도 할 수 있게 개발되었다.

이 프로젝트는 고리 부착형 스타일러스 펜에 관련 된 것이다. 고리 부착형 펜은 펜을 사용할 때는 펜이 본체에서 이탈되어야하고, 사용하지 않을 때는 펜이 본체에 부착되어 있어야 한다. 여기서 우리는 TRIZ 창안자 Genrich Altshuller가 정의한 '발명이란 모순을 해결하는 것' 이란 것을 다시 한번 확인할 수 있다. 즉, 스타일러스 펜은 본체에 잘 부착되어있어야 하고, 한편으로는 쉽게 이탈되어야 하는 모순을 갖고 있는 것이다.

시중에 유통되고 있는 대부분의 고리 부착형 스타일러스 펜은 펜에 뚜껑을 씌우고, 뚜껑에 고리를 다는 방법을 사용하고 있다. 뚜껑과 펜의 탈착방법은 그림 7-4과 같이 크게 두 가지로 구분된다. 하나는 뚜껑과 펜에 요철을 두어 뚜껑에 펜을 살짝 끼워 맞추어 두는 것(Snap-fit)이고, 다른 하나는 뚜껑과 펜에 나사를 만들어 뚜껑과 펜을 체결하는 것이다. 스냅형은 펜의 탁찰이 편리하나 탈착횟수가 늘어나면 요철부분이 마모되어 펜이 쉽게 이탈되는 단점이 있다. 나사형은 스냅형처럼 쉽게 이탈되지는 않으나 탁찰이 불편하고 잦은 탈착으로 나사산이 마모된다. 따라서 스타일러스 펜의 탈착이 편리하면서도 쉽게 이탈되지 않는 개선이 필요하다.

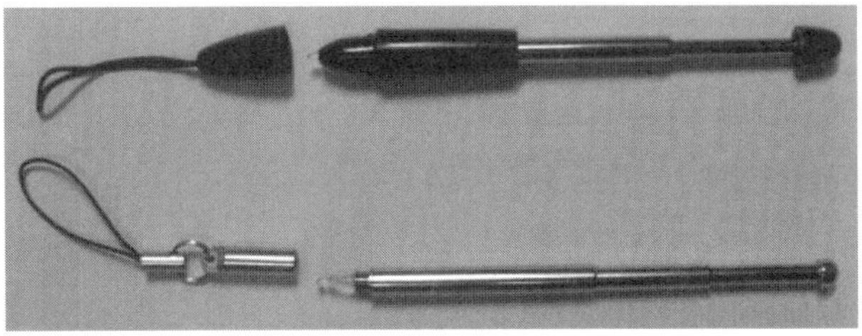

그림 7-18 ▪ 스타일러스 펜

한편 스타일러스 펜의 사용상 불편한 점도 개선이 필요하다. 스타일러스 펜은 휴대용기기의 화면을 톡톡 치거나 작은 아이콘을 정확히 터치해야하는 동작이 많다. 그런데 가늘고 짧은 원통형의 스타일러스 펜은 손으로 쥐기에 불편하고 동작하기가 불안하다. 따라서 필기용 펜처럼 쥘 수 있도록 스타일러스 펜 속에 연장관을 삽입하여 사용시에는 길이를 늘리고 보관 시에는 줄이는 방법을 사용하고 있다. 그러나 연장관을 빼기 위하여 양손을 사용해야하는 불편함이 있으며, 필기 방식과 터치 방식의 손 동작이 다르므로 신축형 스타일러스 펜의 효용성은 별로 크지 않아 보인다.

7.3.2 문제의 정의

이 프로젝트는 기존의 스타일러스 펜보다 탈착이 편리하고 손에 쥐기 편리한 스타일러스 펜의 개발이 주요 목적이다. 앞에서 설명한 것처럼 스타일러스 펜은 쉽게 이탈되어야 하고, 또 확실히 부착되어져야 한다. 손에 쥐기 쉬워야하며, 휴대용 기기의 소형화에 맞추어 너무 크지 않고 작고 가벼워야 한다. 또한 이천 원 정도의 저가 제품이 유통되고 있으므로 제조원가도 최소화할 수 있어야 할 것이다. 따라서 스타일러스 펜의 설계에 반영할 기능은 다음과 같이 정리할 수 있다.

- 사용시 쉽게 이탈되어야 한다.
- 보관시 잘 부착되어야 한다.
- 손에 쥐기가 쉬워야 한다.
- 작고 가벼워야 한다.
- 저렴해야 한다.

7.3.3 아이디어 창출

스타일러스 펜과 같은 소형 물건을 탈착하는 방법은 기존의 다른 물건들에도 많이 사용되므로 대체수단을 찾기로 하였다. 그 결과 그림 7-19와 같이 세 가지 대체 수단이 탐색되었다. 첫째, 골퍼가 티샷 때 사용하는 자석 티와 같이 뚜껑과 펜을 자석의 힘으로 탈착하는 것이다. 둘째, 명찰 등을 매달 때 사용하는 소형 버클을 이용한다. 셋째, 소형 스프링 후크를 펜에 매달아 휴대용 기기에 거는 방법이다.

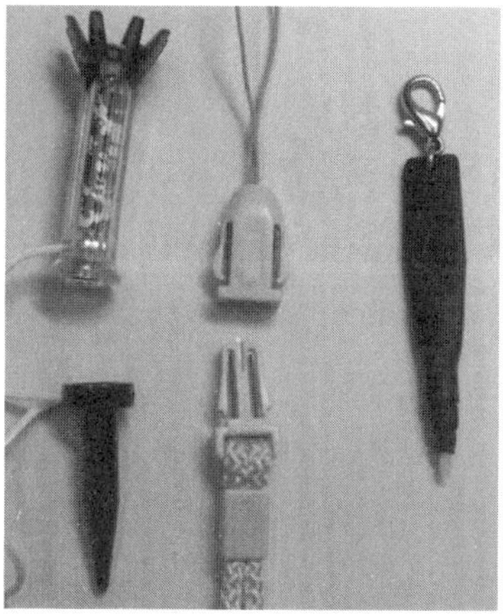

그림 7-19 ■ 탈착의 대체수단

스타일러스 펜을 필기용 펜과 같은 구조 및 기능을 유지하면서 파지성을 향상시키는 방법으로 펜의 표면이 미끄럽지 않도록 실리콘 코팅 등으로 점성을 지니게 하거나 원통의 직경을 키우는 아이디어가 제시되었지만 만족할 만한 개선은 아니라고 판단되었다. 그래서 필기용 펜과 같은 구조를 폐기하고 쉽게 쥘 수 있는 구조를 새롭게 창조하기로 하였다. 엄지와 검지로 안정적으로 쥐기에 가장 쉬운 구조는 납작한 구조여야 한다는 결론을 얻게 되었다.

7.3.4 아이디어 평가

자석식 탈착방법은 이탈은 쉬우나 부착력이 약해 분실되기 쉬운 단점이 있다. 그림 7-5에서 보는 바와 같이 골퍼의 티처럼 줄로 연결해 둘 수는 없으므로 이 문제를 해결해야 한다. 버클 방식은 버클을 소형화하기 어렵고 소형화하더라도 손가락으로 다루기가 까다로워진다. 스프링 후크 방식은 직경 5 mm 이내의 소형 후크가 개발되어 있지만 소형 버클처럼 탈착 작업시 양손을 사용하는 정밀한 동작을 해야하는 필요성이 증가한다. 따라서 소형 버클이나 스프링 후크 방식은 나사형 탈착 방법보다 사용성이 악화될 가능성이 높을 것으로 판단된다. 따라서 자석을 이용하는 탈착 방법을 선택하되 펜이 쉽게 이탈되는 단점을 해결해야 할 것이다.

스타일러스 펜을 납작한 구조로 하는 것은 그림 7-5의 우측 끝의 시제품에서 보는 것처럼 쉽게 구현이 가능한 아이디어다. 따라서 아이디어를 평가한 결과, 설계에 반영할 것은 납작한 구조의 스타일러스 펜을 자석의 힘으로 부착하고 약간의 손가락 힘으로 이탈시키는 구조이다.

7.3.5 설계

자석으로 고정되어 있는 스타일러스 펜에 약간의 힘이 가해지면 펜이 쉽게 이탈할 수 있다. 펜의 이탈 특성을 분석한 결과, 펜의 장축 방향의 측면으로 힘이 가해지면 쉽게 이탈되며, 자기력으로 복원될 수 없을 정도로 이탈되지 않도록 하는 장치가 필요하다는 결론에 도달하였다. 이 문제는 뚜껑의 원통을 길게 하여 자석이 부착되어 있는 부분이 뚜껑 깊숙이 들어가도록 하여 해결하였다. 이럴 경우 펜에 횡측 힘이 가해지더라도 펜 뚜껑이 펜을 보호해주며, 약간의 이탈이 발생하더라도 자기력으로 복원할 수 있는 거리 내에 펜이 위치하게 된다. 또한 뚜껑을 길게 함으로써 펜이 뚜껑 입구에 위치하면 자기력으로 쉽게 펜이 스스로 밀려들어가 부착되는 장점도 있다.

스타일러스 펜이 납작해지면 뚜껑도 펜의 횡단면과 같이 납작하도록 설계되어야 균형미를 살릴 수 있다. 그런데 납작한 뚜껑에 납작한 펜을 맞추어 넣으려면 양손으로 다소 정밀한 동작을 해야 하므로 설계 목적에 맞지 않다. 따라서 펜의 횡단면은 삽입이 가장 쉬운 원통형으로 설계해야 할 필요성이 드러났다. 이 문제는 손으로 쥐는 부분은 납작하게 하고 자석이 부착되어 뚜껑으로 삽입되는 부분은 원통형으로 설계함으로써 해결하였다.

여러 번의 분석과 문제 해결 과정을 반복한 결과 그림 7-20과 같은 개념도가 탄생하였다.

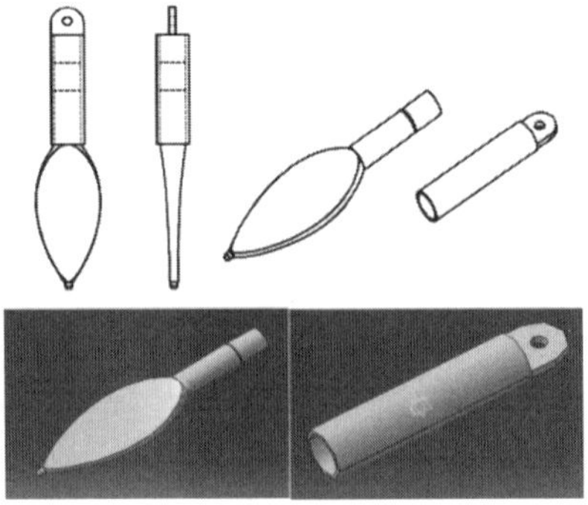

그림 7-20 ▪ 개념 설계도

7.3.6 아이디어 실행

그림 7-21는 주변에서 쉽게 구할 수 있는 볼펜 뚜껑, 볼펜 심, 그리고 자석 티에서 뽑은 자석 1쌍을 이용하여 시제품으로 만든 스타일러스 펜 2개이다. 하나는 원통형 펜의 직경을 5 mm로 하고 손가락으로 잡는 부분만 조금 파내어 납작하게 만든 것이고, 다른 하나는 뚜껑 속에 삽입되는 부분만 원통으로 하고 손가락으로 잡는 부분은 납작하게 만든 것이다. 두 스타일러스 펜 모두 설계 목적을 모두 반영한 것이다. 휴대폰에 고리로 걸어두고 사용한 결과 기존의 스타일러스 펜보다 매우 편리하게 사용할 수 있었다.

특허정보를 검색하였으나 이 프로젝트와 유사한 기술이 아직 출현되지 않아 특허출원을 준비 중이다.

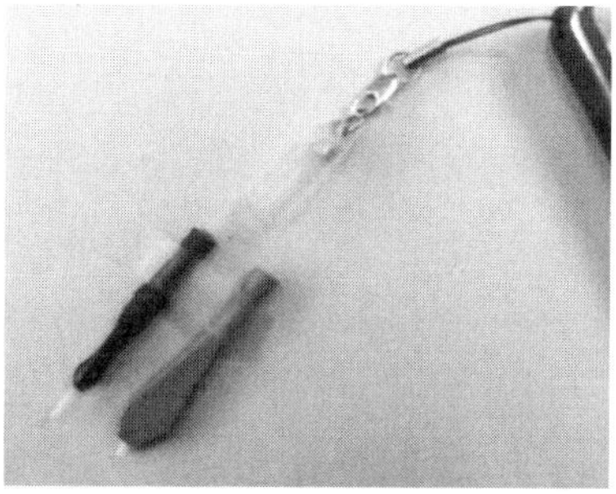

그림 7-21 ▪ 스타일러스 펜 시제품

7.4 연필꽂이 통 설계

7.4.1 과제의 개요

기업의 홍보 기념품으로 사용하기 위한 연필꽂이 통을 제작하려고 한다. 제시된 다음조건들을 고려하여 재료, 색상, 모양과 크기에 대한 최적의 설계조건을 팀 별로 설정하여 제시한다.

❶ 주용도: 연필꽂이 통

❷ 형태: 정사각기둥 형, 직사각기둥 형, 원통 형, 원뿔과 원통의 조합 형이 가능

❸ 재료: 유리, 도자기, 금속주물, 플라스틱 가능

❹ 크기: 높이 5~12 cm로 제한, 내부체적 100~700 cm^3영역으로 한정

❺ 기타: 다른 용도로의 활용 가능성도 고려

평가는 다음 단계별 항목에 대하여 균일한 배점으로 한다.

❶ 아이디어 창출 및 강화
❷ 아이디어 평가 및 최적설계
❸ 아이디어 실행
❹ 전체과정 정리 및 발표
❺ 결과 보고서(회의록 포함)

7.4.2 문제의 정의

❶ 목적: 기업의 기념품으로 연필꽂이 통을 이용한 홍보에 사용한다.
❷ 해결방안: 가격 5,000원 미만으로 설정하고, 다양한 용도로 활용 가능하도록 설계한다. 또한 회사로고와 회사 영문명을 새겨 넣는다.
❸ 목표: 가격, 실용성, 강도, 모양, 재질, 디자인, 편의성을 함께 고려한다.

7.4.3 아이디어 창출

❶ K: 개인의 취향에 맞게 연필꽂이 측면에 액자를 삽입하는 방법도 신세대들에게 어필할 수 있다고 생각합니다. 또한 앞뒤에 캐릭터를 삽입하여 어린 층에게 친근감을 줍시다.
❷ G: 연필꽂이 본체는 원통형이고 이것이 세로로 3단으로 나눠지는 형태도 추천합니다. 손잡이도 달려있어 머그컵으로도 사용할 수 있는 1석2조의 효과를 나타낼 수 있습니다.
❸ R: 좀 더 창의적인 생각을 덧붙여 머그잔으로 쓰일 수 있다 던지, 메모를 꽂을 수 있거나 화분형태로 만드는 것도 하나의 방법이라고 생각합니다. 원통 연필꽂이 안에 원통을 하나 더 넣어서 식물을 키우는 방식입니다. 또한 필통 아랫부분에 수납공간을 만들어 연필 이외의 용품도 수납할 수 있도록 하면 좋겠습니다.
❹ D: 플라스틱 판을 여러 모양으로 제작해 스스로 마음에 드는 모양으로 끼워 맞추는 DIY형 연필꽂이도 추천합니다. 개인의 취향에 맞게 마음대로 변형시킬 수 있는 것 이 특징입니다.
❺ L: 조금 다른 측면으로, 연필꽂이를 눕혀서 필통처럼 만드는 것도 하나의 방법입니다. 가격적인 면은 사은품이기 때문에 5000원 이내가 적당합니다.

❻ Y: 고무 재질 같은 경우 자칫 잘못하면 떨어지기 쉬운 연필꽂이의 미끄럼방지 효과도 있다고 보여 집니다. 플라스틱은 모양형성에 유리 하고 가격이 저렴해서 좀 더 선호된다고 생각합니다.

❼ J: 연필꽂이 몸통부분에 자석을 부착하여 냉장고 같은 쇠붙이물건에 붙여도 좋을 것 같습니다. 좀 더 효율성을 높이기 위해 정사각형 통에 내부가 나눠지는 분리방식 을 추천합니다.

❽ H: 연필꽂이의 다양한 용도의 사용을 위해 저금통으로 만드는 건 어떨까요? J의 의견을 반영하여 나눠지는 부분 중 한 부분만을 저금통으로 한다면 효율적일 것 같습니다.

7.4.4 아이디어 평가

① 가중치 설정

- 모 양: 15
- 재 질: 25
- 디자인: 30
- 강 도: 60
- 체 적: 80
- 기능성: 75
- 가 격: 100

② 등급 설정

- 10 = 탁월함
- 8 = 우수
- 6 = 좋음
- 4 = 보통
- 2 = 미흡
- 0 = 부족

③ 평가표 작성

목표	가격	체적	기능성	강도	디자인	재질	모양	합계
가중치 계획	100	80	75	60	30	25	15	
화분형	3/300	8/640	5/375	6/360	9/270	8/200	5/75	2220
돼지형	4/400	9/720	9/675	8/480	10/300	7/175	5/75	2825
퍼즐형	10/1000	6/480	10/750	7/420	8/240	7/175	5/75	3137
원통형	9/900	7/560	7/525	10/600	5/150	7/175	5/75	2980
서랍형	9/900	5/400	8/600	3/180	3/90	7/175	5/75	2420

7.4.5 아이디어 실행

브레인스토밍 했던 조원들의 여러가지 의견을 다시 한번 살펴보면서 어떤 것이 더 효율적인가에 대해 자세히 토론하였다. 또한 SCAMPER 결과에서 항목별 목표에 맞는 안들을 살펴보고 장단점들이 구체적으로 제품에 어떠한 작용을 할 것인가에 대해 토론하여 그림 7-22에서 활용예를 보인 것과 같이 다음의 특성을 갖는 최종 결정안을 얻었다.

설계: 퍼즐형 연필꽂이

- 가 격: 1200원
- 체 적: 기본 576 cm^3 (최대 1152 cm^3)
- 기능성: 삼각형 모양의 4가지 통을 뒤집어 마음대로 맞출 수 있기 때문에, 내부 체적을 대한으로 활용가능.
- 재 질: 플라스틱
- 디자인: 다양한 모양으로 변형, 연출 가능. 내부 4가지 통 중에 하나의 통을 뒤집어 저금통으로 만듦.
- 모 양: 삼각형 모양의 4가지 통으로 구성.
- 기 타: 마크추가, 측면필름 활용해 액자기능 추가, 바닥에 고무재질을 이용한 미끄럼방지.

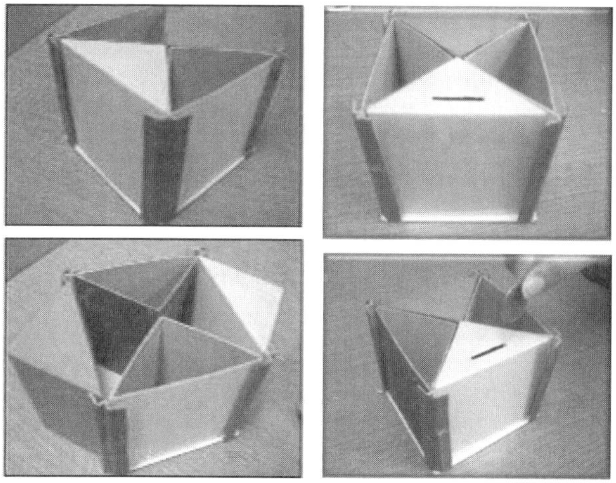

그림 7-22

사례

화공기초설계, 2008년 1학기 제2과제, 우수평가팀의 결과(이은주 외 6인) 편집

7.5 기능성 분필의 설계

7.5.1 과제의 개요

현재 강의용으로 사용하고 있는 분필은 인체에 유해한 교육환경상의 문제점이 대두되고 있다. 이를 해결하기 위하여 교육환경상의 문제점을 개선한 기능성 분필을 제작하려고 한다. 다음에 제시된 회의 내용들을 고려하여 교육환경에 가장 적합한 기능성 분필의 제조에 대한 최적의 설계조건을 팀 별로 설정하여 제시하시오.

7.5.2 문제의 정의

- 목적의 명료화
- 사용자의 요구사항 설정
- 제약식 확인
- 기능 설정을 중점으로 ○○년 4월 2일 수요일~○○년 5월 9일 월요일까지 논의한 회의 주제 및 회의 내용은 다음과 표와 같다. 이러한 계획 아래 주제 설정을 기능성분필 설계 조건을 선정하였다.

연월일(요일)	회의주제	회의 내용	계획
OO년 4월 2일 수요일	목적의 명료화 (주제 설정)	코팅제를 사용하여 손에도 묻지 않는 기능성분필 설계 선정	수요자에 따른 하나의 주제 선정하기
OO년 4월 11일 금요일	사용자 요구사항 설정(인체 무해)	칠판에 편하게 쓰는 점 빼고는 인체에 여러 가지 안 좋은 영향을 끼침	분필의 원료, 특징 조사
OO년 4월 16일 수요일	제약식 확인 (제법 및 특성)	분필의 제조법, 특징, 원료 등을 조사	분필의 공장규모 및 실태 조사
OO년 4월 22일 화요일	분필의 공장	현재 대부분의 분필공장은 규모가 그리 크지 않는 소규모의 공장이 대부분임	제약조건 등의 확인
OO년 4월 28일 월요일	기능 설정 (색깔 있는 분필) 등	좀 더 다양한 색의 분필 및 기능성 분필을 만들고자 공정법 조사	색깔 있는 분필 및 기능성에 대한 조사
OO년 5월 9일 월요일	인체에 주는 영향	인체 무해한 기능성을 활용한 분필에 대한 조사	인체에 미치는 영향

7.5.3 개념설계

설계명세 설정

❶ 손에 묻지않는 분필

❷ 가루가 발생되지 않는 분필

❸ 해롭지 않는 분필가루

❹ 몸에 이로운 분필

대안생성

❶ 아이디어 도출과정 ; 선정된 아이디어

❷ 도출과정 ; 우리와 직접 관련된 아이디어, 분필의 단점들을 고려, 기능성분필이라는 아이디어 도출

❸ 기능성분필 설계 ; 기능성분필 제조

7.5.4 예비설계

기능성 분필의 원료의 특성

기능성 분필의 주성분인 Kaolinite은 비석이라고도 하며, 알칼리 및 알칼리토금속의 산알루미늄 수화물인 광물을 총칭하는 말로 색깔은 무색투명하거나 백색 반투명하다. 또한 Zeolite는 고령석이라고도 하며, 결정은 미세한 육각형이고, 백색 또는 회백색담황색이며 물로 축이면 강한 점토 냄새가 나는 물질이다.

기능성 분필에 사용된 Kaolinite는 지구상에서 가장 풍부한 미네랄로써 의약품에 이용되는데 그 기능을 살펴보면 소화기에서 수분을 흡수, 설사를 줄이고 세균이나 유독물질을 흡착 소멸시킨다.

또한 호남 농업연구소에서 벼의 수량증가와 중금속 농도를 대폭 경감시켜 안전 농산물 생산에도 기여하고 있다. 그리고 Zeolite는 악취제거, 중금속 흡착, 정수처리, 폐수처리 등의 환경정화용으로 사용되며, 사료, 토양 개량, 가스흡착 기타식품 첨가제로도 이용되고 있다. 한편으로는 연수기에 이용하여 금속이온 물질을 잡아들여 탁한 물을 단물로 바꾼다.

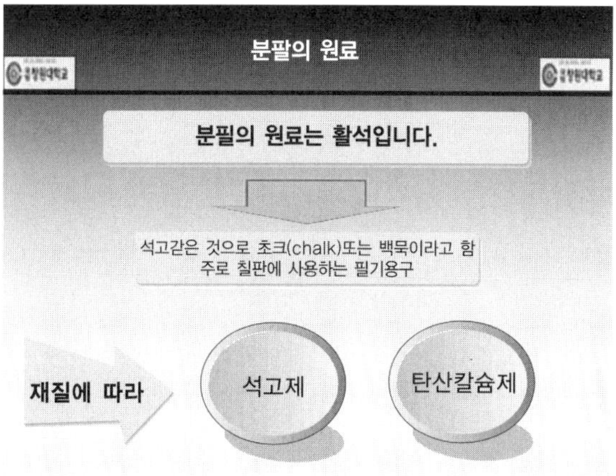

설계모형화 및 분석

❶ 분필의 제조법

분필의 원료는 석고 같은 것으로 초크(chalk)또는 백묵이라고 하며 주로 칠판에 사용하는 필기용구이다. 재질에 따라 석고제, 탄산칼슘제를 사용하는데 활석을 분필의 원료로 사용하여 설계한다.

❷ 일반적인 분필의 제조공정

원료인 탄산칼슘, 카올리나이트 및 벤토나이트를 혼합기에 넣고 물을 주입하면서 가하여 반죽기에서 반죽을 만든다. 이후 이를 압출성형하고 건조기에 넣어 건조시켜 제품을 완성하고 포장한다.

❸ 분필이 좋지 않은 경우(단점)

분필이 좋지 않은 단점을 고려하여 설계시 적용하는데 그 실 예를 보면 피부에 묻었을 때나 냄새를 맡았을 때 그리고 눈에 묻었을 때와 폐병이나 비염 등을 앓고 있는 사람에게는 아주 좋지 않다.

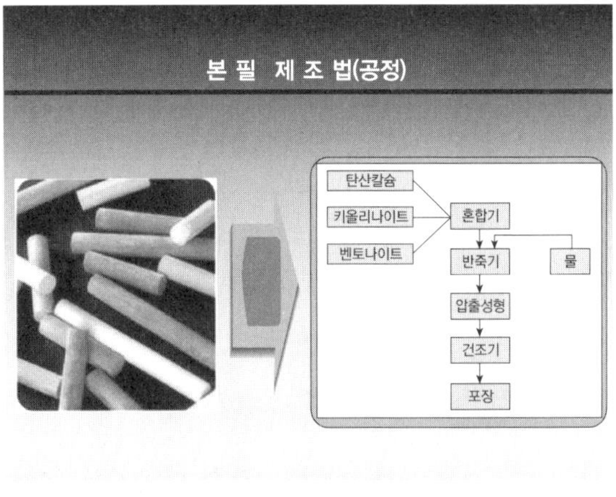

7.5.5 상세설계

설계시험 및 평가

설계 제품의 프로세스로서 기능성분필의 제조공정은 기존의 공정과 유사하지만 약간의 상이한 공정이 기존과 다르다. 즉 원료인 탄산칼슘, 카올리나이트와 향료를 혼합기에 넣고 물을 주입하여 가하고 반죽공정에서 반죽을 만든다. 이후 이를 압출성형하고 기존 공정과 다르게 기능성제를 사용한 다음 건조공정에서 건조시켜 제품을 완성하고 포장한다. 이후 일반제품과 기능성 분필의 물리적 특성을 시험하고 그 기능성을 비교 분석하고 평가한다.

최적화

교육환경 최적화에 있어서 인체에 무해한 자연물질로 구성된 제품을 설계하기 위하여 기능성 원료에 함유된 성능을 살려서 기능성 분필제품을 사용할 때는 손에 묻지 않고 가루가 날리는 정도도 최소가 되어 깔끔하고 깨끗한 교육환경을 만들 수 있도록 최적화한다. 최적화 요건으로서 건조과정에서의 표면 상태나 분필입도 크기, 부유 상태 등을 들 수 있으며 이와 같은 여러 가지 조건 설정을 최적화하여 설계함으로서 학생과 선생님 모두가 건강에 좋은 제품을 제공한다.

7.5.6 의사소통(설계기록)

❶ 교육환경의 변화를 위한 기능성 분필은 순수한 자연의 성분으로 만든 인체무해형 기능성분필

❷ 기능성 분필 사용함으로서 자연친화적인 교실 형성

❸ 기능성분필은 교육환경에 있어서 인체에 가장 무해한 분필

사례

유기공업화학설계, 2008년 1학기과제 제5조, 우수평가 결과(정현민 외 4인 팀) 편집

7.6 환경적 제한을 극복한 단지 및 건물설계

7.6.1 과제의 개요

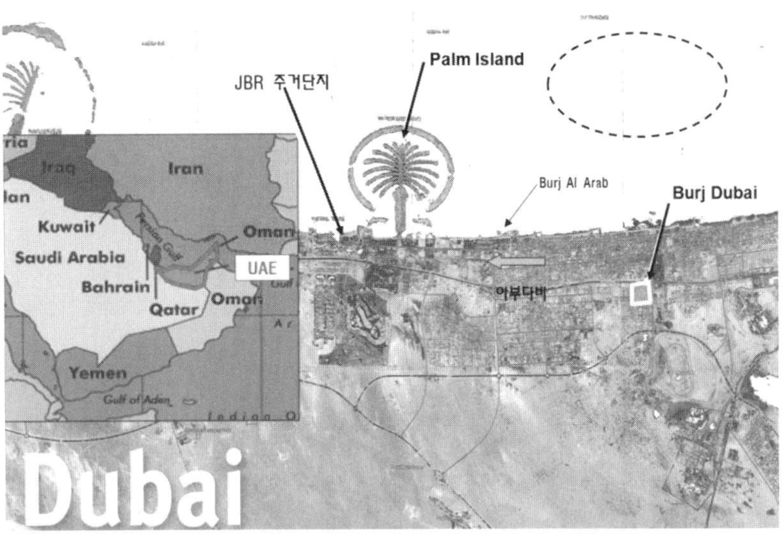

위의 그림은 두바이의 해안개발프로젝트의 일부를 나타내고 있다. 버즈두바이와 JBR주거단지, 신공항 등 광역도시권역개발이 계획되어 진행중이다.

이중 팜쥬메이라 개발은 페르시아만의 기후 및 지형적인 조건을 충분히 활용하여 두바이의 불리한 입지조건을 극복한 좋은 사례로 꼽힌다. (아래 개발조감도 참조)

그림에서 볼수 있듯이 주거 및 업무단지를 인공섬에 계획함에 있어서 해안의 좋은 환경을 활용하기 위한 다방면의 노력이 이루어낸 결과이다.

본 프로젝트의 사례연구를 위하여, 도시개발전문가나 건축/토목기술전문가의 생각

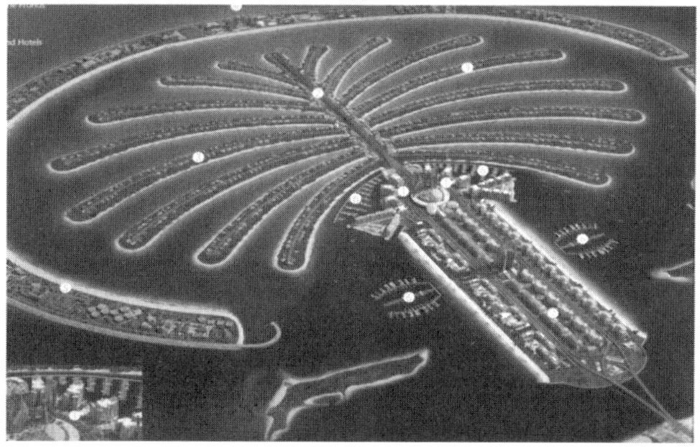

두바이 Palm Island 개발 조감도

을 이해하고, 창의적인 대안연구가 가능하도록 입문설계단계의 학생들이 팀을 구성할 필요를 느끼게 될 것이고, 그 효과를 경험할 수 있을 것이다.

이 예제는 결정되어 시행된 계획내용을 조사하고, 팀에서 관심있는 주제를 찾아 대안을 선정하여 보는 순서로 구성된다.

- 팀구성: 사진과 간략한 정보만을 보고 팀을 구성함
- 프로젝트를 설계주제로 구성한 이유를 예상함.
- 팀의 관심있는 분야 선정: 단지계획, 조경계획, 토목계획, 건축계획 등.
- 주제 선정 이유와 팀원의 역할 선정 (공학설계의 절차와 문제해결의 단계 참고)

7.6.2 문제의 정의

- 목적: 기후 및 지형적인 조건을 충분히 활용하여 프로젝트를 계획
- 해결방안: 두바이의 현재 계획 프로젝트를 조사하여 파악하고, 대안설계를 수행함으로써, 문제이해능력과 해결예제를 수행함.
- 팀이 지정한 주제에 대하여 본 프로젝트의 사례조사를 실시하고, 문제제기를 하시오. 반드시 처음에 팀구성단계의 관심주제와 사례조사 후 관심주제를 비교하여 문제를 정의.
- 사례조사를 통하여 분석한 실제 프로젝트의 문제와 팀에서 정한 문제를 비교하여, 문제해결의 방향을 설정하고, 주어진 주제에 대한 대안을 설정.
- 실제 착수된 프로젝트와 팀에서 도출한 대안의 차이점과 장단점을 분석하고, 문제해결 여부를 평가.

7.6.3 계획프로젝트 상세조사

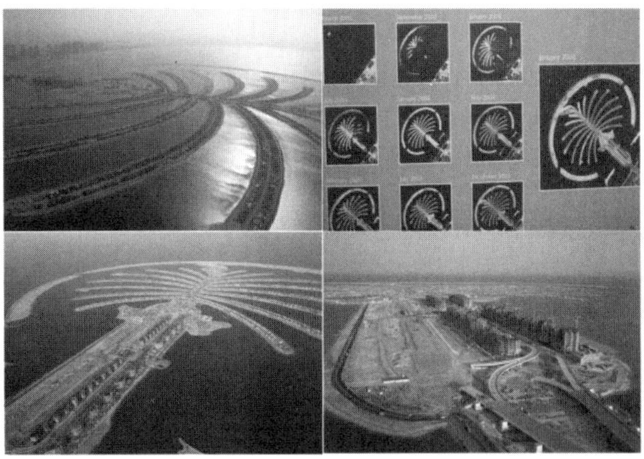

- 팀구성
- 팀 구성단계의 관심주제에 따른 분야 선정
- 기존계획 프로젝트의 생성배경조사
- 개발계획 상세조사: 단지계획, 건축계획, 조경계획, 환경계획, 기존환경활용계획 등

7.6.4 대안설계

- 관심분야의 주제에 대한 문제의 정의
- 문제해결 방향설정 및 대안설정

- 계획 및 착수 프로젝트와 팀 대안과의 차이점 및 장단점 도출
- 문제해결 여부 평가

사례

건축공학 기초설계. 2008년 1학기 과제임.

7.7 Lego Mindstorm NXT를 이용한 청소로봇

7.7.1 과제의 개요

지능형 가정용 서비스 로봇은 우리가 생활하는 공간 내에서 힘들고 어려운 일을 대신하거나 도와줄 수 있는 로봇으로 청소로봇, 경비로봇, 가정관리로봇, 애완동물관리로봇 등이 개발되고 있다. 이중에서 현재 가장 널리 활용되는 분야는 사람을 대신하여 집안 청소를 책임지는 청소로봇이다.

청소로봇의 핵심 요소는 다음과 같다.

- 청소 성능
- 장애물 회피 능력: 위험물이나 낭떠러지의 인식 등
- 편의 기능: 배터리 자동충전, 예약 기능, 등

청소로봇에서의 가장 중요한 점은 청소의 성능이며 이는 청소의 경로를 어떻게 선정하느냐에 달려있다. 초기의 청소로봇은 방의 벽을 따라가면서 청소를 하기도 하였다. 청소로봇의 청소 방식은 랜덤(random) 방식과 매핑(mapping) 방식으로 분류할 수 있다. 랜덤 방식은 청소할 구역의 지도를 작성하지 않고 무작위로 청소하는 방식이다. 반면 매핑 방식은 지도를 작성하여 청소를 하지 않는 공간이 생기지 않도록 한다.

랜덤 청소 알고리즘은 그림 7-23과 같이 우선적으로 공간의 사이즈를 측정하기 위해 벽면을 따라가면서 벽면 외곽을 1회전한 후에 일정 각도를 가지고 장애물을 만날 때까지 진행하다가 장애물을 만나면 다시 일정 각도로 회전 후, 다시 진행하는 형태로 청소한다. 이러한 랜덤 방식은 청소되지 않는 영역의 발생한다.

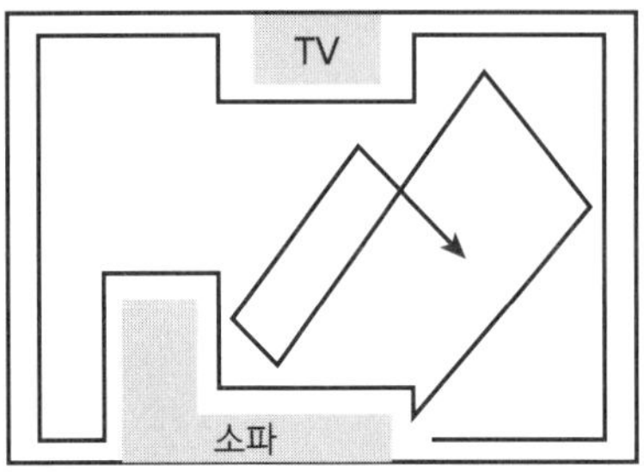

그림 7-23 ▪ 랜덤방식의 경로 알고리즘

방의 구조가 복잡한 한국의 집안 구조를 위해서는 뛰어난 성능의 알고리즘이 필요하다. 본 과제에서는 Lego Mindstorm NXT를 이용하여 청소로봇을 직접 만들어 보고 적절한 경로 알고리즘을 개발한다.

7.7.2 Lego Mindstorm NXT

조립형 블록 장난감을 생산하는 레고사에서는 1998년 12세 이상을 대상으로 하는 로봇 제품인 마인드스톰 RCX를 출시하였고, 2006년 개선된 버전인 NXT를 발표하였다. 마인드스톰이 레고의 다른 제품들과 다른 점은 사용자가 조립한 블록을 프로그래밍을 통하여 직접 제어할 수 있다는 점이다. 이를 위하여 마인드스톰에는 소형 컴퓨터를 내장하고 있으며, 각종 센서와 모터를 연결할 수 있다.

마인드스톰의 두뇌에 해당하는 NXT는 프로세서로 32-Bit AT91SAM7S256를 내장하고 있으며, 그림 7-24에서 보는 바와 같이 4개의 입력단자와 3개의 출력단자, 액정 디스플레이 등으로 이루어져 있다.

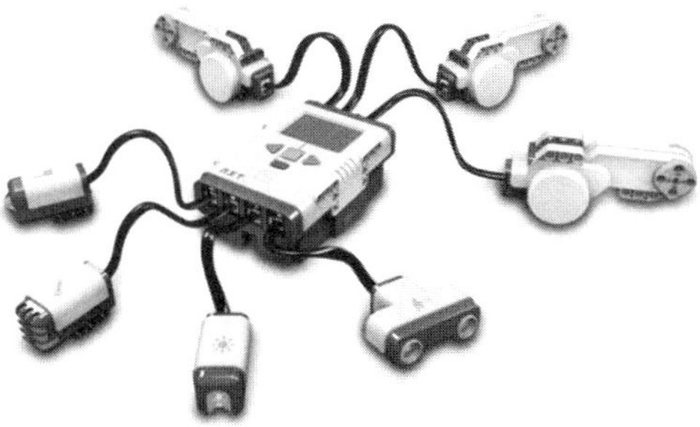

그림 7-24 ▪ Lego Mindstorm NXT

A, B, C라는 이름이 붙어 있는 출력단자에는 주로 모터가 연결되며, 램프도 연결 가능하다. 1, 2, 3, 4이라는 이름이 붙어 있는 입력단자에는 다양한 종류의 센서가 연결돼 주위 환경에 반응하는 로봇을 만들 수 있다. 센서의 종류로는 빛의 세기를 감지하는 빛 센서, 누름 스위치와 같은 기능을 할 수 있는 접촉 센서, 회전의 양을 측정하는 회전 센서, 온도를 감지하는 온도 센서 등이 있다. PC와의 통신을 위하여 USB 2.0 포트가 있어, 프로그램을 다운로드 받거나 메시지를 교환할 수 있다.

레고 마인드스톰으로 로봇을 제작하는 단계는 첫째, 로봇의 동작을 구상하고 형태와 구조를 설계한 다음, 둘째, 블록을 이용하여 로봇을 조립하고, 셋째, 로봇의 동작을 제어하는 프로그램을 PC에서 작성하여 NXT로 다운로드 하여, 넷째, 로봇을 실제로 동작시키는 단계로 이루어진다.

마인드스톰과 함께 제공되는 NXT-G는 비주얼 프로그래밍 환경으로 어린이들이나 프로그래밍에 익숙하지 않은 사람도 쉽게 사용할 수 있도록 모든 구문을 블록의 모양으로 만들었다. 프로그래밍은 그림 7-25에서 보는 바와 같이 레고 블록을 끼워 맞추듯이 NXT-G에서 구문 블록을 끼워 맞추면 된다. NXT-G는 다양한 구문과 제어 구조를 제공하고 있기는 하지만, 프로그램의 길이가 길어지면 가독성에 문제가 있다.

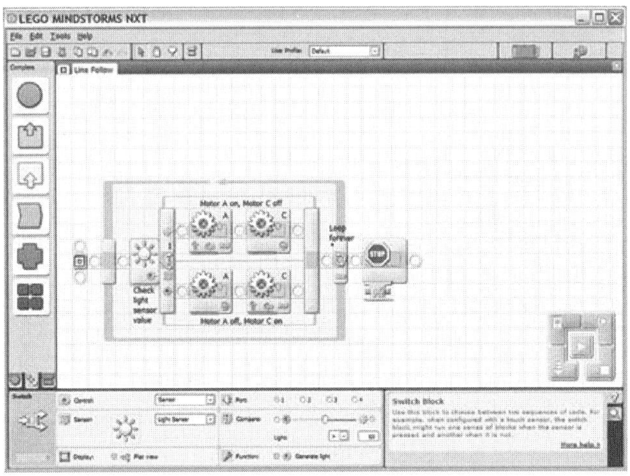

그림 7-25 ▪ NXT-G 프로그래밍 인터페이스

또한 프로그래밍을 위하여 NXC(Not eXactly C)라는 C언어와 비슷한 NXT를 위한 프로그래밍 도구가 개발되어 있어 공짜로 구할 수 있다. 이는 C언어와 유사하게 만들어져, C언어에 익숙한 사람에게는 편리한 도구가 된다.

7.7.3 문제의 경우

본 과제의 목표는 경기장 안의 먼지(쓰레기)를 모두 밖으로 밀어내는 청소로봇을 제작하는 것이다. 경기장의 모양은 다음의 그림과 같다.

청소로봇이 움직이는 규칙은 다음과 같다.

(1) 출입구 기둥 사이에서 출발

(2) 청소 실시 (3분 이내)

(3) 출입구 기둥 사이에서 정지

그림 7-26 ▪ 청소로봇 경기장

이와 같은 규칙에 따라 청소의 성능을 다음과 같은 방식으로 산출한다.

(1) 기본 100점
(2) 3분 안에 돌아오지 못하면 100점 감점
(3) 청소 후 남아 있는 먼지의 수 x 1점 감점

과제의 진행에 맞추어서 다음의 보고서를 제출하여야 한다.

(1) 과제 계획서: 팀원임무규정(서명), 과제 일정계획(Gantt chart)
(2) 과제 중간보고서: 보고서(진행 경과, 드러난 문제점 및 해결방안), 회의록(1부 이상), 팀원 공헌도 상대평가(개인별 작성)
(3) 과제 최종보고서: 보고서(동작 설명, 프로그램 및 설명, 문제점 및 해결방안), 발표자료(ppt), 회의록(1부 이상), 팀원 공헌도 상대평가(개인별 작성)

7.7.4 과제의 평가

팀원 공헌도 상대평가는 개인별로 작성하는데, 각 구성원들의 팀 공헌도를 평가하여 점수를 부여한다. 평점은 5점(매우우수), 4(우수), 3(보통), 2(미흡), 1(부족), 0(불량)으로 평가한다. 평가 항목은 다음과 같다.

A. 공헌도: 각 멤버의 전반적 팀 임무에 대한 공헌도
B. 팀웍의 양: 참여도, 책임감, 팀 회의의 출석률, 회의 준비
C. 참여 태도: 열성적, 성실함, 무관심, 교만함, 비협조적, 게으름 등으로 평가

D. 창의력: 제안, 의견, 아이디어 등의 질과 가치

이에 따라 다음의 표와 같이 작성한다.

표 7-1 • 팀원 공헌도 상대평가 용지

팀원 이름 (작성자 포함)	A (공헌도) 0.4	B (팀웍) 0.2	C (태도) 0.2	D (창의력) 0.2	합계
계					

표 7-2 • 팀원 공헌도 상대평가 작성예시

팀원 이름 (작성자 포함)	A (공헌도) 0.4	B (팀웍) 0.2	C (태도) 0.2	D (창의력) 0.2	합계
홍길동	2	5	4	4	3.4 (0.4x2 + 0.2x5 + 0.2x4 + 0.2x4)
홍길서	5	5	1	3	3.8 (0.4x5 + 0.2x5 + 0.2x1 + 0.2x3)
홍길남	4	2	5	2	3.4 (0.4x4 + 0.2x2 + 0.2x5 + 0.2x2)
홍길북	1	2	2	2	1.6 (0.4x1 + 0.2x2 + 0.2x2 + 0.2x2)
계	12	14	12	11	

참고문헌

[1] 스포츠조선, http://sports.chosun.com/news/

[2] WIKIPEDIA, http://en.wikipedia.org/wiki/ 또는 http://blog.modernmechanix.com/

창의 공학 설계

2010년 12월 15일 초판 인쇄
2011년 2월 5일 2쇄

저 자	김진욱, 박근호, 송태권, 신병록, 어 윤, 이수현, 임형철, 한종대
발 행 인	송기수
발 행 처	도서출판 GS인터비전
편 집 처	도서출판 GS인터비전
인 쇄 처	삼성문화사
등록번호	제 2008 - 27호
I S B N	978-89-93668-00-1 (92560)

주 소	서울 중랑구 묵동 신도브래뉴 1차 102동 1301호
전 화	02-976-7898, 0707-720-7898
팩 스	02-6468-7898
홈페이지	gsintervision.co.kr
E-Mail	gsinter7@chol.com

정 가 14,000 원